全国高职高专系列规划教材

高职应用数学

（下册）

主　编　宋剑萍　蔡云波
副主编　李洁琼　陈禹默　胡　刚
　　　　崔　亚　赵　珊

策　划　蔡云波
主　审　宋剑萍

同济大学 出版社
TONGJI UNIVERSITY PRESS

内 容 提 要

　　本教材适合高职学生和高技能应用型人才的学习使用,分上册和下册出版.

　　教材上册为集合论、函数、极限与连续、空间解析几何、导数与微分共 5 章内容.下册为线性代数、积分、常微分方程、概率与统计共 4 章内容.每章都配有专业案例、课后提升、知识小结框图和能力提升.通过手机扫描二维码,可观看微课视频和阅读数学文化资料.

图书在版编目(CIP)数据

　　高职应用数学.下册 / 宋剑萍,蔡云波主编. — 上海:同济大学出版社,2019.4(2022.2 重印)
　　ISBN 978-7-5608-6176-0

　　Ⅰ.①高… Ⅱ.①宋… ②蔡… Ⅲ.①应用数学—高等职业教育—教材 Ⅳ.①O29

　　中国版本图书馆 CIP 数据核字(2019)第 054089 号

全国高职高专系列规划教材

高职应用数学(下册)

宋剑萍　蔡云波　主编

责任编辑 张崇豪　**责任校对** 徐春莲　**封面设计** 陈益平

出版发行	同济大学出版社　　www.tongjipress.com.cn
	(地址:上海市四平路 1239 号　邮编:200092　电话:021-65985622)
经　　销	全国各地新华书店
印　　刷	常熟市大宏印刷有限公司
开　　本	710 mm×960 mm　1/16
印　　张	14.75
字　　数	295 000
版　　次	2019 年 4 月第 1 版　　2022 年 2 月第 3 次印刷
书　　号	ISBN 978-7-5608-6176-0

定　　价　49.00 元

前　言

　　"全国高职高专系列规划教材"是根据教育部制定的三年制高职教育基础课程教学的基本要求,在总结交流多所院校数学课程教学改革经验的基础上,由多名从事数学教学一线的教师和参加国内、国际大学生数学建模竞赛的指导教师共同编写而成.

　　本教材根据高素质技能人才对数学知识的实际要求,力求贯彻"以应用为目的,以必需、够用为度,以手工演算和科学计算工具为手段,以基本概念、基本运算为要求"的原则,融工科类、经济类、计算机类等数学内容为一体.

　　1. 在内容的编排上,以案例—数学概念—基本运算—应用为主线,注重学生对基本概念和基本运算的掌握,减少繁琐的推理、计算和证明,同时利用数学软件MATLAB,LINGO,SPSS解答例题,降低机械性、技巧性运算的要求,帮助高职学生克服在数学运算上的困难.

　　2. 在信息化教学手段的应用上,将知识难点和重点制作成微课视频;为培养学生的文化素养,收集了数学知识来源和数学家介绍等阅读材料,这些视频和阅读材料均转换成二维码信息,学生用手机扫描二维码,就可以观看和阅读.

　　3. 在案例选择上,结合各专业的特点,力求做到知识与应用紧密结合,理论学习和能力培养相得益彰.

　　4. 在例题、习题的选取上,做到由浅入深、由易到难,为学生搭建合适的台阶.

　　5. 在内容结构上,注意与现行的高中及中职教学内容相衔接,并借鉴了国内外教材的优点.

　　本教材重点强调数学知识在生产、生活和学生专业课程中的应用,注重学生职业核心能力的培养,突出高职高专教育培养高素质技能型、应用型人才的数学课程设置的教学理念.

　　本教材的编写任务分配是:胡刚编写第1章和第9章的9.1;宋剑萍编写第6章的6.1和6.2;李洁琼编写第2章,第3章,第4章和第6章的6.3;崔亚编写第5章;陈禹默编写第7章,第9章的9.2,9.3和9.4;赵珊编写第8章,蔡云波负责整本书的二维码信息.

本教材由西安职业技术学院宋剑萍和蔡云波担任主编,蔡云波负责策划,宋剑萍最后主审.西安职业技术学院李洁琼、陈禹默、胡刚、崔亚、赵珊为副主编.

　　在本教材的编写过程中,得到了参编学校各级领导的关心和支持,参阅了有关的文献和教材,在此,对相关作者一并表示衷心感谢.

　　由于作者水平有限,教材中不免有疏漏错误之处,恳请使用本教材的师生多提意见和建议,以便更正.

编　者

2019 年 4 月

目　录

第6章 线 性 代 数

线性代数知识在数学、物理学、力学等学科中有着广泛的应用;在现代信息技术中,线性代数已成为计算机图形学、计算机辅助设计、密码学、虚拟现实、成本计算等技术的理论基础和算法工具;线性代数将几何观念与代数思想完美结合,把一些具有共性的问题抽象化归为一类问题,以通性求通解.

6.1 矩阵与线性方程组

在人们的社会实践中,许多变量之间的关系可以直接或近似地表示成线性关系,可以表示成线性方程组.因此研究变量间的线性关系,解线性方程组是非常重要的.本节我们以中学阶段二元一次方程组的知识为学习起点,引出 n 元线性方程组的概念,学习把 n 元线性方程组写成矩阵的形式,用矩阵的秩判断线性方程组解的情况,用简化阶梯形矩阵、逆矩阵来解线性方程组.

案例1 当电流经过电阻(如电机或灯泡)时,会产生"电压降".根据欧姆定律 $U=IR$,其中 U 为电阻两端的"电压降", I 为流经电阻的电流强度, R 为电阻, U, I 和 R 的单位分别为福特、安培和欧姆.对于电路网络,任何一个闭合回路的电流服从希尔霍夫电压定律:沿某个方向环绕回路一周的所有电压降 U 的代数和等于沿同一方向环绕该回路一周的电源电压.求出图 6-1 中电流强度 I_1, I_2, I_3, I_4 的大小.

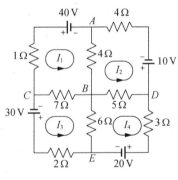

图 6-1 电路

分析 电路图的4个回路中,每个电阻电压降的代数和等于电源电压,可列出方程组,解方程组可得到电流 I_1, I_2, I_3, I_4 的大小.

解 回路1中,各电阻的电压降总和为

$$I_1+7I_1+4I_1-4I_2-7I_3=12I_1-4I_2-7I_3.$$

回路2中,各电阻的电压降总和为

$$5I_2+4I_2+4I_2-5I_4-4I_1=-4I_1+13I_2-5I_4.$$

回路3中,各电阻的电压降总和为

$$2I_3 + 6I_3 + 7I_3 - 7I_1 - 6I_4 = -7I_1 + 15I_3 - 6I_4.$$

回路 4 中，各电阻的电压降总和为

$$3I_4 + 5I_4 + 6I_4 - 5I_2 - 6I_3 = -5I_2 - 6I_3 + 14I_4.$$

根据各回路上电压降总和等于电源电压，得到下列方程组为

$$\begin{cases} 12I_1 - 4I_2 - 7I_3 \qquad = 40, \\ -4I_1 + 13I_2 \qquad - 5I_4 = 10, \\ -7I_1 \qquad + 15I_3 - 6I_4 = 30, \\ \qquad -5I_2 - 6I_3 + 14I_4 = 20. \end{cases}$$

在 MATLAB 命令窗口输入以下命令

```
A = [12 - 4 - 7 0; - 4 13 0 - 5; - 7 0 15 - 6; 0 - 5 - 6 14];
B = [40; 10; 30; 20];
RA = rank(A)    % 按 enter 键,得到 A 的秩
X = vpa(A\B)    % 按 enter 键,得到方程组的解
RA =
    4
X =
    13. 162 010 107 752 459 830 976 476 951 037
    8. 513 397 539 811 194 812 625 154 953 752 3
    11. 984 361 590 540 670 405 857 781 588 566
    9. 605 225 517 307 143 690 004 522 795 788 9
```

所以，I_1，I_2，I_3，I_4 的大小分别为 13.16，8.51，11.98，9.61.

案例 2 某城市的交通图如图 6-2 所示，每一条道路都是单行道，图中数字表示某一个时段的机动车流量.假设针对每一个十字路口，进入和离开的车辆数相等.计算每两个相邻十字路口间路段上的交通流量 x_i($i=1,2,3,4$).

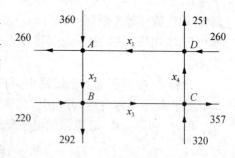

图 6-2　交通图

分析 根据交通图中的 4 个十字路口，进入和离开的车辆数相等，可列出 4 个方程构成的方程组，解方程组得到每两个相邻十字路口间路段上的交通流量 x_1，x_2，x_3，x_4.

解 根据已知条件，得到十字路口的流通方程如下

$$A: x_1 + 360 = x_2 + 260.$$
$$B: x_2 + 220 = x_3 + 292.$$
$$C: x_3 + 320 = x_4 + 357.$$
$$D: x_4 + 260 = x_1 + 251.$$

整理以上方程得出方程组为

$$\begin{cases} x_1 - x_2 & = -100, \\ x_2 - x_3 & = 72, \\ x_3 - x_4 = 37, \\ -x_1 + x_4 = -9. \end{cases}$$

用初等行变换将方程组的增广矩阵化为简化阶梯形,

$$(A, \beta) = \begin{pmatrix} 1 & -1 & 0 & 0 & -100 \\ 0 & 1 & -1 & 0 & 72 \\ 0 & 0 & 1 & -1 & 37 \\ -1 & 0 & 0 & 1 & -9 \end{pmatrix} \rightarrow \begin{pmatrix} 1 & 0 & 0 & -1 & 9 \\ 0 & 1 & 0 & -1 & 109 \\ 0 & 0 & 1 & -1 & 37 \\ 0 & 0 & 0 & 0 & 0 \end{pmatrix}.$$

由于 (A, β) 的最后一行全为零,方程组中只有三个有效方程,所以有无穷组解,以 x_4 为自由变量,其解为

$$\begin{cases} x_1 = x_4 + 9, \\ x_2 = x_4 + 109, \\ x_3 = x_4 + 37. \end{cases}$$

令 $x_4 = c$,得方程组得解为

$$\begin{cases} x_1 = c + 9, \\ x_2 = c + 109, \\ x_3 = c + 37. \end{cases}$$

在 MATLAB 命令窗口输入以下命令

```
≫A = [1 - 1 0 0 - 100; 0 1 - 1 0 72; 0 0 1 - 1 37; - 1 0 0 1 - 9];
RA = rank(A)
A1 = rref(A)  % 按 enter 键得到矩阵 A 的简化行阶梯形
RA =
    3
A1 =
    1  0  0  - 1    9
    0  1  0  - 1  109
    0  0  1  - 1   37
    0  0  0    0    0
```

所以，$\begin{cases} x_1 = x_4 + 9, \\ x_2 = x_4 + 109, \\ x_3 = x_4 + 37. \end{cases}$

案例3 如图 6-3 所示的双杆系统中，杆 1 的重量 $G_1 = 200$ N，长度 $L_1 = 2$ m，水平方向的夹角 $\theta_1 = \dfrac{\pi}{6}$，杆 2 重量 $G_2 = 100$ N，长度 $L_2 = \sqrt{2}$ m，与

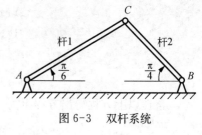

图 6-3 双杆系统

水平方向的夹角 $\theta_2 = \dfrac{\pi}{4}$，三个铰接点 A，B，C 所在平面垂直于水平面. 求杆 1，杆 2 在铰接点处所受到的力.

分析 在图 6-3 所示的双杆系统中，已知杆 1 重 $G_1 = 200$ N，长 $L_1 = 2$ m，与水平方向的夹角为 $\theta_1 = \dfrac{\pi}{6}$，杆 2 重 $G_2 = 100$ N，长 $L_2 = \sqrt{2}$ m，与水平方向的夹角为 $\theta_2 = \dfrac{\pi}{4}$，三个铰接点 A，B，C 所在平面垂直与水平面. 求杆 1，杆 2 在铰接点处所受到的力.

假设两杆都是均匀的，在铰接点处的受力情况如图 6-4 所示.

对于杆 1

水平方向受到的合力为零即 $N_1 - N_3 = 0$，故 $N_1 = N_3$.

竖直方向受到的合力为零即 $N_2 + N_4 - G_1 = 0$，故 $N_2 + N_4 = G_1$.

以点 A 为支点的合力矩为零即 $(L_1 \sin \theta_1) N_3 + (L_1 \cos \theta_1) N_4 - \left(\dfrac{1}{2} L_1 \cos \theta_1\right) G_1 = 0$，故

$$(L_1 \sin \theta_1) N_3 + (L_1 \cos \theta_1) N_4 = \left(\frac{1}{2} L_1 \cos \theta_1\right) G_1.$$

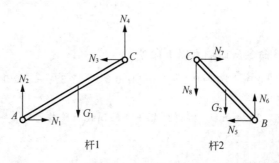

图 6-4 两杆受力图解

对于杆 2，类似地有

$$N_5 = N_7, \quad N_6 = N_8 + G_2, \quad (L_2 \sin \theta_2) N_7 = (L_2 \cos \theta_2) N_8 + \left(\frac{1}{2} L_2 \cos \theta_2\right) G_2.$$

此外还有 $N_3 = N_7$，$N_4 = N_8$. 于是将上述 8 个等式联立起来得到关于 N_1，N_2，$\cdots$，N_8 的线性方程组

$$\begin{cases} N_1 - N_3 = 0, \\ N_2 + N_4 = G_1, \\ \vdots \\ N_4 - N_8 = 0. \end{cases}$$

在 MATLAB 命令窗口输入以下命令

≫G1 = 200；L1 = 2；thetal = pi/6；G2 = 100；L2 = sqrt(2)；

theta2 = pi/4；

≫A = [1, 0, −1, 0, 0, 0, 0, 0; 0, 1, 0, 1, 0, 0, 0, 0; 0, 0, L1 × sin(thetal)，L1 × cos(thetal), 0, 0, 0, 0; 0, 0, 0, 0, 1, 0, −1, 0; 0, 0, 0, 0, 0, 1, 0，−1; 0, 0, 0, 0, 0, 0,

L2 × sin(theta2), −L2 × cos(theta2); 0, 0, 1, 0, 0, 0, −1, 0; 0, 0, 0, 1, 0, 0, 0, −1];

≫b = [0;G1;0.5 × L1 × cos(thetal) × G1;0;G2;0.5 × L2 × cos(theta2) × G2;0; 0]

≫x = b/A;x,

MATLAB 执行后得

ans

= 95.096 2 154.903 8 95.096 2 45.096 2 95.096 2 145.096 2 95.096 2 45.096 2.

案例 4　现有木工、电工、油漆工各一人,他们相互装修每家的房子,工作的天数见表 6-1.

表 6-1　　　　　　　　　　　　　工作的天数　　　　　　　　　　　单位:d

家	木工	电工	油漆工
木工家	2	1	6
电工家	4	5	1
油漆工家	4	4	3

他们签订协议如下:(1) 每人工作 10 d(包括在自己家的日子);(2) 每人的日工资在 $60 \sim 80$ 元之间;(3) 日工资数应使每人的总收入和总支出相等.求每人的日工资.

分析　事实上各人都不必付自己工资,各家应付工资和各人应得收入见表 6-2,这时各家应付工资和各人应得收入相等. x，y，z 分别是木工,电工,油漆工的日工资.

表6-2　　　　　　　　　　各家应付工资和各人应得收入　　　　　　　　　单位:元

家	木工	电工	油漆工	各家应付工资
木工家	0	y	$6z$	$y+6z$
电工家	$4x$	0	z	$4x+z$
油漆工家	$4x$	$4y$	0	$4x+4y$
个人应得收入	$8x$	$5y$	$7z$	

解　设木工,电工,油漆工的日工资分别是 x,y,z,各人都不必付自己工资,则各家应付工资和各人应得收入相等.由此可得

$$\begin{cases} y+6z=8x, \\ 4x+z=5y, \\ 4x+4y=7z. \end{cases} \quad 即 \quad \begin{cases} -8x+y+6z=0, \\ 4x-5y+z=0, \\ 4x+4y-7z=0. \end{cases}$$

在 MATLAB 命令窗口输入以下命令

```
≫A = [- 8, 1, 6; 4, - 5, 1; 4, 4, - 7];
X = null(A, "r");format rat,X
X =
        31/36
        8/9
        1
```

上述齐次线性方程组的同解为

$$X=k\left(\frac{31}{36},\ \frac{8}{9},\ 1\right)^{\mathrm{T}}.$$

根据题中的第二个条件"每人日工资在 $60\sim80$ 元之间",得到

$$60\leqslant\frac{31}{36}k<\frac{8}{9}k\leqslant80,\quad 即\ \frac{2\ 160}{31}\leqslant k\leqslant90.$$

所以,木工、电工、油漆工的日工资分别为 $\frac{31}{36}k$ 元,$\frac{8}{9}k$ 元,k 元.

案例5　某公司生产 A,B,C 三种产品,每种产品的成本分为三类:原料成本、人工成本、管理与其他成本.每一类成本中,给出生产单位产品所需要的成本估计量,同时给出每季度生产每种产品的数量.以上数据见表 6-3 和表 6-4.计算每季度生产三种产品的每类成本值.

表 6-3	单位产品需要的成本		单位:元
成本	产品		
	A	B	C
原料	0.10	0.30	0.15
工资	0.30	0.40	0.25
管理与其他	0.10	0.20	0.15

表 6-4	每季度的产量			单位:件
产品	季度			
	春季	夏季	秋季	冬季
A	4 000	4 500	4 500	4 000
B	2 000	2 600	2 400	2 200
C	5 800	6 200	6 000	6 000

分析

春季生产三种产品的原料成本值是:$0.10 \times 4\ 000 + 0.30 \times 2\ 000 + 0.15 \times 5\ 800$.

夏季生产三种产品的原料成本值是:$0.10 \times 4\ 500 + 0.30 \times 2\ 600 + 0.15 \times 6\ 200$.

秋季生产三种产品的原料成本值是:$0.10 \times 4\ 500 + 0.30 \times 2\ 400 + 0.15 \times 6\ 000$.

冬季生产三种产品的原料成本值是:$0.10 \times 4\ 000 + 0.30 \times 2\ 200 + 0.15 \times 6\ 000$.

春季生产三种产品的工资成本值是:$0.30 \times 4\ 000 + 0.40 \times 2\ 000 + 0.25 \times 5\ 800$.

夏季生产三种产品的工资成本值是:$0.30 \times 4\ 500 + 0.40 \times 2\ 600 + 0.25 \times 6\ 200$.

秋季生产三种产品的工资成本值是:$0.30 \times 4\ 500 + 0.40 \times 2\ 400 + 0.25 \times 6\ 000$.

冬季生产三种产品的工资成本值是:$0.30 \times 4\ 000 + 0.40 \times 2\ 200 + 0.25 \times 6\ 000$.

春季生产三种产品的管理与其他成本值是:$0.10 \times 4\ 000 + 0.20 \times 2\ 000 + 0.15 \times 5\ 800$.

夏季生产三种产品的管理与其他成本值是:$0.10 \times 4\ 500 + 0.20 \times 2\ 600 + 0.15 \times 6\ 200$.

秋季生产三种产品的管理与其他成本值是:$0.10 \times 4\ 500 + 0.20 \times 2\ 400 + 0.15 \times 6\ 000$.

冬季生产三种产品的管理与其他成本值是:$0.10 \times 4\ 000 + 0.20 \times 2\ 200 + 0.15 \times 6\ 000$.

实际上,每季度生产三种产品的每类成本值就是将表 6-3 中三种产品的三类成本分别与表 6-4 中每季度的产量对应数字相乘再相加.所以,用到矩阵乘法运算的知识.

解 表 6-3 对应的矩阵为 $\boldsymbol{M} = \begin{pmatrix} 0.1 & 0.3 & 0.15 \\ 0.3 & 0.4 & 0.25 \\ 0.1 & 0.2 & 0.15 \end{pmatrix}$,

表 6-4 对应的矩阵为 $N = \begin{pmatrix} 4\,000 & 4\,500 & 4\,500 & 4\,000 \\ 2\,000 & 2\,600 & 2\,400 & 2\,200 \\ 5\,800 & 6\,200 & 6\,000 & 6\,000 \end{pmatrix}$,

$$MN = \begin{pmatrix} 0.1 & 0.3 & 0.15 \\ 0.3 & 0.4 & 0.25 \\ 0.1 & 0.2 & 0.15 \end{pmatrix} \begin{pmatrix} 4\,000 & 4\,500 & 4\,500 & 4\,000 \\ 2\,000 & 2\,600 & 2\,400 & 2\,200 \\ 5\,800 & 6\,200 & 6\,000 & 6\,000 \end{pmatrix}.$$

在 MATLAB 命令窗口输入以下命令

≫A = [0.1 0.3 0.15; 0.3 0.4 0.25; 0.1 0.2 0.15];

≫B = [4 000 4 500 4 500 4 000; 2 000 2 600 2 400 2 200; 5 800 6 200 6 000 6 000];

≫A * B

ans =

　　　　1 870　2 160　2 070　1 960

　　　　3 450　3 940　3 810　3 580

　　　　1 670　1 900　1 830　1 740

每季度生产三种产品的每类成本值见表 6-5.

表 6-5　　　　　　　　　　　　每季度的每类成本　　　　　　　　　　　单位:元

成本	春季	夏季	秋季	冬季
原料	1 870	2 160	2 070	1 960
工资	3 450	3 940	3 810	3 580
管理与其他	1 670	1 900	1 830	1 740

6.1.1　n 元线性方程组

在平面解析几何中,两条直线的位置关系从几何角度考虑,有平行、相交、重合三种,相应地,两条直线的交点有下列三种情况:无交点,一个交点和无数个交点. 两条直线的位置关系从代数角度考虑,利用两条直线方程构成的方程组,对方程组求解,也对应有下列三种情况:无解,一组解和无数组解.

引例 1

(1) 直线 $2x + y = 5$ 和直线 $2x + y = 1$ 平行,无交点,

即方程组 $\begin{cases} 2x + y = 5, \\ 2x + y = 1 \end{cases}$ 无解.

(2) 直线 $2x + y = 3$ 和直线 $2x - y = 5$ 相交,且有一个交点 $(2, -1)$,

即方程组 $\begin{cases} 2x + y = 3, \\ 2x - y = 5. \end{cases}$ 的解为 $\begin{cases} x = 2, \\ y = -1. \end{cases}$

(3) 直线 $2x + y = 1$ 和直线 $6x + 3y = 3$ 重合,有无数个交点,

即方程组 $\begin{cases} 2x + y = 1, \\ 6x + 3y = 3 \end{cases}$ 有无数组解.

以上每个方程都是含有两个未知数,且未知数的次数都是 1 次,统称为二元一次方程.二元一次方程构成的方程组称为二元一次方程组.

引例 2

$$\begin{cases} 3x + 2y - 7z = 15, \\ 4x - y + 2z = 15, \\ 2x + 3y - z = -4 \end{cases}$$ 中的每一个方程都是含有三个未知数,且未知数的次数都

是 1 次的三元一次方程.三元一次方程构成的方程组称为三元一次方程组.

引例 3

同样地,$\begin{cases} a + b + c + d = 22, \\ a + b - c + 2d = 29, \\ a - b + c - 3d = 11 \end{cases}$ 是四元一次方程构成的方程组,称之为四元一次

方程组.

我们把上面的二元一次方程,三元一次方程,二元一次方程组,三元一次方程组,四元一次方程组做进一步的推广,来学习 n 元线性方程和 n 元线性方程组.

定义 1 设 $a_1, a_2, \cdots, a_j, \cdots, a_n, b_1$ 都是常数,$x_1, x_2, \cdots, x_j, \cdots, x_n$ 是未知数,则表达式

$$a_1 x_1 + a_2 x_2 + \cdots + a_j x_j + \cdots + a_n x_n = b_1 \tag{6.1.1}$$

称式(6.1.1)为 **n 元线性方程**.其中常数 a_j 是未知数 x_j 的系数,$j = 1, 2, 3, \cdots, n$,b_1 是常数项.

定义 2 对于 n 元线性方程式(6.1.1)$a_1 x_1 + a_2 x_2 + \cdots + a_j x_j + \cdots + a_n x_n = b_1$

如果存在 n 个常数 $c_1, c_2, \cdots, c_j, \cdots, c_n$,且 $a_1 c_1 + a_2 c_2 + \cdots + a_j c_j + \cdots + a_n c_n = b_1$,显然,$x_1 = c_1, x_2 = c_2, \cdots, x_j = c_j, \cdots, x_n = c_n$.

则称 $\begin{cases} x_1 = c_1, \\ x_2 = c_2, \\ \vdots \\ x_j = c_j, \\ \vdots \\ x_n = c_n \end{cases}$ 是线性方程式(6.1.1)的一个解.

定义 3 由 m 个 n 元线性方程构成的方程组

$$\begin{cases} a_{11} x_1 + a_{12} x_2 + \cdots + a_{1j} x_j + \cdots + a_{1n} x_n = b_1, \\ a_{21} x_1 + a_{22} x_2 + \cdots + a_{2j} x_j + \cdots + a_{2n} x_n = b_2, \\ \vdots \qquad \vdots \qquad \vdots \qquad \vdots \qquad \vdots \\ a_{i1} x_1 + a_{i2} x_2 + \cdots + a_{ij} x_j + \cdots + a_{in} x_n = b_i, \\ \vdots \qquad \vdots \qquad \vdots \qquad \vdots \qquad \vdots \\ a_{m1} x_1 + a_{m2} x_2 + \cdots + a_{mi} x_i + \cdots + a_{mn} x = b_m \end{cases} \tag{6.1.2}$$

称式(6.1.2)为 **n 元线性方程组**.其中 $a_{ij}(i=1,2,3,\cdots,m,j=1,2,3,\cdots,n)$ 表示方程组(6.1.2)中未知数 x_j 的系数;a_{ij} 中的 i 是方程组中第 i 个方程的标号,a_{ij} 中的 j 是方程中第 j 个未知数的标号;b_i 中的 i 是方程组中第 i 个方程的标号.

定义 4 如果存在 n 个常数 $c_1,c_2,\cdots,c_j,\cdots,c_n$,使得 $\begin{cases} x_1=c_1, \\ x_2=c_2, \\ \vdots \\ x_j=c_j, \\ \vdots \\ x_n=c_n \end{cases}$ 是线性方程组

(6.1.2)中所有方程的解,则称 $\begin{cases} x_1=c_1, \\ x_2=c_2, \\ \vdots \\ x_j=c_j, \\ \vdots \\ x_n=c_n \end{cases}$ 是线性方程组(6.1.2)的一个解.

例 1 判断下列未知数的值是否为方程组 $\begin{cases} 2x+3y-z=5, \\ x+2y+4z=17, \\ 3x+5y+3z=22 \end{cases}$ 的解.

(1) $x=1,y=4,z=9$;(2) $x_1=1,y=2,z=3$;(3) $x=-41,y=29,z=0$.

解 (1) 把 $x=1,y=4,z=9$ 代入方程组等号左边,得

$$\begin{cases} 2\times1+3\times4-9=5, \\ 1+2\times4+4\times9=45, \\ 3\times1+5\times4+3\times9=50, \end{cases}$$

显然,$x=1,y=4,z=9$ 不满足第二方程和第三个方程.

所以,$x=1,y=4,z=9$ 不是方程组的解.

(2) 把 $x=1,y=2,z=3$,代入方程组等号左边,得

$$\begin{cases} 2\times1+3\times2-3=5, \\ 1+2\times2+4\times3=17, \\ 3\times1+5\times2+3\times3=22. \end{cases}$$

显然,$x=1,y=2,z=3$ 满足三个方程.

所以,$x=1,y=2,z=3$ 是方程组的解.

(3) 把 $x=-41,y=29,z=0$ 代入方程组等号左边,得

$$\begin{cases} 2\times(-41)+3\times29-0=5, \\ (-41)+2\times29+4\times0=17, \\ 3\times(-41)+5\times29+3\times0=22. \end{cases}$$

显然，$x=-41$，$y=29$，$z=0$ 满足三个方程.所以 $x=-41$，$y=29$，$z=0$ 是方程组的解.

从例题中,我们可以看出 $x=1$，$y=2$，$z=3$ 和 $x=-41$，$y=29$，$z=0$ 都是这个程组的解,所以该方程组的解不是唯一的.

例 2 求下列方程组的解.

(1) $\begin{cases} x_1 + x_2 = 4, \\ x_1 + 2x_2 = 5; \end{cases}$ (2) $\begin{cases} x_1 + 2x_2 + 3x_3 = 4, & ① \\ x_1 + x_2 + x_3 = 3; & ② \end{cases}$ (3) $\begin{cases} x_1 + 2x_2 = 4, \\ 2x_1 + 4x_2 = 5. \end{cases}$

解 采用中学学习的加减消元法,来解方程组.

(1) $\begin{cases} x_1 + x_2 = 4, & ① \\ x_1 + 2x_2 = 5. & ② \end{cases}$

②－① 得 $x_2 = 1$

把 $x_2 = 1$ 带入 ① 得 $x_1 = 3$

所以方程组的解为 $\begin{cases} x_1 = 3, \\ x_2 = 1. \end{cases}$

(2) $\begin{cases} x_1 + 2x_2 + 3x_3 = 4, & ① \\ x_1 + x_2 + x_3 = 3. & ② \end{cases}$

①－② 得 $x_2 + 2x_3 = 1$,一个方程中有两个未知数,当 x_3 取不同的常数时,x_2 就有对应的数值.不妨取 $x_3 = 0$，$x_3 = 1$，$x_3 = 2$，$x_3 = -1$，$\cdots$，则 $x_2 = 1$，$x_2 = -1$，$x_2 = -3$，$x_2 = 3$，$\cdots$.

把 x_2，x_3 对应的值带入到 ② 中,得到方程组的解为 $\begin{cases} x_1 = 2, \\ x_2 = 1, \\ x_3 = 0. \end{cases} \begin{cases} x_1 = 3, \\ x_2 = -1, \\ x_3 = 1. \end{cases}$

$\begin{cases} x_1 = 4, \\ x_2 = -3, \\ x_3 = 2. \end{cases} \begin{cases} x_1 = 1, \\ x_2 = 3, \\ x_3 = -1. \end{cases} \cdots$

(3) $\begin{cases} x_1 + 2x_2 = 4, & ① \\ 2x_1 + 4x_2 = 5. & ② \end{cases}$

②－① 得 $x_1 + 2x_2 = 1$,它与 ① 相矛盾,所以该方程组无解.

从例 2 中,可以看到方程组(1)有一组解,方程组(2)有无数组解,方程组(3)无解.

一般地,一个线性方程组可能无解,也可能有解.有解时,它的解可能有无数组,也可能只有一组.

那么,如何判断一个线性方程组是否有解?有解时,如何判断其解是无数组还是只有一组?如何求出它的解?

课后提升

1. 求下列线性方程组的解.

(1) $\begin{cases} x_1 + x_2 = 4, \\ 2x_1 + x_2 = 1; \end{cases}$ (2) $\begin{cases} x_1 + 3x_2 = 4, \\ 2x_1 + 6x_2 = 5; \end{cases}$ (3) $\begin{cases} x_1 + 2x_2 + x_3 = 5, \\ 3x_1 + 2x_2 + 2x_3 = 4. \end{cases}$

2. 当前,中国农村发展进入新阶段,家庭农场越来越受到人们的喜爱.小明到一个农场度假,他看到草地上有一群鸡和羊.他数了一下,共有 23 个头和 64 条腿.草地上分别有多少只鸡和羊?

3. 某商场用 36 万元购进 A,B 两种商品,销售完后共获利 6 万元,其进价和售价见表 6-6.

表 6-6	商品进售价	单位:元/件
商品价格	A	B
进价	1 200	1 000
售价	1 380	1 200

求该商场购进 A,B 两种商品各多少件?

答 案

1. (1) $\begin{cases} x_1 = -3, \\ x_2 = 7; \end{cases}$ (2) 无解;(3) 无数组解.

2. 鸡 14 只,羊 9 只.

3. A 商品 200 件,B 商品 120 件.

6.1.2 用消元法解线性方程组

下面,我们来解决 6.1.1 中最后所提出的问题.

我们把中学学习的用加减消元法解方程组的方法推广到解 n 元线性方程组中.

定义 1

设 $\begin{cases} a_{11}x_1 + a_{12}x_2 + \cdots + a_{1n}x_n = b_1, \\ a_{21}x_1 + a_{22}x_2 + \cdots + a_{2n}x_n = b_2, \\ \quad\vdots \qquad\quad \vdots \qquad\qquad\quad \vdots \qquad \vdots \\ a_{m1}x_1 + a_{m2}x_2 + \cdots + a_{mn}x_n = b_m. \end{cases}$ (6.1.3)

与 $\begin{cases} c_{11}x_1 + c_{12}x_2 + \cdots + c_{1n}x_n = d_1 \\ c_{21}x_1 + c_{12}x_2 + \cdots + c_{2n}x_n = d_2 \\ \quad\vdots \qquad\quad \vdots \qquad\qquad\quad \vdots \qquad \vdots \\ c_{t1}x_1 + c_{t2}x_2 + \cdots + c_{tn}x_n = d_2. \end{cases}$ (6.1.4)

以上两个方程组都是以 x_1,x_2,$\cdots$,x_n 为未知数的线性方程组,如果方程组 (6.1.3) 的解都是方程组 (6.1.4) 的解,方程组 (6.1.4) 的解也都是方程组 (6.1.3)

的解,那么,这两个方程组称为**同解方程组**.

一般地,一个线性方程组可以经过下列三种变换:

(1) 互换两个方程的位置.如第 i 个方程和第 j 个方程互换位置;

(2) 方程组中的一个方程乘以非零常数 k.如第 i 个方程两边同乘以非零常数 k;

(3) 一个方程的 k 倍加到另一个方程上.如第 i 个方程的 k 倍加到第 j 个方程上,第 i 个方程不变,第 j 个方程改变.

以上三种变换统称为**线性方程组的初等变换**.

例 1
$$\begin{cases} 2x_1 - 3x_2 + x_3 - x_4 = 2, & ① \\ 2x_1 + 4x_2 - 6x_3 + 4x_4 = 8, & ② \\ x_1 + x_2 - 2x_3 + x_4 = 4, & ③ \\ 3x_1 + 6x_2 - 9x_3 + 7x_4 = 9. & ④ \end{cases} \qquad (6.1.5)$$

① 与 ③ 互换位置,得新方程组(6.1.6) 为

$$\begin{cases} x_1 + x_2 - 2x_3 + x_4 = 4, & ① \\ 2x_1 + 4x_2 - 6x_3 + 4x_4 = 8, & ② \\ 2x_1 - 3x_2 + x_3 - x_4 = 2, & ③ \\ 3x_1 + 6x_2 - 9x_3 + 7x_4 = 9 & ④ \end{cases} \qquad (6.1.6)$$

在方程组(6.1.6) 中 $\frac{1}{2} \times$ ②,得新方程组(6.1.7) 为

$$\begin{cases} x_1 + x_2 - 2x_3 + x_4 = 4, & ① \\ x_1 + 2x_2 - 3x_3 + 2x_4 = 4, & ② \\ 2x_1 - 3x_2 + x_3 - x_4 = 2, & ③ \\ 3x_1 + 6x_2 - 9x_3 + 7x_4 = 9 & ④ \end{cases} \qquad (6.1.7)$$

在方程组(6.1.7) 中(−2)× ①＋③,得新方程组(6.1.8) 为

$$\begin{cases} x_1 + x_2 - 2x_3 + x_4 = 4, \\ x_1 + 2x_2 - 3x_3 + 2x_4 = 4, \\ -5x_2 + 5x_3 - 3x_4 = -6, \\ 3x_1 + 6x_2 - 9x_3 + 7x_4 = 9. \end{cases} \qquad (6.1.8)$$

以上方程(6.1.5),(6.1.6),(6.1.7),(6.1.8) 都是同解方程组.

定理 1   如果一个线性方程组经过有限次的初等变换后,得到新的方程组,则新方程组与原方程组为同解方程组.

利用前面所学到的线性方程组的初等变换和同解方程组的知识来解线性方

程组.

例2 求下列线性方程组的解.

$$\begin{cases} x_1 + x_2 - 2x_3 + x_4 = 4, \\ 2x_1 + 4x_2 - 6x_3 + 4x_4 = 8, \\ 2x_1 - 3x_2 + x_3 - x_4 = 2, \\ 3x_1 + 6x_2 - 9x_3 + 7x_4 = 9. \end{cases}$$

解

$$\begin{cases} x_1 + x_2 - 2x_3 + x_4 = 4 & ① \\ 2x_1 + 4x_2 - 6x_3 + 4x_4 = 8 & ② \\ 2x_1 - 3x_2 + x_3 - x_4 = 2 & ③ \\ 3x_1 + 6x_2 - 9x_3 + 7x_4 = 9 & ④ \end{cases}$$

$\xrightarrow{(-2)\times①+②,(-2)\times①+③,(-3)\times①+④}$
$$\begin{cases} x_1 + x_2 - 2x_3 + x_4 = 4 & ① \\ 2x_2 - 2x_3 + 2x_4 = 0 & ② \\ -5x_2 + 5x_3 - 3x_4 = -6 & ③ \\ 3x_2 - 3x_3 + 4x_4 = -3 & ④ \end{cases}$$

$\xrightarrow{\frac{1}{2}\times②}$
$$\begin{cases} x_1 + x_2 - 2x_3 + x_4 = 4 & ① \\ x_2 - x_3 + x_4 = 0 & ② \\ -5x_2 + 5x_3 - 3x_4 = -6 & ③ \\ 3x_2 - 3x_3 + 4x_4 = -3 & ④ \end{cases}$$

$\xrightarrow{5\times②+③,(-3)\times②+④}$
$$\begin{cases} x_1 + x_2 - 2x_3 + x_4 = 4 & ① \\ x_2 - x_3 + x_4 = 0 & ② \\ 2x_4 = -6 & ③ \\ x_4 = -3 & ④ \end{cases}$$

$\xrightarrow{③与④互换}$
$$\begin{cases} x_1 + x_2 - 2x_3 + x_4 = 4 & ① \\ x_2 - x_3 + x_4 = 0 & ② \\ x_4 = -3 & ③ \\ 2x_4 = -6 & ④ \end{cases}$$

$\xrightarrow{(-2)\times③+④}$
$$\begin{cases} x_1 + x_2 - 2x_3 + x_4 = 4, & ① \\ x_2 - x_3 + x_4 = 0, & ② \\ x_4 = -3, & ③ \\ 0 = 0, & ④ \end{cases}$$

去掉方程 $0 = 0$,得.

$$\begin{cases} x_1+x_2-2x_3+x_4=4 & ① \\ x_2-x_3+x_4=0 & ② \\ x_4=-3 & ③ \end{cases}$$

$$\xrightarrow{(-1)\times②+①} \begin{cases} x_1-x_3=4 & ① \\ x_2-x_3+x_4=0 & ② \\ x_4=-3 & ③ \end{cases} \xrightarrow[②]{\text{把}③\text{代入}②} \begin{cases} x_1-x_3=4, & ① \\ x_2-x_3=3, & ② \\ x_4=-3, & ③ \end{cases}$$

所以，原方程组

$$\begin{cases} x_1+x_2-2x_3+x_4=4, \\ 2x_1+4x_2-6x_3+4x_4=8, \\ 2x_1-3x_2+x_3-x_4=2, \\ 3x_1+6x_2-9x_3+7x_4=9, \end{cases} \text{与方程组} \begin{cases} x_1-x_3=4, \\ x_2-x_3=3, \text{是同解.} \\ x_4=-3 \end{cases}$$

将方程组 $\begin{cases} x_1-x_3=4, \\ x_2-x_3=3, \\ x_4=-3 \end{cases}$ 中的未知数 x_3 移到等号右端,得 $\begin{cases} x_1=4+x_3, \\ x_2=3+x_3, \\ x_4=-3, \end{cases}$

令 $x_3=C$(C 为任意常数),可得原方程组的解为 $\begin{cases} x_1=4+C, \\ x_2=3+C, \\ x_3=C, \\ x_4=-3. \end{cases}$

例 2 解方程组过程中,后几步用的是代入法消去未知数,前几步用的是加减法消去未知数,通常称为加减消元法和代入消元法.

定义 2

加减消元法是指利用方程组的初等变换,使方程组中的某一个未知数的系数的绝对值相等,然后把两个方程相加或相减,以消去这个未知数,从而使方程中未知数的个数减少,得以求解.

代入消元法是将方程组中的一个方程的未知数用含有其他未知数的代数式表示,并代入到另一个方程中去,这样就消去了一个未知数,从而使方程中未知数的个数减少,得以求解.

定义 3

例 2 中,方程组有无穷多解,此种表达式为方程组的所有解,称为**方程组的通解**,其中 x_3 为自由项.

上例的解方程组很复杂,我们尝试去寻找更为简便的方法.观察例题的解方程组过程,我们得到如下结论:

(1) 所有的运算只出现在相同未知数的系数之间和常数之间,而未知数没有参与运算;

（2）线性方程组

$$\begin{cases} a_{11}x_1+a_{12}x_2+\cdots+a_{1j}x_j+\cdots+a_{1n}x_n=b_1, \\ a_{21}x_1+a_{22}x_2+\cdots+a_{2j}x_j+\cdots+a_{2n}x_n=b_2, \\ \quad\vdots \qquad\quad \vdots \qquad\qquad \vdots \qquad\qquad\quad \vdots \quad \vdots \\ a_{i1}x_1+a_{i2}x_2+\cdots+a_{ij}x_j+\cdots+a_{in}x_n=b_i, \\ \quad\vdots \qquad\quad \vdots \qquad\qquad \vdots \qquad\qquad\quad \vdots \quad \vdots \\ a_{m1}x_1+a_{m2}x_2+\cdots+a_{mi}x_i+\cdots+a_{mn}x=b_m. \end{cases}$$

与有序数组一一对应

$$\begin{pmatrix} a_{11} & a_{12} & \cdots & a_{1j} & \cdots & a_{1n} & b_1 \\ a_{21} & a_{22} & \cdots & a_{2j} & \cdots & a_{2n} & b_2 \\ \vdots & \vdots & & \vdots & & \vdots & \vdots \\ a_{i1} & a_{i2} & \cdots & a_{ij} & \cdots & a_{in} & b_i \\ \vdots & \vdots & & \vdots & & \vdots & \vdots \\ a_{m1} & a_{m2} & \cdots & a_{mi} & \cdots & a_{mn} & b_m \end{pmatrix}.$$

由以上的结论，我们引出矩阵的定义.用矩阵解线性方程组更为简便.

课后提升

1. 方程组 A 经过初等变换后得到方程组 B，则 A 与 B 的解是否相同？
2. 用消元法解下列方程组.

(1) $\begin{cases} x_1+2x_2=-1, \\ 2x_1+5x_2=-1, \\ 3x_1+6x_2=-3; \end{cases}$ (2) $\begin{cases} x_1+2x_2=3, \\ x_1+3x_2=5, \\ 3x_1+6x_2=10; \end{cases}$ (3) $\begin{cases} x_1+2x_2+3x_3=4, \\ 2x_1+4x_2+9x_3=14, \\ x_1+2x_2+4x_3=6. \end{cases}$

答　案

1. 相同.

2. (1) $\begin{cases} x_1=-3, \\ x_2=1; \end{cases}$ (2) 无解；(3) $\begin{cases} x_1=-2-2c, \\ x_2=c, \\ x_3=2. \end{cases}$

6.1.3 矩阵的概念

引例 1 某集团公司的三个生产基地 A，B，C 都生产甲，乙，丙三种产品，上半年的产量(t) 见表 6-7.

表 6-7　　　　　　　　　　　　　上半年产量　　　　　　　　　　　　单位:t

产品　生产基地	A	B	C
甲	1 035	990	700
乙	800	1 100	2 000
丙	970	840	1 300

上表可以用一个 3 行 3 列的矩形数表简略地表示为

$$\begin{bmatrix} 1\ 035 & 990 & 700 \\ 800 & 1\ 100 & 2\ 000 \\ 970 & 840 & 1\ 300 \end{bmatrix}.$$

引例 2　某种商品从 5 个产地通过快递运到 4 个用户,如果 a_{ij} 表示由产地 $A_i(i=1,2,3,4,5)$ 运到用户 $B_j(j=1,2,3,4)$ 的数量.运输方案见表 6-8.

表 6-8　　　　　　　　　　　　某商品的运输方案

产地　用户	B_1	B_2	B_3	B_4
A_1	a_{11}	a_{12}	a_{13}	a_{14}
A_2	a_{21}	a_{22}	a_{23}	a_{24}
A_3	a_{31}	a_{32}	a_{33}	a_{34}
A_4	a_{41}	a_{42}	a_{43}	a_{44}
A_5	a_{51}	a_{52}	a_{53}	a_{54}

上表可以用一个 5 行 4 列的矩形数表简略地表示为

$$\begin{bmatrix} a_{11} & a_{12} & a_{13} & a_{14} \\ a_{21} & a_{22} & a_{23} & a_{24} \\ a_{31} & a_{32} & a_{33} & a_{34} \\ a_{41} & a_{42} & a_{43} & a_{44} \\ a_{51} & a_{52} & a_{53} & a_{54} \end{bmatrix}.$$

引例 3

线性方程组

$$\begin{cases} a_{11}x_1 + a_{12}x_2 + \cdots + a_{1j}x_j + \cdots + a_{1n}x_n = b_1, \\ a_{21}x_1 + a_{22}x_2 + \cdots + a_{2j}x_j + \cdots + a_{2n}x_n = b_2, \\ \quad\vdots \qquad \vdots \qquad\quad \vdots \qquad\quad \vdots \\ a_{i1}x_1 + a_{i2}x_2 + \cdots + a_{ij}x_j + \cdots + a_{in}x_n = b_i, \\ \quad\vdots \qquad \vdots \qquad\quad \vdots \qquad\quad \vdots \\ a_{m1}x_1 + a_{m2}x_2 + \cdots + a_{mi}x_i + \cdots + a_{mn}x = b_m \end{cases}$$

中，未知数 x_j 的系数 a_{ij} 和常数项 b_i，按原来的顺序排列成的矩形数表为

$$\begin{pmatrix} a_{11} & a_{12} & \cdots & a_{1j} & \cdots & a_{1n} & b_1 \\ a_{21} & a_{22} & \cdots & a_{2j} & \cdots & a_{2n} & b_2 \\ \vdots & \vdots & & \vdots & & \vdots & \vdots \\ a_{i1} & a_{i2} & \cdots & a_{ij} & \cdots & a_{in} & b_i \\ \vdots & \vdots & & \vdots & & \vdots & \vdots \\ a_{m1} & a_{m2} & \cdots & a_{mi} & \cdots & a_{mn} & b_m \end{pmatrix}.$$

定义 1

由 $m \times n$ 个数 $a_{ij}(i=1, 2, \cdots, m; j=1, 2, \cdots, n)$ 排成 m 行 n 列的矩形数表

$$A = \begin{pmatrix} a_{11} & a_{12} & \cdots & a_{1n} \\ a_{21} & a_{22} & \cdots & a_{2n} \\ \vdots & \vdots & & \vdots \\ a_{m1} & a_{m2} & \cdots & a_{mn} \end{pmatrix}.$$

称为 m 行 n 列矩阵，简称为 $m \times n$ 矩阵.通常用大写英文字母 A，B，$C \cdots$ 表示矩阵，如果需要表明矩阵的行数和列数，记作 $A_{m \times n}$，有时也可记作 $A = (a_{ij})_{m \times n}$，其中 a_{ij} 称为矩阵 A 中第 i 行第 j 列的元素，有时简称元.横排叫行，竖排叫列.

定义 2

$m \times n$ 线性方程组

$$\begin{cases} a_{11}x_1 + a_{12}x_2 + \cdots + a_{1j}x_j + \cdots + a_{1n}x_n = b_1, \\ a_{21}x_1 + a_{22}x_2 + \cdots + a_{2j}x_j + \cdots + a_{2n}x_n = b_2, \\ \vdots \qquad \vdots \qquad\qquad \vdots \qquad\qquad \vdots \quad \vdots \\ a_{i1}x_1 + a_{i2}x_2 + \cdots + a_{ij}x_j + \cdots + a_{in}x_n = b_i, \\ \vdots \qquad \vdots \qquad\qquad \vdots \qquad\qquad \vdots \quad \vdots \\ a_{m1}x_1 + a_{m2}x_2 + \cdots + a_{mi}x_i + \cdots + a_{mn}x = b_m. \end{cases}$$

未知数的系数构成的矩阵称为**系数矩阵** $A = \begin{pmatrix} a_{11} & a_{12} & \cdots & a_{1j} & \cdots & a_{1n} \\ a_{21} & a_{22} & \cdots & a_{2j} & \cdots & a_{2n} \\ \vdots & \vdots & & \vdots & & \vdots \\ a_{i1} & a_{i2} & \cdots & a_{ij} & \cdots & a_{in} \\ \vdots & \vdots & & \vdots & & \vdots \\ a_{m1} & a_{m2} & \cdots & a_{mi} & \cdots & a_{mn} \end{pmatrix}.$

未知数构成的矩阵称为**未知数矩阵 X** $= \begin{pmatrix} x_1 \\ x_2 \\ \vdots \\ x_j \\ \vdots \\ x_m \end{pmatrix}$.

常数项构成的矩阵称为**常数项矩阵 $\boldsymbol{\beta}$** $= \begin{pmatrix} b_1 \\ b_2 \\ \vdots \\ b_j \\ \vdots \\ b_m \end{pmatrix}$.

系数矩阵 A 与常数项矩阵 $\boldsymbol{\beta}$ 组成的矩阵称为**增广矩阵 B**

$$\boldsymbol{B} = (\boldsymbol{A}, \boldsymbol{\beta}) = \begin{pmatrix} a_{11} & a_{12} & \cdots & a_{1j} & \cdots & a_{1n} & b_1 \\ a_{21} & a_{22} & \cdots & a_{2j} & \cdots & a_{2n} & b_2 \\ \vdots & \vdots & & \vdots & & \vdots & \vdots \\ a_{i1} & a_{i2} & \cdots & a_{ij} & \cdots & a_{in} & b_i \\ \vdots & \vdots & & \vdots & & \vdots & \vdots \\ a_{m1} & a_{m2} & \cdots & a_{mi} & \cdots & a_{mn} & b_m \end{pmatrix}.$$

如,方程组 $\begin{cases} x_1 + x_2 - 2x_3 + x_4 = 4, \\ 2x_1 + 4x_2 - 6x_3 + 4x_4 = 8, \\ 2x_1 - 3x_2 + x_3 - x_4 = 2, \\ 3x_1 + 6x_2 - 9x_3 + 7x_4 = 9. \end{cases}$

系数矩阵表示为

$$\boldsymbol{A} = \begin{pmatrix} 1 & 1 & -2 & 1 \\ 2 & 4 & -6 & 4 \\ 2 & -3 & 1 & -1 \\ 3 & 6 & -9 & 7 \end{pmatrix}.$$

增广矩阵表示为

$$\boldsymbol{B} = (\boldsymbol{A}, \boldsymbol{\beta}) = \begin{pmatrix} 1 & 1 & -2 & 1 & 4 \\ 2 & 4 & -6 & 4 & 8 \\ 2 & -3 & 1 & -1 & 2 \\ 3 & 6 & -9 & 7 & 9 \end{pmatrix}.$$

定义 3

$$\begin{bmatrix} a_{11} & a_{12} & \cdots & a_{1n} \\ a_{21} & a_{22} & \cdots & a_{2n} \\ \vdots & \vdots & & \vdots \\ a_{n1} & a_{n2} & \cdots & a_{nn} \end{bmatrix}$$ 行数与列数均为 n 的矩阵,称为 n 阶方阵.

如 $\begin{bmatrix} a_{11} & a_{12} \\ a_{21} & a_{22} \end{bmatrix}$ 就是一个 2 阶方阵.

在 n 阶方阵中,从左上角到右下角的直线称为**主对角线**,从右上角到左下角的直线称为**次对角线**.

定义 4

对于一个方阵,主对角线上的元素都是 1,其他元素都是 0,称此**矩阵为单位矩阵**.记作 E,即 $E = \begin{bmatrix} 1 & 0 & \cdots & 0 \\ 0 & 1 & \cdots & 0 \\ \vdots & \vdots & & 0 \\ 0 & 0 & \cdots & 1 \end{bmatrix}$.

定义 5

$1 \times n$ 的矩阵,只有一行元素,称为 n **维行矩阵**.

如 $A = (1 \quad -2 \quad 3 \quad 0)$ 就是一个 4 维行矩阵.

定义 6

$n \times 1$ 的矩阵,只有一列元素,称为 n **维列矩阵**.

如 $A = \begin{bmatrix} 1 \\ 0 \\ 3 \\ 2 \end{bmatrix}$ 就是一个 4 维列矩阵.

定义 7

如果矩阵 A 的所有元素都为零,则称 A 为**零矩阵**,记作 O;至少有一个元素不为零的矩阵称为**非零矩阵**.

矩阵中所有元素都为零的行称为零行,反之称为**非零行**;

所有元素都为零的列称为**零列**,反之称为**非零列**.

定义 8

如果矩阵 A 满足下列条件:

(1) 矩阵 A 的零行在 A 的最下方;

(2) 矩阵 A 各非零行的第一个非零元 a_{ij} 的列指标 j 随行指标 i 的递增而严格增大.

那么,矩阵 A 称为阶梯形矩阵.

阶梯形矩阵 A 的非零行的第 1 个非零元素称为 A 的**主元**.

说明

① 阶梯形矩阵主元的个数等于其非零行的个数;

② 零矩阵是特殊的阶梯形矩阵.

如 $\begin{pmatrix} 0 & 2 & 2 & 3 \\ 0 & 0 & 3 & 2 \\ 0 & 0 & 0 & 3 \end{pmatrix}$, $\begin{pmatrix} 1 & 2 & 3 & -1 \\ 0 & 0 & 0 & 2 \\ 0 & 0 & 0 & 0 \end{pmatrix}$, $\begin{pmatrix} 1 & 0 & 2 \\ 0 & 2 & 1 \\ 0 & 0 & 0 \end{pmatrix}$, $\begin{pmatrix} 1 & 1 & -2 & 1 & 4 \\ 0 & 1 & -1 & 1 & 0 \\ 0 & 0 & 0 & 1 & -3 \\ 0 & 0 & 0 & 0 & 0 \end{pmatrix}$ 都是

阶梯形矩阵.

定义 9

阶梯形矩阵 A 的主元都是 1,且主元所在列上的其他元素都为零,则 A 称为**简化阶梯形矩阵**.

如 $\begin{pmatrix} 1 & 0 & 1 \\ 0 & 1 & 1 \\ 0 & 0 & 0 \end{pmatrix}$, $\begin{pmatrix} 1 & 0 & 0 & 0 & 1 \\ 0 & 1 & 2 & 0 & 3 \\ 0 & 0 & 0 & 1 & 7 \\ 0 & 0 & 0 & 0 & 0 \end{pmatrix}$ 都是简化梯形矩阵.

课后提升

1. 简述下列概念.

(1) 5×6 矩阵;(2) 方阵;(3) 单位矩阵;(4) 列矩阵,行矩阵;(5) 阶梯形矩阵;(6) 简化阶梯形矩阵.

2. 有四个工厂均能生产甲、乙、丙三种产品,其单位成本见表 6-9,请你用矩阵把它表示出来.

表 6-9   **产品的单位成本**   单位:万元

产品 工厂	甲	乙	丙
一	3	5	6
二	2	4	8
三	4	5	5
四	4	3	7

3. 写出下列线性方程组的系数矩阵 A,未知数矩阵 X,常数项矩阵 β 和增广矩阵 B.

(1) $\begin{cases} 6x_1 + 5x_2 = 4, \\ 3x_1 + 4x_2 = 2; \end{cases}$
    (2) $\begin{cases} x_1 + 2x_2 + 4x_3 = 1, \\ 4x_1 - x_2 + 3x_3 = 0, \\ 3x_1 + 2x_2 + 6x_3 = 5. \end{cases}$

4. 写出下列增广矩阵对应的线性方程组.

(1) $\begin{bmatrix} 5 & 2 & 1 & 0 \\ 3 & -2 & 2 & 1 \end{bmatrix}$;

(2) $\begin{bmatrix} 4 & -3 & 1 & 2 & 4 \\ 3 & 1 & -3 & 2 & 6 \\ 1 & 1 & 2 & 3 & 7 \\ 3 & 2 & 3 & -2 & 8 \end{bmatrix}$.

5. 下列矩阵中,哪些是单位矩阵? 哪些是阶梯形矩阵? 哪些是简化阶梯形矩阵:

(1) $\begin{bmatrix} 1 & 2 & 1 & 0 \\ 0 & 0 & 2 & 1 \end{bmatrix}$;

(2) $\begin{bmatrix} 1 & 0 & 0 \\ 0 & -1 & 0 \\ 0 & 0 & 1 \end{bmatrix}$;

(3) $\begin{bmatrix} 1 & 2 & 5 & -1 \\ 0 & 0 & 0 & 4 \\ 0 & -2 & -1 & 3 \\ 0 & 0 & 6 & 1 \end{bmatrix}$;

(4) $\begin{bmatrix} 1 & 0 & 0 & 0 \\ 0 & 1 & 0 & 0 \\ 0 & 0 & 1 & 0 \\ 0 & 0 & 0 & 1 \\ 0 & 0 & 0 & 0 \end{bmatrix}$;

(5) $\begin{bmatrix} 1 & 0 & 0 \\ 0 & 1 & 0 \\ 0 & 0 & 1 \end{bmatrix}$;

(6) $\begin{bmatrix} 1 & 0 & 0 & -1 \\ 0 & 1 & 0 & 4 \\ 0 & 0 & 1 & 3 \\ 0 & 0 & 0 & 0 \end{bmatrix}$.

答　案

(略)

6.1.4　用简化阶梯形矩阵解线性方程组

在 6.1.2 中,我们学习了线性方程组的初等变换,下面来学习矩阵的初等行变换,它与线性方程组的初等变换相类似.

定义 1

下面的三种变换统称称为矩阵的初等行变换:

(1) 对调两行(对调 i,j 两行,记作 $r_i \leftrightarrow r_j$);

(2) 用数 $k \neq 0$ 乘以某一行中的所有元素(k 乘第 i 行,记作 kr_i);

(3) 把某一行所有元素的 k 倍加到另一行对应元素上(第 i 行的 k 倍加到第 j 行上,记作 $kr_i + r_j$),第 i 行不变,第 j 行改变.

定理

任意矩阵都可以经过有限次的初等行变换化为简化阶梯形矩阵.

求矩阵 A 的简化阶梯形矩阵的步骤为:

(1) 用矩阵的初等行变换把 A 化为阶梯形矩阵 B;

(2) 用矩阵的初等行变换把阶梯形矩阵 B 中非零行的第一个非零元素全部化为 1(主元),得到阶梯形矩阵 C;

（3）用矩阵的初等行变换,从下往上,依次把阶梯形矩阵 C 中主元所在列的其他元素都化为零,得到简化阶梯形矩阵 D.

例 1 把矩阵 $A = \begin{pmatrix} 1 & 2 & -3 \\ 0 & 1 & 2 \\ 1 & 0 & -5 \\ 2 & 2 & -8 \end{pmatrix}$ 化为简化阶梯形矩阵.

解 $A = \begin{pmatrix} 1 & 2 & -3 \\ 0 & 1 & 2 \\ 1 & 0 & -5 \\ 2 & 2 & -8 \end{pmatrix} \xrightarrow[-2 \times r_1 + r_4]{-1 \times r_1 + r_3} \begin{pmatrix} 1 & 2 & -3 \\ 0 & 1 & 2 \\ 0 & -2 & -2 \\ 0 & -2 & -2 \end{pmatrix} \xrightarrow{-1 \times r_3 + r_4} \begin{pmatrix} 1 & 2 & -3 \\ 0 & 1 & 2 \\ 0 & -2 & -2 \\ 0 & 0 & 0 \end{pmatrix}$

$\xrightarrow{2 \times r_2 + r_3} \begin{pmatrix} 1 & 2 & -3 \\ 0 & 1 & 2 \\ 0 & 0 & 2 \\ 0 & 0 & 0 \end{pmatrix} \xrightarrow{\frac{1}{2} r_3} \begin{pmatrix} 1 & 2 & -3 \\ 0 & 1 & 2 \\ 0 & 0 & 1 \\ 0 & 0 & 0 \end{pmatrix} \xrightarrow{-2 \times r_3 + r_2} \begin{pmatrix} 1 & 2 & -3 \\ 0 & 1 & 0 \\ 0 & 0 & 1 \\ 0 & 0 & 0 \end{pmatrix}$

$\xrightarrow{3 \times r_3 + r_1} \begin{pmatrix} 1 & 2 & 0 \\ 0 & 1 & 0 \\ 0 & 0 & 1 \\ 0 & 0 & 0 \end{pmatrix} \xrightarrow{-2 \times r_2 + r_1} \begin{pmatrix} 1 & 0 & 0 \\ 0 & 1 & 0 \\ 0 & 0 & 1 \\ 0 & 0 & 0 \end{pmatrix}$.

用 MATLAB 软件求 $A = \begin{pmatrix} 1 & 2 & -3 \\ 0 & 1 & 2 \\ 1 & 0 & -5 \\ 2 & 2 & -8 \end{pmatrix}$ 的简化阶梯形矩阵程序如下:

在 MATLAB 的 Command Window 窗口输入

≫A = [1 2 − 3;0 1 2;1 0 − 5;2 2 − 8];

≫B = rref(A)

注意 矩阵的初等行变换每一步都要用箭头"→"标出,而不是等号.

线性方程组可以用增广矩阵表示,对增广矩阵进行初等行变换化为简化阶梯形矩阵,简化阶梯形矩阵又可以返回到方程组的形式.下面我们用简化阶梯形矩阵解线性方程组.

用简化阶梯形矩阵解线性方程组的步骤是:

（1）写出线性方程组的增广矩阵 B;

（2）求出增广矩阵 B 的简化阶梯形矩阵;

（3）写出简化阶梯形矩阵对应的线性方程组.

例 2 用简化阶梯形矩阵解下列线性方程组.

$$(1)\begin{cases} x_1 & -2x_2 & +x_3 & =0, \\ 2x_1 & -3x_2 & +x_3 & =-4, \\ 4x_1 & -3x_2 & -2x_3 & =-2, \\ 3x_1 & & -2x_3 & =5; \end{cases} \quad (2)\begin{cases} x_1 & -2x_2 & +x_3 & =0, \\ 2x_1 & -3x_2 & +x_3 & =-4, \\ 4x_1 & -3x_2 & -2x_3 & =-2, \\ 3x_1 & & -2x_3 & =-42; \end{cases}$$

$$(3)\begin{cases} x_1 & +x_2 & -2x_3 & +x_4 & =4, \\ 2x_1 & +4x_2 & -6x_3 & +4x_4 & =8, \\ 2x_1 & -3x_2 & +x_3 & -x_4 & =2, \\ 3x_1 & +6x_2 & -9x_3 & +7x_4 & =9. \end{cases}$$

解

(1) 设线性方程组的增广矩阵为 $\boldsymbol{B}$

$$\boldsymbol{B}=(\boldsymbol{A},\boldsymbol{\beta})=\begin{pmatrix} 1 & -2 & 1 & 0 \\ 2 & -3 & 1 & -4 \\ 4 & -3 & -2 & -2 \\ 3 & 0 & -2 & 5 \end{pmatrix} \xrightarrow[\substack{-4r_1+r_3 \\ -3r_1+r_4}]{-2r_1+r_2} \begin{pmatrix} 1 & -2 & 1 & 0 \\ 0 & 1 & -1 & -4 \\ 0 & 5 & -6 & -2 \\ 0 & 6 & -5 & 5 \end{pmatrix}$$

$$\xrightarrow[\substack{-6r_2+r_4}]{-5r_2+r_3} \begin{pmatrix} 1 & -2 & 1 & 0 \\ 0 & 1 & -1 & -4 \\ 0 & 0 & -1 & 18 \\ 0 & 0 & 1 & 29 \end{pmatrix} \xrightarrow{r_3+r_4} \begin{pmatrix} 1 & -2 & 1 & 0 \\ 0 & 1 & -1 & -4 \\ 0 & 0 & -1 & 18 \\ 0 & 0 & 0 & 47 \end{pmatrix}$$

$$\xrightarrow[\frac{1}{47}r_4]{-r_3} \begin{pmatrix} 1 & -2 & 1 & 0 \\ 0 & 1 & -1 & -4 \\ 0 & 0 & 1 & -18 \\ 0 & 0 & 0 & 1 \end{pmatrix} \xrightarrow[\substack{18r_4+r_3}]{4r_4+r_2} \begin{pmatrix} 1 & -2 & 1 & 0 \\ 0 & 1 & -1 & 0 \\ 0 & 0 & 1 & 0 \\ 0 & 0 & 0 & 1 \end{pmatrix}$$

$$\xrightarrow[\substack{r_3+r_2}]{-r_3+r_1} \begin{pmatrix} 1 & -2 & 0 & 0 \\ 0 & 1 & 0 & 0 \\ 0 & 0 & 1 & 0 \\ 0 & 0 & 0 & 1 \end{pmatrix} \xrightarrow{2r_2+r_1} \begin{pmatrix} 1 & 0 & 0 & 0 \\ 0 & 1 & 0 & 0 \\ 0 & 0 & 1 & 0 \\ 0 & 0 & 0 & 1 \end{pmatrix}.$$

增广矩阵的简化阶梯形矩阵对应的线性方程组为

$$\begin{cases} x_1=0, \\ x_2=0, \\ x_3=0, \\ 0=1 \end{cases}$$ 显然,第四个方程 $0=1$ 是不成立的.所以,该方程组无解.

(2) 设线性方程组的增广矩阵为 $\boldsymbol{B}$

$$B = (A, \boldsymbol{\beta}) = \begin{pmatrix} 1 & -2 & 1 & 0 \\ 2 & -3 & 1 & -4 \\ 4 & -3 & -2 & -2 \\ 3 & 0 & -2 & -42 \end{pmatrix} \xrightarrow[\substack{-4r_1 + r_3 \\ -3r_1 + r_4}]{-2r_1 + r_2} \begin{pmatrix} 1 & -2 & 1 & 0 \\ 0 & 1 & -1 & -4 \\ 0 & 5 & -6 & -2 \\ 0 & 6 & -5 & -42 \end{pmatrix}$$

$$\xrightarrow[-6r_2 + r_4]{-5r_2 + r_3} \begin{pmatrix} 1 & -2 & 1 & 0 \\ 0 & 1 & -1 & -4 \\ 0 & 0 & -1 & 18 \\ 0 & 0 & 1 & -18 \end{pmatrix} \xrightarrow{r_3 + r_4} \begin{pmatrix} 1 & -2 & 1 & 0 \\ 0 & 1 & -1 & -4 \\ 0 & 0 & -1 & 18 \\ 0 & 0 & 0 & 0 \end{pmatrix}$$

$$\xrightarrow{-r_3} \begin{pmatrix} 1 & -2 & 1 & 0 \\ 0 & 1 & -1 & -4 \\ 0 & 0 & 1 & -18 \\ 0 & 0 & 0 & 0 \end{pmatrix} \xrightarrow[-r_3 + r_1]{r_3 + r_2} \begin{pmatrix} 1 & -2 & 0 & 18 \\ 0 & 1 & 0 & -22 \\ 0 & 0 & 1 & -18 \\ 0 & 0 & 0 & 0 \end{pmatrix}$$

$$\xrightarrow{2r_2 + r_1} \begin{pmatrix} 1 & 0 & 0 & -26 \\ 0 & 1 & 0 & -22 \\ 0 & 0 & 1 & -18 \\ 0 & 0 & 0 & 0 \end{pmatrix}.$$

增广矩阵的简化阶梯形矩阵对应的线性方程组的解为

$$\begin{cases} x_1 = -26, \\ x_2 = -22, \\ x_3 = -18, \\ 0 = 0 \end{cases}$$ 显然，该方程组的解是唯一的.

(3) 设线性方程组的增广矩阵为 $\boldsymbol{B}$

$$B = (A, \boldsymbol{\beta}) = \begin{pmatrix} 1 & 1 & -2 & 1 & 4 \\ 2 & 4 & -6 & 4 & 8 \\ 2 & -3 & 1 & -1 & 2 \\ 3 & 6 & -9 & 7 & 9 \end{pmatrix} \xrightarrow[\substack{-2r_1 + r_3 \\ -3r_1 + r_4}]{-2r_1 + r_2} \begin{pmatrix} 1 & 1 & -2 & 1 & 4 \\ 0 & 2 & -2 & 2 & 0 \\ 0 & -5 & 5 & -3 & -6 \\ 0 & 3 & -3 & 4 & -3 \end{pmatrix}$$

$$\xrightarrow{\frac{1}{2}r_2} \begin{pmatrix} 1 & 1 & -2 & 1 & 4 \\ 0 & 1 & -1 & 1 & 0 \\ 0 & -5 & 5 & -3 & -6 \\ 0 & 3 & -3 & 4 & -3 \end{pmatrix} \xrightarrow[-3r_2 + r_4]{5r_2 + r_3} \begin{pmatrix} 1 & 1 & -2 & 1 & 4 \\ 0 & 1 & -1 & 1 & 0 \\ 0 & 0 & 0 & 2 & -6 \\ 0 & 0 & 0 & 1 & -3 \end{pmatrix}$$

$$\xrightarrow{\frac{1}{2}r_3} \begin{pmatrix} 1 & 1 & -2 & 1 & 4 \\ 0 & 1 & -1 & 1 & 0 \\ 0 & 0 & 0 & 1 & -3 \\ 0 & 0 & 0 & 1 & -3 \end{pmatrix} \xrightarrow{-r_3 + r_4} \begin{pmatrix} 1 & 1 & -2 & 1 & 4 \\ 0 & 1 & -1 & 1 & 0 \\ 0 & 0 & 0 & 1 & -3 \\ 0 & 0 & 0 & 0 & 0 \end{pmatrix}$$

$$\xrightarrow[-r_3+r_1]{-r_3+r_2} \begin{pmatrix} 1 & 1 & -2 & 0 & 7 \\ 0 & 1 & -1 & 0 & 3 \\ 0 & 0 & 0 & 1 & -3 \\ 0 & 0 & 0 & 0 & 0 \end{pmatrix} \xrightarrow{-r_2+r_1} \begin{pmatrix} 1 & 0 & -1 & 0 & 4 \\ 0 & 1 & -1 & 0 & 3 \\ 0 & 0 & 0 & 1 & -3 \\ 0 & 0 & 0 & 0 & 0 \end{pmatrix}.$$

增广矩阵的简化阶梯形矩阵对应的线性方程组为

$$\begin{cases} x_1 - x_3 = 4, \\ x_2 - x_3 = 3, \\ x_4 = -3. \end{cases} \quad 即 \begin{cases} x_1 = 4 + x_3, \\ x_2 = 3 + x_3, \\ x_4 = -3. \end{cases}$$

所以方程组有无穷多解，x_3 为自由变量.

例2中用 MATLAB 软件求增广矩阵 $\boldsymbol{B}$ 的简化阶梯形矩阵，更为简便.程序为

(1) $\gg B = [1 - 2\ 1\ 0; 2 - 3\ 1 - 4; 4 - 3 - 2 - 2; 3\ 0 - 2\ 5]$;
$\gg$ rref(B)

(2) $\gg B = [1 - 2\ 1\ 0; 2 - 3\ 1 - 4; 4 - 3 - 2 - 2; 3\ 0 - 2 - 42]$;
$\gg$ rref(B)

(3) $\gg B = [1\ 1 - 2\ 1\ 4; 2\ 4 - 6\ 4\ 8; 2 - 3\ 1 - 1\ 2; 3\ 6 - 9\ 7\ 9]$;
$\gg$ rref(B)

例2可以看出，将方程组转化成增广矩阵，用初等行变换，把增广矩阵化为简化阶梯形矩阵，从而达到解线性方程组的目的.这实际上与线性方程组的加减消元法是一致的.对增广矩阵施以初等行变换，相当于把原方程组变化成一个新的同解方程组.区别是，用矩阵解线性方程组，在书写上省去了未知数，只有未知数的系数和常数项参与运算过程.使用 MATLAB 软件求线性方程组增广矩阵的简化阶梯形矩阵，会使线性方程组的求解更为简便.

课后提升

1. 求下列矩阵的简化阶梯形矩阵.

(1) $\begin{bmatrix} 1 & 1 & 2 \\ -1 & 2 & 0 \\ 1 & 1 & 3 \end{bmatrix}$; (2) $\begin{bmatrix} 1 & -2 & 3 & 1 & 2 \\ 3 & -1 & 5 & -3 & -1 \\ 2 & 1 & 4 & -2 & -3 \end{bmatrix}$.

2. 用简化阶梯形矩阵求下列方程.

(1) $\begin{cases} x_1 + 2x_2 + 4x_3 = 1, \\ 4x_1 - x_2 + 3x_3 = 0, \\ 3x_1 + 2x_2 + 6x_3 = 5; \end{cases}$ (2) $\begin{cases} 4x_1 - 3x_2 + x_3 + 2x_4 = 4, \\ 3x_1 + x_2 - 3x_3 + 2x_4 = 6, \\ x_1 + x_2 + 2x_3 + 3x_4 = 7, \\ 3x_1 + 2x_2 + 3x_3 - 2x_4 = 8. \end{cases}$

1. (1) $\begin{pmatrix} 1 & 0 & 0 \\ 0 & 1 & 0 \\ 0 & 0 & 1 \end{pmatrix}$；

(2) $\begin{pmatrix} 1 & 0 & 0 & -2.8 & -0.8 \\ 0 & 1 & 0 & -0.4 & -1.4 \\ 0 & 0 & 1 & 1 & 0 \end{pmatrix}$.

2. (1) $\begin{cases} x_1 = 19, \\ x_2 = 25, \\ x_3 = -17; \end{cases}$

(2) $\begin{cases} x_1 = 1.562, \\ x_2 = 1.5426, \\ x_3 = 0.6521, \\ x_4 = 0.8637. \end{cases}$

6.1.5　用矩阵的秩判断线性方程组解的情况

在这节内容中,我们来完成用矩阵的秩判断线性方程组是否有解,有解时,其解是无穷多组还是只有一组的问题,获得线性方程组的通解.

定理 1

矩阵的阶梯形不是唯一的,矩阵的阶梯形的非零行的个数是唯一的.

如对于矩阵 $A = \begin{pmatrix} 1 & 2 & 1 & -1 \\ 1 & 2 & 2 & 2 \end{pmatrix} \xrightarrow{-r_1+r_2} \begin{pmatrix} 1 & 2 & 1 & -1 \\ 0 & 0 & 1 & 3 \end{pmatrix}$.

$A = \begin{pmatrix} 1 & 2 & 1 & -1 \\ 1 & 2 & 2 & 2 \end{pmatrix} \xrightarrow{-r_1+r_2} \begin{pmatrix} 1 & 2 & 1 & -1 \\ 0 & 0 & 1 & 3 \end{pmatrix} \xrightarrow{-r_2+r_1} \begin{pmatrix} 1 & 2 & 0 & -4 \\ 0 & 0 & 1 & 3 \end{pmatrix}$. 由上

可知,矩阵 $\begin{pmatrix} 1 & 2 & 1 & -1 \\ 0 & 0 & 1 & 3 \end{pmatrix}$ 和 $\begin{pmatrix} 1 & 2 & 0 & -4 \\ 0 & 0 & 1 & 3 \end{pmatrix}$ 都是矩阵 A 的阶梯形,而且阶梯形的

非零行的行数都是 2.

一般地,一个矩阵的阶梯形虽然有不同的表现形式,但是这些阶梯形都有相同的非零行的行数.为此,给出下面的定义.

定义 1　矩阵 A 的阶梯形的非零行的行数称为**矩阵 A 的秩**,记作 $r(A)$.

特殊地,零矩阵没有非零行,所以零矩阵的秩等于零;反之,秩等于零的矩阵也一定是零矩阵.

定理 2　如果矩阵 A 是一个 $m \times n$ 矩阵,那么 $r(A) \leqslant \min(m, n)$.

对于上面的矩阵 A,则 $r(A) = 2$

求矩阵的方法是,对矩阵实施一系列的初等行变换化成为阶梯形矩阵,就明显地看出矩阵的秩.

例 1　求矩阵 $A = \begin{pmatrix} 1 & 2 & 2 & 11 \\ 1 & -3 & -3 & -14 \\ 3 & 1 & 1 & 8 \end{pmatrix}$ 的秩.

解 $\boldsymbol{A} = \begin{pmatrix} 1 & 2 & 2 & 11 \\ 1 & -3 & -3 & -14 \\ 3 & 1 & 1 & 8 \end{pmatrix} \xrightarrow[-3r_1+r_3]{-r_1+r_2} \begin{pmatrix} 1 & 2 & 2 & 11 \\ 0 & -5 & -5 & -25 \\ 0 & -5 & -5 & -25 \end{pmatrix}$

$\xrightarrow{-r_3+r_2} \begin{pmatrix} 1 & 2 & 2 & 11 \\ 0 & -5 & -5 & -25 \\ 0 & 0 & 0 & 0 \end{pmatrix}.$

所以,$r(A)=2$.

在 MATLAB 的 Command Window 窗口输入

A = [1 2 2 11; 1 - 3 - 3 - 14; 3 1 1 8];

rank(A) % 矩阵 A 的秩.

例 2 求矩阵 $\boldsymbol{A} = \begin{pmatrix} 7 \\ 6 \\ -4 \\ 7 \\ 5 \end{pmatrix}$ 的秩.

解

$\boldsymbol{A} = \begin{pmatrix} 7 \\ 6 \\ -4 \\ 7 \\ 5 \end{pmatrix} \xrightarrow{\frac{1}{7}r_1} \begin{pmatrix} 1 \\ 6 \\ -4 \\ 7 \\ 5 \end{pmatrix} \xrightarrow[\substack{-6r_1+r_2 \\ 4r_1+r_3 \\ -7r_1+r_4 \\ -5r_1+r_5}]{} \begin{pmatrix} 1 \\ 0 \\ 0 \\ 0 \\ 0 \end{pmatrix}.$

所以,$r(A)=1$.

在 MATLAB 的 Command Window 窗口输入

A = [7 6; - 4; 7 5];

rank(A).

现在,我们从矩阵的秩的角度来观察,6.1.4 用简化阶梯形矩阵解线性方程组中,例 2 中三个线性方程组解的情况、增广矩阵的秩、系数矩阵的秩和未知数的个数之间有怎样的关系.

线性方程组(1) 无解.它的增广矩阵

$\boldsymbol{B} = \begin{pmatrix} 1 & -2 & 1 & 0 \\ 2 & -3 & 1 & -4 \\ 4 & -3 & -2 & -2 \\ 3 & 0 & -2 & 5 \end{pmatrix}$,其阶梯形矩阵为 $\begin{pmatrix} 1 & -2 & 1 & 0 \\ 0 & 1 & -1 & -4 \\ 0 & 0 & -1 & 18 \\ 0 & 0 & 0 & 47 \end{pmatrix}$

增广矩阵 B 的前三列元素组成线性方程组的系数矩阵 A. 显然，$r(A)=3$，$r(B)=4$，$r(A)<r(B)$，未知数的个数为 3.此时，线性方程组无解.

线性方程组(2)有唯一的解,它的增广矩阵

$$B = \begin{pmatrix} 1 & -2 & 1 & 0 \\ 2 & -3 & 1 & -4 \\ 4 & -3 & -2 & -2 \\ 3 & 0 & -2 & -42 \end{pmatrix}, \text{其阶梯形矩阵为} \begin{pmatrix} 1 & -2 & 1 & 0 \\ 0 & 1 & -1 & -4 \\ 0 & 0 & -1 & 18 \\ 0 & 0 & 0 & 0 \end{pmatrix}.$$

增广矩阵 B 的前三列元素组成线性方程组的系数矩阵 A. 显然，$r(A)=3$，$r(B)=3$，$r(A)=r(B)$，未知数的个数为 3.此时，线性方程组有唯一解.

线性方程组(3)有无穷多解,它的增广矩阵

$$B = \begin{pmatrix} 1 & 1 & -2 & 1 & 4 \\ 2 & 4 & -6 & 4 & 8 \\ 2 & -3 & 1 & -1 & 2 \\ 3 & 6 & -9 & 7 & 9 \end{pmatrix}, \text{其阶梯形矩阵为} \begin{pmatrix} 1 & 1 & -2 & 1 & 4 \\ 0 & 1 & -1 & 1 & 0 \\ 0 & 0 & 0 & 1 & -3 \\ 0 & 0 & 0 & 0 & 0 \end{pmatrix}.$$

增广矩阵 B 的前三列元素组成线性方程组的系数矩阵 A. 显然，$r(A)=3$，$r(B)=3$，$r(A)=r(B)$，未知数的个数为 4,此时，线性方程组有无穷多解.

我们将以上观察到的情况推广到 n 元线性方程组式(6.1.2)的情形.

$$\begin{cases} a_{11}x_1 + a_{12}x_2 + \cdots + a_{1j}x_j + \cdots + a_{1n}x_n = b_1, \\ a_{21}x_1 + a_{22}x_2 + \cdots + a_{2j}x_j + \cdots + a_{2n}x_n = b_2, \\ \vdots \qquad \vdots \qquad \qquad \vdots \qquad \qquad \vdots \qquad \vdots \\ a_{i1}x_1 + a_{i2}x_2 + \cdots + a_{ij}x_j + \cdots + a_{in}x_n = b_i, \\ \vdots \qquad \vdots \qquad \qquad \vdots \qquad \qquad \vdots \qquad \vdots \\ a_{m1}x_1 + a_{m2}x_2 + \cdots + a_{mi}x_i + \cdots + a_{mn}x = b_m. \end{cases}$$

的增广矩阵

$$B = \begin{pmatrix} a_{11} & a_{12} & \cdots & a_{1j} & \cdots & a_{1n} & b_1 \\ a_{21} & a_{22} & \cdots & a_{2j} & \cdots & a_{2n} & b_2 \\ \vdots & \vdots & & \vdots & & \vdots & \vdots \\ a_{i1} & a_{i2} & \cdots & a_{ij} & \cdots & a_{in} & b_i \\ \vdots & \vdots & & \vdots & & \vdots & \vdots \\ a_{m1} & a_{m2} & \cdots & a_{mi} & \cdots & a_{mn} & b_m \end{pmatrix}.$$

通过矩阵的初等行变换化为如下形式的阶梯形矩阵

$$C = \begin{pmatrix} c_{11} & c_{12} & \cdots & c_{1j} & \cdots & c_{1n} & d_1 \\ 0 & c_{12} & \cdots & c_{2j} & \cdots & c_{2n} & d_2 \\ \vdots & \vdots & & \vdots & & \vdots & \vdots \\ 0 & 0 & \cdots & c_{rj} & \cdots & c_{rn} & d_r \\ 0 & 0 & \cdots & 0 & \cdots & 0 & d_{r+1} \\ \vdots & \vdots & & \vdots & & \vdots & \vdots \\ 0 & 0 & \cdots & 0 & \cdots & 0 & 0 \end{pmatrix} \quad (c_{rj} \neq 0).$$

(1) 当 $d_{r+1} = 0$ 时,线性方程组有解(如 6.1.4 例 2(2),(3)),此时,$r(A) = r(B)$;

(2) 当 $d_{r+1} \neq 0$ 时,线性方程组无解(如 6.1.4 例 2(1)),此时 $r(A) < r(B)$.

定理 3

$$线性方程组 \begin{cases} a_{11}x_1 + a_{12}x_2 + \cdots + a_{1j}x_j + \cdots + a_{1n}x_n = b_1, \\ a_{21}x_1 + a_{22}x_2 + \cdots + a_{2j}x_j + \cdots + a_{2n}x_n = b_2, \\ \vdots \quad \vdots \quad \vdots \quad \vdots \quad \vdots \\ a_{i1}x_1 + a_{i2}x_2 + \cdots + a_{ij}x_j + \cdots + a_{in}x_n = b_i, \\ \vdots \quad \vdots \quad \vdots \quad \vdots \quad \vdots \\ a_{m1}x_1 + a_{m2}x_2 + \cdots + a_{mi}x_i + \cdots + a_{mn}x = b_m. \end{cases}$$

有解的充分必要条件是它的系数矩阵的秩和增广矩阵的秩相等,即 $r(A) = r(B)$.

定理 4

$$如果线性方程组 \begin{cases} a_{11}x_1 + a_{12}x_2 + \cdots + a_{1j}x_j + \cdots + a_{1n}x_n = b_1, \\ a_{21}x_1 + a_{22}x_2 + \cdots + a_{2j}x_j + \cdots + a_{2n}x_n = b_2, \\ \vdots \quad \vdots \quad \vdots \quad \vdots \quad \vdots \\ a_{i1}x_1 + a_{i2}x_2 + \cdots + a_{ij}x_j + \cdots + a_{in}x_n = b_i, \\ \vdots \quad \vdots \quad \vdots \quad \vdots \quad \vdots \\ a_{m1}x_1 + a_{m2}x_2 + \cdots + a_{mi}x_i + \cdots + a_{mn}x = b_m. \end{cases}$$

满足 $r(A) = r(B) = r$,则当 $r = n$ 时,线性方程组有解且只有唯一解;当 $r < n$ 时,线性方程组有无穷多解.

定理 3 和定理 4 统称为线性方程组解的判定定理.定理 3 回答线性方程组是否有解的问题,定理 4 回答线性方程组在有解的情况下,解是否唯一的问题,而如何求解有多种方法,其中加减消元法和用增广矩阵的简化阶梯形矩阵解线性方程组就是其中的两种方法.在后续内容中,我们将学习其他更为简便的方法来解线性方程组.

例 3 根据下列线性方程组对应的增广矩阵,讨论方程组解的情况.其中 * 表示任意常数.

$(1) \begin{pmatrix} 1 & * & * & * \\ 0 & 1 & * & * \\ 0 & 0 & 1 & * \end{pmatrix}$;　　　$(2) \begin{pmatrix} 1 & * & * & * & * \\ 0 & 0 & 1 & * & * \\ 0 & 0 & 0 & 0 & 1 \end{pmatrix}$;

$(3) \begin{pmatrix} 1 & * & * & * & * \\ 0 & 0 & 1 & * & * \\ 0 & 0 & 0 & 0 & 0 \end{pmatrix}$.

解

(1) $r(A)=r(B)=3$,未知数的个数是 3,所以线性方程组有解,且只有唯一解;

(2) $r(A)=2$, $r(B)=3$, $r(A)<r(B)$,所以线性方程组无解;

(3) $r(A)=r(B)=2$,未知数的个数是 4,所以线性方程组有无穷多解.

定义 2 对于线性方程组 $\begin{cases} a_{11}x_1 + a_{12}x_2 + \cdots + a_{1j}x_j + \cdots + a_{1n}x_n = b_1, \\ a_{21}x_1 + a_{22}x_2 + \cdots + a_{2j}x_j + \cdots + a_{2n}x_n = b_2, \\ \quad\vdots \qquad\quad \vdots \qquad\qquad \vdots \qquad\qquad\quad \vdots \qquad\quad \vdots \\ a_{i1}x_1 + a_{i2}x_2 + \cdots + a_{ij}x_j + \cdots + a_{in}x_n = b_i, \\ \quad\vdots \qquad\quad \vdots \qquad\qquad \vdots \qquad\qquad\quad \vdots \qquad\quad \vdots \\ a_{m1}x_1 + a_{m2}x_2 + \cdots + a_{mi}x_i + \cdots + a_{mn}x_n = b_m. \end{cases}$,若

右端常数项全为零,则称为齐次线性方程组.它的系数矩阵 A 与增广矩阵 B 的秩总是相等的,即 $R(A)=R(B)$,所以齐次线性方程组总是有解的,并由定理 3 知道:

(1) 当 $R(A)=n$ 时,齐次方程组有唯一的一组零解 $(x_1=0, x_2=0, \cdots, x_n=0)$;

(2) 当 $R(A)<n$ 时,齐次线性方程组有无穷多组解,易知齐次线性方程组有非零解的充要条件是 $R(A)<n$.

例 4 求解齐次线性方程组 $\begin{cases} x_1 + 2x_2 - x_3 + 3x_5 = 0, \\ 2x_1 - x_2 + x_4 - x_5 = 0, \\ 3x_1 + x_2 - x_3 + x_4 + 2x_5 = 0, \\ -5x_2 + 2x_3 + x_4 - 7x_5 = 0. \end{cases}$

解

$$A = \begin{pmatrix} 1 & 2 & -1 & 0 & 3 \\ 2 & -1 & 0 & 1 & -1 \\ 3 & 1 & -1 & 1 & 2 \\ 0 & -5 & 2 & 1 & -7 \end{pmatrix} \xrightarrow[-3r_1+r_3]{-2r_1+r_2} \begin{pmatrix} 1 & 2 & -1 & 0 & 3 \\ 0 & -5 & 2 & 1 & -7 \\ 0 & -5 & 2 & 1 & -7 \\ 0 & -5 & 2 & 1 & -7 \end{pmatrix}$$

$$\xrightarrow[-r_2+r_4]{-r_2+r_3} \begin{pmatrix} 1 & 2 & -1 & 0 & 3 \\ 0 & -5 & 2 & 1 & -7 \\ 0 & 0 & 0 & 0 & 0 \\ 0 & 0 & 0 & 0 & 0 \end{pmatrix} \xrightarrow{-\frac{1}{5}r_2} \begin{pmatrix} 1 & 2 & -1 & 0 & 3 \\ 0 & 1 & -\dfrac{2}{5} & -\dfrac{1}{5} & \dfrac{7}{5} \\ 0 & 0 & 0 & 0 & 0 \\ 0 & 0 & 0 & 0 & 0 \end{pmatrix}$$

$$\xrightarrow{-2r_2+r_1} \begin{pmatrix} 1 & 0 & -\dfrac{1}{5} & \dfrac{2}{5} & \dfrac{1}{5} \\ 0 & 1 & -\dfrac{2}{5} & -\dfrac{1}{5} & \dfrac{7}{5} \\ 0 & 0 & 0 & 0 & 0 \\ 0 & 0 & 0 & 0 & 0 \end{pmatrix}.$$

由于 $R(\boldsymbol{A})=2<n=5$，故有非零解，原方程组同解方程组为：

$$\begin{cases} x_1-\dfrac{1}{5}x_3+\dfrac{2}{5}x_4+\dfrac{1}{5}x_5=0, \\ x_2-\dfrac{2}{5}x_3-\dfrac{1}{5}x_4+\dfrac{7}{5}x_5=0. \end{cases}$$

令 $x_3=c_1$，$x_4=c_2$，$x_5=c_3$
故得非零解：

$$\begin{cases} x_1=\dfrac{1}{5}C_1-\dfrac{2}{5}C_2-\dfrac{1}{5}C_3, \\ x_2=\dfrac{2}{5}C_1+\dfrac{1}{5}C_2-\dfrac{7}{5}C_3, \\ x_3=C_1, \\ x_4=C_2, \\ x_5=C_3. \end{cases}$$

例 4 中用 MATLAB 软件求增广矩阵 $\boldsymbol{B}$ 的秩和简化阶梯形矩阵，更为简便. 程序为

(1) $\gg$ B = [1 2 -1 0 3; 2 -1 0 1 -1; 3 1 -1 1 2; 0 -5 2 1 -7];
$\gg$ rank(B)

ans =

    2

$\gg$ rref(B)

ans =

1.000 0	0	-0.200 0	0.400 0	0.200 0
0	1.000 0	-0.400 0	-0.200 0	1.400 0
0	0	0	0	0
0	0	0	0	0

由于 $R(\boldsymbol{A})=2<n=5$，故有非零解，原方程组同解方程组为：

$$\begin{cases} x_1 - \dfrac{1}{5}x_3 + \dfrac{2}{5}x_4 + \dfrac{1}{5}x_5 = 0, \\ x_2 - \dfrac{2}{5}x_3 - \dfrac{1}{5}x_4 + \dfrac{7}{5}x_5 = 0. \end{cases}$$

令 $x_3 = c_1$，$x_4 = c_2$，$x_5 = c_3$

故得非零解：

$$\begin{cases} x_1 = \dfrac{1}{5}C_1 - \dfrac{2}{5}C_2 - \dfrac{1}{5}C_3, \\ x_2 = \dfrac{2}{5}C_1 + \dfrac{1}{5}C_2 - \dfrac{7}{5}C_3, \\ x_3 = C_1, \\ x_4 = C_2, \\ x_5 = C_3. \end{cases}$$

课后提升

1. 求下列矩阵的秩.

(1) $\begin{pmatrix} 1 & 2 & 4 & 1 \\ 4 & -1 & 3 & 0 \\ 3 & 2 & 6 & 5 \end{pmatrix}$；

(2) $\begin{pmatrix} 1 & 1 & 1 & 1 \\ 3 & 2 & 1 & 1 \\ 0 & 1 & 2 & 3 \\ 5 & 4 & 3 & 2 \end{pmatrix}$；

(3) $\begin{pmatrix} 1 & -1 & 2 & 1 & 0 \\ 2 & -2 & 4 & -2 & 0 \\ 3 & 0 & 6 & -1 & 1 \\ 2 & 1 & 4 & 2 & 1 \end{pmatrix}$；

(4) $\begin{pmatrix} 1 & 2 & 3 & 4 \\ 1 & -2 & 4 & 5 \\ 1 & 10 & 1 & 2 \end{pmatrix}$.

2. 下列矩阵是线性方程组对应增广矩阵的阶梯形矩阵，讨论方程组解的情况，当方程组有唯一解时，求出它的解.

(1) $\begin{pmatrix} 1 & 2 & 3 \\ 0 & 1 & 2 \\ 0 & 0 & 1 \end{pmatrix}$；

(2) $\begin{pmatrix} 1 & 2 & -1 \\ 0 & 1 & 1 \\ 0 & 0 & 0 \end{pmatrix}$；

(3) $\begin{pmatrix} 1 & 2 & -4 & 1 \\ 0 & 0 & 1 & 1 \\ 0 & 0 & 0 & 0 \end{pmatrix}$；

(4) $\begin{pmatrix} 1 & 0 & 0 & 2 \\ 0 & 1 & 0 & 3 \\ 0 & 0 & 1 & 0 \end{pmatrix}$.

3. 解下列方程组.

(1) $\begin{cases} 2x_1 + x_2 - 2x_3 + 3x_4 = 0, \\ 3x_1 + 2x_2 - x_3 + 2x_4 = 0, \\ x_1 + x_2 + x_3 - x_4 = 0; \end{cases}$

(2) $\begin{cases} x_1 + 5x_2 + 2x_3 = 29, \\ -x_1 + 3x_2 + x_3 = 10, \\ 2x_1 + x_2 + 4x_3 = 31. \end{cases}$

答　案

1. (1) 3；(2) 3；(3) 3；(4) 2.

2. (1) 无解；(2) 有唯一解；(3) 有无穷多解；(4) 有唯一解.

3. (1) $\begin{cases} x_1 = 3x_3 - 4x_4, \\ x_2 = -4x_3 + 5x_4; \end{cases}$ (2) $\begin{cases} x_1 = 4, \\ x_2 = 3, \\ x_3 = 5. \end{cases}$

6.1.6　矩阵的运算

在这一节内容中,我们来学习矩阵的加减法,矩阵的数乘,矩阵的乘法,矩阵的转置等运算.它们在线性代数所讨论的一些问题中有着广泛的应用.

定义 1　若两个矩阵 A 和 B 具有相同的行数与列数,则称矩阵 A 和 B 为**同型矩阵**;若它们的对应位置元素相等,则称矩阵 A 和 B 为**相等矩阵**,记作 $A = B$.

定义 2　设同型矩阵 $A = (a_{ij})_{m \times n}$, $B = (b_{ij})_{m \times n}$,矩阵 A 和 B 的和记为 $A + B$,规定

$$A + B = (a_{ij} + b_{ij})_{m \times n} = \begin{pmatrix} a_{11} + b_{11} & a_{12} + b_{12} & \cdots & a_{1n} + b_{1n} \\ a_{21} + b_{21} & a_{22} + b_{22} & \cdots & a_{2n} + b_{2n} \\ \vdots & \vdots & & \vdots \\ a_{m1} + b_{m1} & a_{m2} + b_{m2} & \cdots & a_{mn} + b_{mn} \end{pmatrix}_{m \times n}$$

即,$A + B$ 等于矩阵 A 与矩阵 B 对应位置上的元素相加.

例 1　设 $A = \begin{pmatrix} 1 & 2 \\ 3 & 4 \end{pmatrix}$, $B = \begin{pmatrix} 0 & -1 \\ 2 & 6 \end{pmatrix}$,求 $A + B$.

解　$A + B = \begin{pmatrix} 1+0 & 2+(-1) \\ 3+2 & 4+6 \end{pmatrix} = \begin{pmatrix} 1 & 1 \\ 5 & 10 \end{pmatrix}$.

用 MATLAB 软件求矩阵加法的程序如下:

在 MATLAB 的 Command Window 窗口输入

$\gg$ A = [1 2; 3 4];

$\gg$ B = [0 - 1; 2 6];

$\gg$ A + B　% 按 enter 健,输出结果.

矩阵加法有如下性质:设 A, B, C 是 3 个同型矩阵,则

(1) 交换律 $A + B = B + A$;

(2) 结合律 $(A + B) + C = A + (B + C)$;

(3) $A + O = O + A = A$,其中,O 是与 A 同型的零矩阵.

定义 3　设同型矩阵 $A = (a_{ij})_{m \times n}$, $B = (b_{ij})_{m \times n}$,矩阵 A 和 B 的差记为 $A - B$,规定

$$A-B=(a_{ij}-b_{ij})_{m\times n}=\begin{pmatrix} a_{11}-b_{11} & a_{12}-b_{12} & \cdots & a_{1n}-b_{1n} \\ a_{21}-b_{21} & a_{22}-b_{22} & \cdots & a_{2n}-b_{2n} \\ \vdots & \vdots & & \vdots \\ a_{m1}-b_{m11} & a_{m2}-b_{m2} & \cdots & a_{mn}-b_{mn} \end{pmatrix}_{m\times n}$$

即，$A-B$ 矩阵 A 与矩阵 B 对应位置上的元素相减.

例 2 设 $A=\begin{pmatrix} 1 & 2 & 3 \\ -2 & 0 & 1 \end{pmatrix}$，$B=\begin{pmatrix} -1 & 0 & -2 \\ 2 & 1 & 0 \end{pmatrix}$，求 $A-B$.

解 $A-B=\begin{pmatrix} 1 & 2 & 3 \\ -2 & 0 & 1 \end{pmatrix}-\begin{pmatrix} -1 & 0 & -2 \\ 2 & 1 & 0 \end{pmatrix}$

$$=\begin{pmatrix} -1-(-1) & 2-0 & 3-(-2) \\ -2-2 & 0-1 & 1-0 \end{pmatrix}=\begin{pmatrix} 0 & 2 & 5 \\ -4 & -1 & 1 \end{pmatrix}.$$

用 MATLAB 软件求矩阵减法的程序如下：

在 MATLAB 的 Command Window 窗口输入

```
≫A＝[1 2 3; -2 0 1];
≫B＝[-1 0 -2; 2 1 0];
≫A-B   % 按 enter 健,输出结果.
```

定义 4 以实数 k 乘以矩阵 A 中的每一个元素后得到的矩阵,称为数 k 与矩阵 A 的乘积,简称数乘矩阵.记作 kA.即若 $A=(a_{ij})_{m\times n}$,则

$$kA=\begin{pmatrix} ka_{11} & ka_{12} & \cdots & ka_{13} \\ ka_{21} & ka_{22} & \cdots & ka_{23} \\ \vdots & \vdots & & \vdots \\ ka_{31} & ka_{32} & \cdots & ka_{33} \end{pmatrix}.$$

即，kA 就是用 k 乘以矩阵 A 中的每个元素.

矩阵的数乘运算满足以下性质:设 A，B 是 2 个同型矩阵,k，l 是两个为常数,则

(1) $1\times A=A$，$0\times A=O$，$k\times O=O$,其中,O 是与 A 同型的零矩阵;

(2) $k(lA)=l(kA)=(kl)A$;

(3) $k(A+B)=kA+kB$;

(4) $(k+l)A=kA+lA$.

例 3 设 $A=\begin{pmatrix} 3 & 2 & 1 \\ -1 & 0 & 4 \end{pmatrix}$,求 $3A$.

解 $3A=3\begin{pmatrix} 3 & 2 & 1 \\ -1 & 0 & 4 \end{pmatrix}=\begin{pmatrix} 3\times3 & 2\times3 & 1\times3 \\ -1\times3 & 0\times3 & 4\times3 \end{pmatrix}=\begin{pmatrix} 9 & 6 & 3 \\ -3 & 0 & 12 \end{pmatrix}.$

用 MATLAB 软件求数乘矩阵的程序如下：

在 MATLAB 的 Command Window 窗口输入

≫A＝[3 2 1; −1 0 4];

≫3 * A　% 这里"*"不能省略,按 enter 健,输出结果.

定义 5　设 $A_{m\times s}=\begin{pmatrix} a_{11} & a_{12} & \cdots & a_{1s} \\ a_{21} & a_{22} & \vdots & a_{2s} \\ \vdots & \vdots & & \vdots \\ a_{m1} & a_{m2} & \cdots & a_{ms} \end{pmatrix}$，$B_{s\times n}=\begin{pmatrix} b_{11} & b_{12} & \cdots & b_{1n} \\ b_{21} & b_{22} & \vdots & b_{2n} \\ \vdots & \vdots & \vdots & \vdots \\ b_{s1} & b_{s2} & \cdots & b_{sn} \end{pmatrix}$，则规定

矩阵 A 与 B 的乘积为矩阵 $C=(c_{ij})_{m\times n}$，其中，c_{ij} 为矩阵 A 的第 i 行每个元素分别与矩阵 B 的第 j 列每个对应元素的乘积之和.即

$$c_{ij}=a_{i1}b_{1j}+a_{i2}b_{2j}+\cdots+a_{is}b_{sj},\ i=1,2,\cdots,m,\ j=1,2,\cdots,n.$$

由此可见,只有当矩阵 A 的列数与矩阵 B 的行数相同时,矩阵 A 与 B 才能进行乘法运算;矩阵 C 的行数与矩阵 $A_{m\times s}$ 的行数相同,矩阵 C 的列数与矩阵 $B_{s\times n}$ 的列数相同.即取左矩阵的行数,右矩阵的列数作为矩阵 C 的行数和列数.

数与矩阵计算的异同

例 4　设 $A=\begin{pmatrix} 1 & 0 & 3 \\ 2 & 1 & 0 \end{pmatrix}$，$B=\begin{pmatrix} 4 & 1 & 0 \\ 1 & 1 & 3 \\ 2 & 0 & 1 \end{pmatrix}$，求 AB.

解

$$AB=\begin{pmatrix} 1\times4+0\times1+3\times2 & 1\times1+0\times1+3\times0 & 1\times0+0\times3+3\times1 \\ 2\times4+1\times1+0\times2 & 2\times1+1\times1+0\times0 & 2\times0+1\times3+0\times1 \end{pmatrix}$$

$$=\begin{pmatrix} 10 & 1 & 3 \\ 9 & 3 & 3 \end{pmatrix}.$$

用 MATLAB 软件求矩阵乘积的程序如下:

在 MATLAB 的 Command Window 窗口输入

≫A＝[1 0 3; 2 1 0];

≫B＝[4 1 0; 1 1 3; 2 0 1];

≫A * B　% 按 enter 健,输出结果.

例 5　设 $A=(1\quad1\quad0\quad2)$，$B=\begin{pmatrix} 4 \\ -1 \\ 2 \\ 1 \end{pmatrix}$，求 AB，BA.

解

$$AB=(1\quad1\quad0\quad2)\begin{pmatrix} 4 \\ -1 \\ 2 \\ 1 \end{pmatrix}=(5),$$

$$\boldsymbol{BA} = \begin{pmatrix} 4 \\ -1 \\ 2 \\ 1 \end{pmatrix} (1 \quad 1 \quad 0 \quad 2) = \begin{pmatrix} 4 & 4 & 0 & 8 \\ -1 & -1 & 0 & -2 \\ 2 & 2 & 0 & 4 \\ 1 & 1 & 0 & 2 \end{pmatrix}.$$

此题说明 $\boldsymbol{AB} \neq \boldsymbol{BA}$.

例 6 设 $\boldsymbol{A} = \begin{pmatrix} -1 & 1 \\ 1 & -1 \end{pmatrix}$, $\boldsymbol{B} = \begin{pmatrix} -1 & 1 \\ -1 & 1 \end{pmatrix}$, 求 $\boldsymbol{AB}$, $\boldsymbol{BA}$.

解

$$\boldsymbol{AB} = \begin{pmatrix} -1 & 1 \\ 1 & -1 \end{pmatrix} \begin{pmatrix} -1 & 1 \\ -1 & 1 \end{pmatrix} = \begin{pmatrix} 0 & 0 \\ 0 & 0 \end{pmatrix},$$

$$\boldsymbol{BA} = \begin{pmatrix} -1 & 1 \\ -1 & 1 \end{pmatrix} \begin{pmatrix} -1 & 1 \\ 1 & -1 \end{pmatrix} = \begin{pmatrix} 2 & -2 \\ 2 & -2 \end{pmatrix}.$$

此题说明非零矩阵相乘可以是零矩阵, $\boldsymbol{AB} \neq \boldsymbol{BA}$.

例 7 设 $\boldsymbol{A} = \begin{pmatrix} 2 & 3 \\ 1 & 0 \\ 3 & 5 \end{pmatrix}$, 求 $\boldsymbol{AE}$ 和 $\boldsymbol{EA}$.

解 $\boldsymbol{AE} = \begin{pmatrix} 2 & 3 \\ 1 & 0 \\ 3 & 5 \end{pmatrix} \begin{pmatrix} 1 & 0 \\ 0 & 1 \end{pmatrix} = \begin{pmatrix} 2 & 3 \\ 1 & 0 \\ 3 & 5 \end{pmatrix}$,

$$\boldsymbol{EA} = \begin{pmatrix} 1 & 0 \\ 0 & 1 \end{pmatrix} \begin{pmatrix} 2 & 3 \\ 1 & 0 \\ 3 & 5 \end{pmatrix} = \begin{pmatrix} 2 & 3 \\ 1 & 0 \\ 3 & 5 \end{pmatrix}.$$

此题说明 $\boldsymbol{EA} = \boldsymbol{AE}$.

注意

(1) 由以上计算可知,即使矩阵 $\boldsymbol{A}$ 与 $\boldsymbol{B}$ 为同型矩阵, $\boldsymbol{AB}$ 也不一定等于 $\boldsymbol{BA}$, 即矩阵乘法不满足交换律;

(2) 若矩阵 $\boldsymbol{AB} = \boldsymbol{O}$, 则不一定有 $\boldsymbol{A} = \boldsymbol{O}$ 或 $\boldsymbol{B} = \boldsymbol{O}$. 即若矩阵 $\boldsymbol{AB} = \boldsymbol{AC}$, 不一定有 $\boldsymbol{B} = \boldsymbol{C}$;

(3) 矩阵乘法不满足消去律. $\boldsymbol{AC} = \boldsymbol{BC}$, 不能消去 $\boldsymbol{C}$ 而推得 $\boldsymbol{A} = \boldsymbol{B}$;

(4) 两个非零矩阵的乘积可能是零矩阵(如例 6);

(5) 矩阵 $\boldsymbol{A}$ 与和它同阶的单位矩阵 $\boldsymbol{E}$ 的乘积 $\boldsymbol{AE} = \boldsymbol{EA}$(如例 7).

定义 6

矩阵 $\begin{pmatrix} a_{11} & a_{21} & \cdots & a_{m1} \\ a_{12} & a_{22} & \cdots & a_{m2} \\ \vdots & \vdots & & \vdots \\ a_{1n} & a_{2n} & \cdots & a_{mn} \end{pmatrix}$ 是 $\boldsymbol{A}_{m \times n} = \begin{pmatrix} a_{11} & a_{12} & \cdots & a_{1n} \\ a_{21} & a_{22} & \cdots & a_{2n} \\ \vdots & \vdots & & \vdots \\ a_{m1} & a_{m2} & \cdots & a_{mn} \end{pmatrix}$ 的转置矩阵,记作 $\boldsymbol{A}^{\mathrm{T}}$.

如,矩阵 $A = \begin{pmatrix} 1 & 2 & 3 \\ 4 & 5 & 6 \end{pmatrix}$,则 $A^T = \begin{pmatrix} 1 & 4 \\ 2 & 5 \\ 3 & 6 \end{pmatrix}$, $\begin{pmatrix} 1 \\ 0 \\ 3 \\ 2 \end{pmatrix}^T = (1 \quad 0 \quad 3 \quad 2)$.

转置矩阵有如下性质:

(1) $(A^T)^T = A$;

(2) $(A + B)^T = A^T + B^T$;

(3) $(kA)^T = kA^T$;

(4) $(AB)^T = B^T A^T$.

定义 7 A 为 n 阶方阵,若存在同阶方阵 B,使得 $AB = BA = E$,则称矩阵 A 为**可逆矩阵**,矩阵 B 称为矩阵 A 的**逆矩阵**,记为 $B = A^{-1}$.

由上面的定义可知,不是所有的矩阵都存在逆矩阵.如果 A 不存在逆矩阵,则 A 称为**不可逆矩阵**.

可逆矩阵具有以下性质:

(1) 若矩阵 A 可逆,则矩阵 A^{-1} 是唯一存在的;

(2) 若矩阵 A 可逆,$k \neq 0$,则矩阵 kA 也可逆,且 $(kA)^{-1} = \dfrac{1}{k} A^{-1}$;

(3) 若矩阵 A 可逆,则矩阵 A^{-1} 也可逆,且 $(A^{-1})^{-1} = A$;

(4) 若矩阵 A 可逆,则矩阵 A^T 也可逆,且 $(A^T)^{-1} = (A^{-1})^T$;

(5) 若矩阵 A 和 B 为同阶可逆矩阵,则 AB 也可逆,且 $(AB)^{-1} = B^{-1} A^{-1}$.

下面介绍利用初等行变换求逆矩阵的方法.

具体步骤是:

(1) 把方阵 A 和 A 的同阶单位矩阵 E 写成一个 $n \times 2n$ 矩阵 $(A \vdots E)$;

(2) 对矩阵 $(A \vdots E)$ 进行初等行变换,使虚线的左侧 A 化成单位矩阵 E,虚线右侧 E 变成 A^{-1},即 $(A \vdots E) \xrightarrow{\text{初等行变换}} (E \vdots A^{-1})$.

例 8 求矩阵 $A = \begin{pmatrix} 1 & 2 & -1 \\ 2 & 3 & 1 \\ 3 & 8 & -3 \end{pmatrix}$ 的逆矩阵.

解

$$(A \vdots E) = \begin{pmatrix} 1 & 2 & -1 & \vdots & 1 & 0 & 0 \\ 2 & 3 & 1 & \vdots & 0 & 1 & 0 \\ 3 & 8 & -3 & \vdots & 0 & 0 & 1 \end{pmatrix}$$

$$\xrightarrow{-2r_1 + r_2, \ -3r_1 + r_3} \begin{pmatrix} 1 & 2 & -1 & \vdots & 1 & 0 & 0 \\ 0 & -1 & 3 & \vdots & -2 & 1 & 0 \\ 0 & 2 & 0 & \vdots & -3 & 0 & 1 \end{pmatrix}$$

$$\xrightarrow{2r_2+r_3}
\begin{pmatrix}
1 & 2 & -1 & \vdots & 1 & 0 & 0 \\
0 & -1 & 3 & \vdots & -2 & 1 & 0 \\
0 & 0 & 6 & \vdots & -7 & 2 & 1
\end{pmatrix}$$

$$\xrightarrow{\frac{1}{6}r_3}
\begin{pmatrix}
1 & 2 & -1 & \vdots & 1 & 0 & 0 \\
0 & -1 & 3 & \vdots & -2 & 1 & 0 \\
0 & 0 & 1 & \vdots & -\dfrac{7}{6} & \dfrac{1}{3} & \dfrac{1}{6}
\end{pmatrix}$$

$$\xrightarrow{-3r_3+r_2}
\begin{pmatrix}
1 & 2 & -1 & \vdots & 1 & 0 & 0 \\
0 & -1 & 0 & \vdots & \dfrac{3}{2} & 0 & -\dfrac{1}{2} \\
0 & 0 & 1 & \vdots & -\dfrac{7}{6} & \dfrac{1}{3} & \dfrac{1}{6}
\end{pmatrix}$$

$$\xrightarrow{-1\times r_2}
\begin{pmatrix}
1 & 2 & -1 & \vdots & 1 & 0 & 0 \\
0 & 1 & 0 & \vdots & -\dfrac{3}{2} & 0 & \dfrac{1}{2} \\
0 & 0 & 1 & \vdots & -\dfrac{7}{6} & \dfrac{1}{3} & \dfrac{1}{6}
\end{pmatrix}$$

$$\xrightarrow{-2r_2+r_1}
\begin{pmatrix}
1 & 0 & -1 & \vdots & 4 & 0 & -1 \\
0 & 1 & 0 & \vdots & -\dfrac{3}{2} & 0 & \dfrac{1}{2} \\
0 & 0 & 1 & \vdots & -\dfrac{7}{6} & \dfrac{1}{3} & \dfrac{1}{6}
\end{pmatrix}$$

$$\xrightarrow{r_3+r_1}
\begin{pmatrix}
1 & 0 & 0 & \vdots & \dfrac{17}{6} & \dfrac{1}{3} & -\dfrac{5}{6} \\
0 & 1 & 0 & \vdots & -\dfrac{3}{2} & 0 & \dfrac{1}{2} \\
0 & 0 & 1 & \vdots & -\dfrac{7}{6} & \dfrac{1}{3} & \dfrac{1}{6}
\end{pmatrix}.$$

所以,A 的逆矩阵为

$$\begin{pmatrix}
\dfrac{17}{6} & \dfrac{1}{3} & -\dfrac{5}{6} \\
-\dfrac{3}{2} & 0 & \dfrac{1}{2} \\
-\dfrac{7}{6} & \dfrac{1}{3} & \dfrac{1}{6}
\end{pmatrix}.$$

用 MATLAB 软件求逆矩阵的程序如下：

在 MATLAB 的 Command Window 窗口输入

```
≫A = [1 2 - 1; 2 3 1; 3 8 - 3];
≫inv(A)    % 按 enter 健,输出结果.
 ans =
          2.833 3   0.333 3   - 0.833 3
        - 1.500 0        0     0.500 0
        - 1.166 7   0.333 3     0.166 7.
```

例 9　求矩阵 $A = \begin{pmatrix} 3 & 0 & -1 & 4 \\ 1 & 2 & 0 & 1 \\ -2 & 0 & 0 & 3 \\ 2 & 2 & -1 & 8 \end{pmatrix}$ 的逆矩阵.

解　$(A \vdots E) = \left(\begin{array}{cccc:cccc} 3 & 0 & -1 & 4 & 1 & 0 & 0 & 0 \\ 1 & 2 & 0 & 1 & 0 & 1 & 0 & 0 \\ -2 & 0 & 0 & 3 & 0 & 0 & 1 & 0 \\ 2 & 2 & -1 & 8 & 0 & 0 & 0 & 1 \end{array} \right)$

$\xrightarrow{r_1 \leftrightarrow r_2} \left(\begin{array}{cccc:cccc} 1 & 2 & 0 & 1 & 0 & 1 & 0 & 0 \\ 3 & 0 & -1 & 4 & 1 & 0 & 0 & 0 \\ -2 & 0 & 0 & 3 & 0 & 0 & 1 & 0 \\ 2 & 2 & -1 & 8 & 0 & 0 & 0 & 1 \end{array} \right)$

$\xrightarrow[\substack{-2r_1+r_4}]{\substack{-3r_1r_2 \\ 2r_1+r_3}} \left(\begin{array}{cccc:cccc} 1 & 2 & 0 & 1 & 0 & 1 & 0 & 0 \\ 0 & -6 & -1 & 1 & 1 & -3 & 0 & 0 \\ 0 & 4 & 0 & 5 & 0 & 2 & 1 & 0 \\ 0 & -2 & -1 & 6 & 0 & -2 & 0 & 1 \end{array} \right)$

$\xrightarrow{r_2 \leftrightarrow r_4} \left(\begin{array}{cccc:cccc} 1 & 2 & 0 & 1 & 0 & 1 & 0 & 0 \\ 0 & -2 & -1 & 6 & 1 & -2 & 0 & 1 \\ 0 & 4 & 0 & 5 & 0 & 2 & 1 & 0 \\ 0 & -6 & -1 & 1 & 1 & -3 & 0 & 0 \end{array} \right)$

$\xrightarrow[\substack{-3r_2+r_4}]{\substack{2r_2+r_3}} \left(\begin{array}{cccc:cccc} 1 & 2 & 0 & 1 & 0 & 1 & 0 & 0 \\ 0 & -2 & -1 & 6 & 0 & -2 & 0 & 1 \\ 0 & 0 & -2 & 17 & 0 & -2 & 1 & 2 \\ 0 & 0 & 2 & -17 & 1 & 3 & 0 & -3 \end{array} \right)$

$\xrightarrow{r_3 + r_4} \left(\begin{array}{cccc:cccc} 1 & 2 & 0 & 1 & 0 & 1 & 0 & 0 \\ 0 & -2 & -1 & 6 & 0 & -2 & 0 & 1 \\ 0 & 0 & -2 & 17 & 0 & -2 & 1 & 2 \\ 0 & 0 & 0 & 0 & 1 & 1 & 1 & -1 \end{array} \right).$

上边最后的矩阵中虚线左侧出现零行,所以 A 矩阵是不可逆的.

用初等行变换求逆矩阵,把判断矩阵是否可逆与求逆矩阵一次完成,不必先判断矩阵是否可逆.

在 MATLAB 的 Command Window 窗口输入出现下列情况.

≫A＝[3 0 － 1 4;1 2 0 1;－ 2 0 0 3;2 2 － 1 8];

≫inv(A)

Warning：Matrix is sin gular to working precision.

ans ＝

  Inf Inf Inf Inf

  Inf Inf Inf Inf

  Inf Inf Inf Inf

  Inf Inf Inf Inf.

例 10 已知 $A = \begin{pmatrix} 1 & 3 & 2 \\ 2 & 2 & -1 \\ -3 & -4 & 0 \end{pmatrix}$, $B = \begin{pmatrix} 1 & 10 & 10 \\ -3 & 2 & 7 \\ 0 & 7 & 8 \end{pmatrix}$,解矩阵方程 $AX = B$.

解 因为 $AX = B$,

所以 $A^{-1}AX = A^{-1}B$,

  $EX = A^{-1}B$,

  $X = A^{-1}B$,

为了求未知矩阵 X,可先求 A^{-1},再做矩阵的乘法运算 $A^{-1}B$.

$$(A \vdots E) = \begin{pmatrix} 1 & 3 & 2 & \vdots & 1 & 0 & 0 \\ 2 & 2 & -1 & \vdots & 0 & 1 & 0 \\ -3 & -4 & 0 & \vdots & 0 & 0 & 1 \end{pmatrix}$$

$$\xrightarrow[3r_1+r_3]{-2r_1+r_2} \begin{pmatrix} 1 & 3 & 2 & \vdots & 1 & 0 & 0 \\ 0 & -4 & -5 & \vdots & -2 & 1 & 0 \\ 0 & 5 & 6 & \vdots & 3 & 0 & 1 \end{pmatrix}$$

$$\xrightarrow{r_3+r_2} \begin{pmatrix} 1 & 3 & 2 & \vdots & 1 & 0 & 0 \\ 0 & -4 & -5 & \vdots & -2 & 1 & 0 \\ 0 & 5 & 6 & \vdots & 3 & 0 & 1 \end{pmatrix}$$

$$\xrightarrow{r_3+r_2} \begin{pmatrix} 1 & 3 & 2 & \vdots & 1 & 0 & 0 \\ 0 & 1 & 1 & \vdots & 1 & 1 & 1 \\ 0 & 5 & 6 & \vdots & 3 & 0 & 1 \end{pmatrix}$$

$$\xrightarrow[-5r_2+r_3]{-3r_2+r_1} \begin{pmatrix} 1 & 0 & -1 & \vdots & -2 & -3 & -3 \\ 0 & 1 & 1 & \vdots & 1 & 1 & 1 \\ 0 & 0 & 1 & \vdots & -2 & -5 & -4 \end{pmatrix}$$

$$\xrightarrow[-r_3+r_2]{r_3+r_1} \begin{pmatrix} 1 & 0 & 0 & \vdots & -4 & -8 & -7 \\ 0 & 1 & 0 & \vdots & 3 & 6 & 5 \\ 0 & 0 & 1 & \vdots & -2 & -5 & -4 \end{pmatrix},$$

所以 $\boldsymbol{A}^{-1} = \begin{pmatrix} -4 & -8 & -7 \\ 3 & 6 & 5 \\ -2 & -5 & -4 \end{pmatrix},$

$$\boldsymbol{X} = \boldsymbol{A}^{-1}\boldsymbol{B} = \begin{pmatrix} -4 & -8 & -7 \\ 3 & 6 & 5 \\ -2 & -5 & -4 \end{pmatrix} \begin{pmatrix} 1 & 10 & 10 \\ -3 & 2 & 7 \\ 0 & 7 & 8 \end{pmatrix}$$

$$= \begin{pmatrix} 20 & -105 & -152 \\ -15 & 77 & 112 \\ 13 & -58 & -87 \end{pmatrix}.$$

用 MATLAB 软件求未知矩阵 $\boldsymbol{X}$ 的程序如下：

在 MATLAB 的 Command Window 窗口输入

$\gg$ A = [1 3 2; 2 2 -1; -3 -4 0];

$\gg$ B = [1 10 10; -3 2 7; 0 7 8];

$\gg$ X = inv(A) * B   % 按 enter 健，输出结果.

  X =

     20.000 0   -105.000 0   -152.000 0

    -15.000 0   77.000 0   112.000 0

     13.000 0   -58.000 0   -87.000 0.

课后提升

1. 设矩阵.

$\boldsymbol{A} = \begin{pmatrix} 2 & -1 & 4 & b \\ 1 & a & -5 & 2 \end{pmatrix}$, $\boldsymbol{B} = \begin{pmatrix} c & -1 & 4 & 3 \\ 1 & 0 & -5 & d \end{pmatrix}$ 且 $\boldsymbol{A} = \boldsymbol{B}$，求元素 a , b , c , d 的数值.

2. 设矩阵.

$$\boldsymbol{A} = \begin{pmatrix} 2 & 0 & -1 \\ 4 & -5 & 6 \\ 2 & 1 & -7 \\ -1 & 0 & -2 \end{pmatrix}.$$

求 $-\boldsymbol{A}$.

3. 已知.

$$\boldsymbol{A} = \begin{pmatrix} 3 & 4 & -6 \\ 2 & 5 & 7 \end{pmatrix}, \boldsymbol{B} = \begin{pmatrix} 5 & 2 & 3 \\ 1 & -4 & -2 \end{pmatrix}.$$

求 $(1) \boldsymbol{A} + \boldsymbol{B}$；$(2) \dfrac{1}{2}(\boldsymbol{A} - \boldsymbol{B})$；$(3) 3\boldsymbol{A} - \boldsymbol{B}$.

4. 已知.

$$\boldsymbol{A} = \begin{pmatrix} 3 & 1 & 0 \\ -1 & 2 & 1 \\ 3 & 4 & 2 \end{pmatrix}, \boldsymbol{B} = \begin{pmatrix} 1 & 0 & 2 \\ -1 & 1 & 1 \\ 2 & 1 & 1 \end{pmatrix}.$$

求满足方程 $3\boldsymbol{A} - \boldsymbol{X} = \boldsymbol{B}$ 中的 $\boldsymbol{X}$.

5. 计算下列矩阵乘积.

$(1) \boldsymbol{A} = \begin{pmatrix} 4 & 3 & 1 \\ 1 & -2 & 3 \\ 5 & 7 & 0 \end{pmatrix} \begin{pmatrix} 7 \\ 2 \\ 1 \end{pmatrix}$；
$\qquad (2) \boldsymbol{B} = \begin{pmatrix} 2 \\ 1 \\ 3 \end{pmatrix} (-1 \quad 2)$；

$(3) \begin{pmatrix} 2 & 1 & 4 & 0 \\ 1 & -1 & 3 & 4 \end{pmatrix} \begin{pmatrix} 1 & 3 & 1 \\ 0 & -1 & 2 \\ 1 & -3 & 1 \\ 4 & 0 & -2 \end{pmatrix}$.

6. 已知：

$$\boldsymbol{A} = \begin{pmatrix} 3 & 2 \\ 2 & -3 \end{pmatrix}, \boldsymbol{B} = \begin{pmatrix} 1 & 3 \\ -5 & 4 \end{pmatrix},$$

求 $\boldsymbol{AB} - \boldsymbol{BA}$.

7. 将下面各题用矩阵表示,并且用矩阵的运算求出各题的结果.

(1) 某厂一、二、三车间都生产甲、乙两种产品,上半年和下半年的产量(t)见表6-10.

表6-10 　　　　　　　　　　两种产品的产量 　　　　　　　　　　单位:t

产品 车间	一车间		二车间		三车间	
	上半年	下半年	上半年	下半年	上半年	下半年
甲	1 025	1 050	980	1 000	500	510
乙	700	720	1 000	1 100	2 000	2 020

求 ① 三个车间全年的产量分别是多少?

② 各车间下半年比上半年多生产多少吨?

(2) 某校明后两年计划建造教学楼和宿舍楼,建筑面积及材料耗用量见表6-11.

表6-11 　　　　　　　　　　建筑面积及材料用量

项目	建筑面积(m^2)		每平方米"三材"用量		
	明年	后年	钢材(t)	水泥(t)	木材(m^3)
教学楼	2 000	3 000	0.02	0.18	0.04
宿舍楼	1 000	2 000	0.015	0.15	0.05

求明后两年三种建筑材料用量各为多少?

(3) 某集团公司的四个生产基地均能生产甲、乙、丙三种产品,其单位成本(元/件)见表6-12.

表6-12　　　　　　　　　产品的生产成本　　　　　　　单位:元/件

生产基地 \ 产品	甲	乙	丙
一	3	5	6
二	2	4	8
三	4	5	5
四	4	3	5

现要求生产甲种产品600件,乙种产品50件,丙种产品200件,问哪个工厂的生产成本最低?

(4) 某厂生产五种产品,1~3月份生产产量及产品的单位价格见表6-13.

表6-13　　　　　　　　产品的单价及产量　　　　　　　单位:万元

月份 \ 产品	一	二	三	四	五
1	50	30	25	10	5
2	30	60	25	20	10
3	50	60	0	25	5
单价	0.95	1.2	2.23	3	5.2

求该厂每个月的总产值是多少?

答　案

1. 略.

2. 略.

3. (1) $\begin{bmatrix} 8 & 6 & -3 \\ 3 & 1 & 5 \end{bmatrix}$; (2) $\begin{bmatrix} -1 & 1 & -\dfrac{9}{2} \\ \dfrac{1}{2} & \dfrac{9}{2} & \dfrac{9}{2} \end{bmatrix}$; (3) $\begin{bmatrix} 4 & 10 & -21 \\ 5 & 19 & 23 \end{bmatrix}$.

4. $\begin{bmatrix} 8 & 3 & -2 \\ -2 & 5 & 2 \\ 7 & 11 & 5 \end{bmatrix}$.

5. (1) $\begin{bmatrix} 35 \\ 6 \\ 49 \end{bmatrix}$; (2) $\begin{bmatrix} -2 & 4 \\ -1 & 2 \\ -3 & 6 \end{bmatrix}$; (3) $\begin{bmatrix} 6 & -7 & 8 \\ 20 & -5 & -6 \end{bmatrix}$.

6. $\begin{bmatrix} -16 & 24 \\ 24 & 16 \end{bmatrix}$.

7. (1) ① $\begin{bmatrix} 1\ 025 & 700 \\ 980 & 1\ 000 \\ 500 & 2\ 000 \end{bmatrix} + \begin{bmatrix} 1\ 050 & 720 \\ 1\ 000 & 1\ 100 \\ 510 & 2\ 020 \end{bmatrix} = \begin{bmatrix} 2\ 075 & 1\ 420 \\ 1\ 980 & 2\ 100 \\ 1\ 010 & 4\ 020 \end{bmatrix}$.

② $\begin{pmatrix} 1\,050 & 720 \\ 1\,000 & 1\,100 \\ 510 & 2\,020 \end{pmatrix} - \begin{pmatrix} 1\,025 & 700 \\ 980 & 1\,000 \\ 500 & 2\,000 \end{pmatrix} = \begin{pmatrix} 25 & 20 \\ 20 & 100 \\ 10 & 20 \end{pmatrix}$;

(2) $\begin{pmatrix} 2\,000 & 1\,000 \\ 3\,000 & 2\,000 \end{pmatrix} \begin{pmatrix} 0.02 & 0.18 & 0.04 \\ 0.015 & 0.15 & 0.05 \end{pmatrix} = \begin{pmatrix} 55 & 360 & 130 \\ 90 & 840 & 220 \end{pmatrix}$;

(3) 第二个生产基地的成本最低;

(4) $\begin{pmatrix} 50 & 30 & 25 & 10 & 5 \\ 30 & 60 & 25 & 20 & 10 \\ 50 & 60 & 0 & 25 & 5 \end{pmatrix} (0.95 \quad 1.2 \quad 2.23 \quad 3 \quad 5.2)^{\mathrm{T}} = \begin{pmatrix} 198.25 \\ 271.25 \\ 220.5 \end{pmatrix}$.

6.1.7 用逆矩阵解线性方程组

6.1.4学习了用简化阶梯形矩阵解线性方程组,6.1.5学习了用矩阵的秩判断线性方程组解的情况.下面,我们来学习用逆矩阵解线性方程组.

在式(6.1.2)中,$m \times n$ 线性方程组

$$\begin{cases} a_{11}x_1 + a_{12}x_2 + \cdots + a_{1j}x_j + \cdots + a_{1n}x_n = b_1, \\ a_{21}x_1 + a_{22}x_2 + \cdots + a_{2j}x_j + \cdots + a_{2n}x_n = b_2, \\ \vdots \qquad \vdots \qquad\quad \vdots \qquad\quad \vdots \qquad \vdots \\ a_{i1}x_1 + a_{i2}x_2 + \cdots + a_{ij}x_j + \cdots + a_{in}x_n = b_i, \\ \vdots \qquad \vdots \qquad\quad \vdots \qquad\quad \vdots \qquad \vdots \\ a_{m1}x_1 + a_{m2}x_2 + \cdots + a_{mi}x_i + \cdots + a_{mn}x = b_m. \end{cases}$$

系数矩阵 $\boldsymbol{A} = \begin{pmatrix} a_{11} & a_{12} & \cdots & a_{1j} & \cdots & a_{1n} \\ a_{21} & a_{22} & \cdots & a_{2j} & \cdots & a_{2n} \\ \vdots & \vdots & & \vdots & & \vdots \\ a_{i1} & a_{i2} & \cdots & a_{ij} & \cdots & a_{in} \\ \vdots & \vdots & & \vdots & & \vdots \\ a_{m1} & a_{m2} & \cdots & a_{mi} & \cdots & a_{mn} \end{pmatrix}$

未知数矩阵 $\boldsymbol{X} = \begin{pmatrix} x_1 \\ x_2 \\ \vdots \\ x_j \\ \vdots \\ x_m \end{pmatrix}$.

常数项矩阵 $\boldsymbol{\beta} = \begin{pmatrix} b_1 \\ b_2 \\ \vdots \\ b_j \\ \vdots \\ b_m \end{pmatrix}$.

上边的线性方程组用矩阵可表示为 $\boldsymbol{AX} = \boldsymbol{\beta}$,

等式两端边的左边同乘以 $\boldsymbol{A}^{-1}$ 得,$\boldsymbol{A}^{-1}\boldsymbol{AX} = \boldsymbol{A}^{-1}\boldsymbol{\beta}$.

因为 $\boldsymbol{A}^{-1}\boldsymbol{A} = \boldsymbol{E}$,

所以 $\boldsymbol{EX} = \boldsymbol{A}^{-1}\boldsymbol{\beta}$.

又因为 $\boldsymbol{EX} = \boldsymbol{X}$,

所以,$\boldsymbol{X} = \boldsymbol{A}^{-1}\boldsymbol{\beta}$.

由上面的推理可知,线性方程组用逆矩阵解线性方程组的步骤是:

(1) 分别写出线性方程组系数矩阵 $\boldsymbol{A}$,未知数矩阵 $\boldsymbol{X}$ 和常数项矩阵 $\boldsymbol{\beta}$;

(2) 求系数矩阵 $\boldsymbol{A}$ 的逆矩阵 $\boldsymbol{A}^{-1}$;

(3) 用矩阵的乘法运算求得 $\boldsymbol{A}^{-1}\boldsymbol{\beta}$ 得 $\boldsymbol{X}$.

例1 用逆矩阵求解线性方程组 $\begin{cases} x_1 + 2x_2 - 3x_3 = -9, \\ 3x_1 + 8x_2 - 12x_3 = -38, \\ -2x_1 - 5x_2 + 3x_3 = 10. \end{cases}$

解 $\boldsymbol{B} = \begin{pmatrix} 1 & 2 & -3 & -9 \\ 3 & 8 & -12 & -38 \\ -2 & -5 & 3 & 10 \end{pmatrix} \xrightarrow[2r_1 + r_3]{-3r_1 + r_2} \begin{pmatrix} 1 & 2 & -3 & -9 \\ 0 & 2 & -3 & 11 \\ 0 & -1 & -3 & -8 \end{pmatrix}$

$\xrightarrow{r_2 \leftrightarrow r_3} \begin{pmatrix} 1 & 2 & -3 & -9 \\ 0 & -1 & -3 & -8 \\ 0 & 2 & -3 & -11 \end{pmatrix} \xrightarrow{2r_2 + r_3} \begin{pmatrix} 1 & 2 & -3 & -9 \\ 0 & -1 & -3 & -8 \\ 0 & 0 & -9 & -27 \end{pmatrix}$ 线性方程组

$R(\boldsymbol{A}) = R(\boldsymbol{B}) = 3$,未知数的个数是 3,所以,线性方程组有唯一解.

线性方程组的系数矩阵,未知数矩阵和常数项矩阵分别是

$$\boldsymbol{A} = \begin{pmatrix} 1 & 2 & -3 \\ 3 & 8 & -12 \\ -2 & -5 & 3 \end{pmatrix}, \boldsymbol{X} = \begin{pmatrix} x_1 \\ x_2 \\ x_3 \end{pmatrix}, \boldsymbol{\beta} = \begin{pmatrix} -9 \\ -38 \\ 10 \end{pmatrix}.$$

所以,$\boldsymbol{X} = \boldsymbol{A}^{-1}\boldsymbol{\beta}$.

$$(A \,\vdots\, E) = \begin{pmatrix} 1 & 2 & -3 & \vdots & 1 & 0 & 0 \\ 3 & 8 & -12 & \vdots & 0 & 1 & 0 \\ -2 & -5 & 3 & \vdots & 0 & 0 & 1 \end{pmatrix}$$

$$\rightarrow \begin{pmatrix} 1 & 0 & 0 & \vdots & 4 & -1 & 0 \\ 0 & 1 & 0 & \vdots & -\dfrac{5}{3} & \dfrac{1}{3} & -\dfrac{1}{3} \\ 0 & 0 & 1 & \vdots & -\dfrac{1}{9} & -\dfrac{1}{9} & -\dfrac{2}{9} \end{pmatrix}$$

$$A^{-1} = \begin{pmatrix} 4 & -1 & 0 \\ -\dfrac{5}{3} & \dfrac{1}{3} & -\dfrac{1}{3} \\ -\dfrac{1}{9} & -\dfrac{1}{9} & -\dfrac{2}{9} \end{pmatrix}.$$

$$X = A^{-1}\beta = \begin{pmatrix} 4 & -1 & 0 \\ -\dfrac{5}{3} & \dfrac{1}{3} & -\dfrac{1}{3} \\ -\dfrac{1}{9} & -\dfrac{1}{9} & -\dfrac{2}{9} \end{pmatrix} \begin{pmatrix} -9 \\ -38 \\ 10 \end{pmatrix} = \begin{pmatrix} 2 \\ -1 \\ 3 \end{pmatrix}.$$

所以, 原方程组的解为 $\begin{cases} x_1 = 2, \\ x_2 = -1, \\ x_3 = 3. \end{cases}$

有上面解的过程可以看出, 用逆矩阵解线性方程组比较麻烦, 而且只有方阵才可能有逆矩阵, 所以该方法解线性方程组有一定的局限性, 系数矩阵必须是方阵. 用简化阶梯形矩阵或阶梯形矩阵解线性方程组相对要简便很多, 而且系数矩阵不受方阵的限制, 它使用于解各种情况的线性方程组.

使用 MATLAB 程序, 用逆矩阵解线性方程组会非常简便. 程序如下:

```
≫A = [1 2 - 3; 3 8 - 12; - 2 - 5 3]; B = [- 9; - 38; 10];
≫X = inv(A) * B.
```

定义 对于式 (6.1.2) 的线性方程组, 若右端常数项全为零, 则称为**齐次线性方程组**. 它的系数矩阵 A 与增广矩阵 B 的秩总是相等的, 即 $R(A) = R(B)$, 所以齐次线性方程组总是有解的, 并由定理 1 知道:

(1) 当 $R(A) = n$ 时, 齐次方程组有唯一的一组零解 ($x_1 = 0$, $x_2 = 0$, $\cdots$, $x_n = 0$);

（2）当 $R(\boldsymbol{A}) < n$ 时，齐次线性方程组有无穷多组解，易知齐次线性方程组有非零解的充要条件是 $R(\boldsymbol{A}) < n$.

例4 求解齐次线性方程组 $\begin{cases} x_1 + 2x_2 - x_3 + 3x_5 = 0, \\ 2x_1 - x_2 + x_4 - x_5 = 0, \\ 3x_1 + x_2 - x_3 + x_4 + 2x_5 = 0, \\ -5x_2 + 2x_3 + x_4 - 7x_5 = 0. \end{cases}$

解

$$\boldsymbol{A} = \begin{pmatrix} 1 & 2 & -1 & 0 & 3 \\ 2 & -1 & 0 & 1 & -1 \\ 3 & 1 & -1 & 1 & 2 \\ 0 & -5 & 2 & 1 & -7 \end{pmatrix}$$

$$\xrightarrow{-2r_1+r_2,\ -3r_1+r_3} \begin{pmatrix} 1 & 2 & -1 & 0 & 3 \\ 0 & -5 & 2 & 1 & -7 \\ 0 & -5 & 2 & 1 & -7 \\ 0 & -5 & 2 & 1 & -7 \end{pmatrix}$$

$$\xrightarrow{-r_2+r_3,\ -r_2+r_4} \begin{pmatrix} 1 & 2 & -1 & 0 & 3 \\ 0 & -5 & 2 & 1 & -7 \\ 0 & 0 & 0 & 0 & 0 \\ 0 & 0 & 0 & 0 & 0 \end{pmatrix}$$

$$\xrightarrow{-\frac{1}{5}r_2} \begin{pmatrix} 1 & 2 & -1 & 0 & 3 \\ 0 & 1 & -\dfrac{2}{5} & -\dfrac{1}{5} & \dfrac{7}{5} \\ 0 & 0 & 0 & 0 & 0 \\ 0 & 0 & 0 & 0 & 0 \end{pmatrix}$$

$$\xrightarrow{-2r_2+r_1} \begin{pmatrix} 1 & 0 & -\dfrac{1}{5} & \dfrac{2}{5} & \dfrac{1}{5} \\ 0 & 1 & -\dfrac{2}{5} & -\dfrac{1}{5} & \dfrac{7}{5} \\ 0 & 0 & 0 & 0 & 0 \\ 0 & 0 & 0 & 0 & 0 \end{pmatrix}.$$

由于 $R(\boldsymbol{A}) = 2 < n = 5$，故有非零解，原方程组同解方程组为

$$\begin{cases} x_1 - \dfrac{1}{5}x_3 + \dfrac{2}{5}x_4 + \dfrac{1}{5}x_5 = 0, \\ x_2 - \dfrac{2}{5}x_3 - \dfrac{1}{5}x_4 + \dfrac{7}{5}x_5 = 0. \end{cases}$$

令

$$x_3 = c_1, \ x_4 = c_2, \ x_5 = c_3.$$

故得非零解

$$
\begin{cases}
x_1 = \dfrac{1}{5}C_1 - \dfrac{2}{5}C_2 - \dfrac{1}{5}C_3, \\[2mm]
x_2 = \dfrac{2}{5}C_1 + \dfrac{1}{5}C_2 - \dfrac{7}{5}C_3, \\[2mm]
x_3 = C_1, \\[1mm]
x_4 = C_2, \\[1mm]
x_5 = C_3.
\end{cases}
$$

知识小结

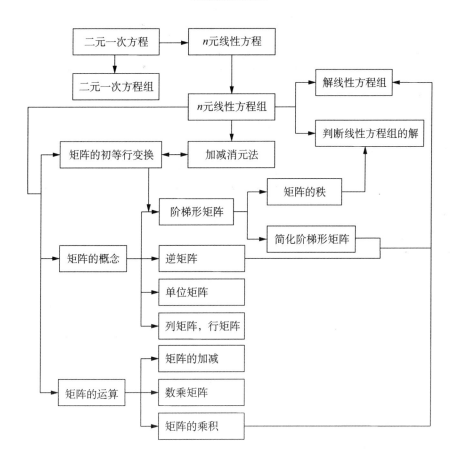

能力提升

1. 解线性方程组有哪些方法？这些方法有哪些异同点？

2. 简述阶梯形矩阵和简化阶梯形矩阵，并指出二者的区别.

3. 什么叫矩阵的秩，一个矩阵的秩是否是唯一的，一个矩阵的阶梯形矩阵是否为唯一？

4. 解下列线性方程组.

$$(1) \begin{cases} x_1 + x_2 + x_3 + x_4 = 5, \\ x_1 + 2x_2 - x_3 + x_4 = -2, \\ 2x_1 + 3x_2 - x_3 - 5x_4 = -2, \\ 3x_1 + x_2 + 2x_3 + 3x_4 = 4; \end{cases} \qquad (2) \begin{cases} 2x_1 + x_4 = 0, \\ x_1 + 2x_2 - x_4 = 0, \\ 4x_1 - x_2 + 4x_4 = 0, \\ 2x_1 + x_2 + 3x_3 + 2x_4 = 0. \end{cases}$$

5. 当 λ 为何值时，下列线性方程组有解？若有解，求出它的解.

$$\begin{cases} x_1 - 7x_2 + 4x_3 + 2x_4 = 0, \\ 2x_1 - 5x_2 + 3x_3 + 2x_4 = 1, \\ 5x_1 - 8x_2 + 5x_3 + 4x_4 = 3, \\ 4x_1 - x_2 + x_3 + 2x_4 = \lambda. \end{cases}$$

6. 某减肥食谱用 33 种食物精确提供 31 种营养，现仅考虑三种食品三种营养成分的含量见表 6-14.试求三种食品的组合，使得混合食物该食谱一天所需要的营养.

表 6-14   食物营养成分   单位:g

营养成分 \ 食品	每 100 g 所含的营养			减肥食谱一天所需的营养
	脱脂牛奶	大豆粉	乳清	
蛋白质	36	51	13	33
碳水化合物	52	34	74	45
脂肪	0	7	1.1	3

答 案

1～3. (略).

4. $(1) \begin{cases} x_1 = -3, \\ x_2 = 3, \\ x_3 = 5, \\ x_4 = 0; \end{cases}$ $(2)\ x_1 = x_2 = x_3 = x_4 = 0.$

5. 当 $\lambda = 3$，方程组有无数解. $\begin{cases} x_1 = -\dfrac{1}{9}x_3 - \dfrac{4}{9}x_4 + \dfrac{7}{9}, \\ x_2 = \dfrac{5}{9}x_3 + \dfrac{2}{9}x_4 + \dfrac{1}{9}. \end{cases}$

6. 略.

6.2 行列式与线性方程组

本内容我们以中学的二元一次方程组为切入点,引出行列式的概念、性质和运算,最后用行列式来解线性方程组.

6.2.1 行列式的概念

例1 求解下列二元一次线性方程组.

$$\begin{cases} a_{11}x_1 + a_{12}x_2 = b_1, \\ a_{21}x_1 + a_{22}x_2 = b_2. \end{cases}$$

解 由消元法得

$$\begin{cases} (a_{11}a_{22} - a_{12}a_{21})x_1 = b_1a_{22} - b_2a_{12}, \\ (a_{11}a_{22} - a_{12}a_{21})x_2 = b_2a_{11} - b_1a_{21}, \end{cases} \tag{6.2.1}$$

则 $x_1 = \dfrac{b_1a_{22} - b_2a_{12}}{a_{11}a_{22} - a_{12}a_{21}}$, $x_2 = \dfrac{b_2a_{11} - b_1a_{21}}{a_{11}a_{22} - a_{12}a_{21}}$. $\tag{6.2.2}$

观察上面二元线性方程组式(6.2.1)解的一般形式(6.2.2)特点:两个未知数 x_1, x_2 的解有相同的分母,且分母只与方程组中未知数的系数有关.把这些系数按其在原方程组中的位置写出,记为

$$\begin{vmatrix} a_{11} & a_{12} \\ a_{21} & a_{22} \end{vmatrix}.$$

以此表示代数和(相同的分母) $a_{11}a_{22} - a_{12}a_{21}$,记作 D,即

$$D = \begin{vmatrix} a_{11} & a_{12} \\ a_{21} & a_{22} \end{vmatrix} = a_{11}a_{22} - a_{21}a_{12},$$ 称作二阶行列式.

由此得到行列式的概念.

定义1 把由 $2 \times 2 = 4$ 个数构成的2行2列的代数式 $\begin{vmatrix} a_{11} & a_{12} \\ a_{21} & a_{22} \end{vmatrix}$ 称为**二阶行列式**,记作 $D = a_{11}a_{22} - a_{21}a_{12}$.其中,$a_{ij}$ 称为行列式的**元素**;横排称为**行**;竖排称为**列**;a_{ij} 中下标的第一个数字表示这个元素所在的行数,下标的第二个数字表示这个元素所在的列数.

如图6-5所示,行列式中从左上角到右下角的对角线叫做**主对角线**,从左下角到右上角的对角线叫做**副对角线**.

对角线法则:二阶行列式的值等于主对角线上的两个元素的乘积减去副对角线

上的两个元素的乘积.

同理,二元线性方程组(1)的两个未知数 x_1,x_2 的解中

对应的分子分别记为 $D_1 = b_1 a_{22} - b_2 a_{12} = \begin{vmatrix} b_1 & a_{12} \\ b_2 & a_{22} \end{vmatrix}$,

$D_2 = b_2 a_{11} - b_1 a_{21} = \begin{vmatrix} a_{11} & b_1 \\ a_{21} & b_2 \end{vmatrix}$.

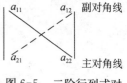

图 6-5　二阶行列式对
角线法则图

则,二元线性方程组的解为

$$x_1 = \frac{D_1}{D}, \ x_2 = \frac{D_2}{D},$$

例 2　求解二元线性方程组 $\begin{cases} 3x_1 - 2x_2 = 12, \\ 2x_1 + x_2 = 1. \end{cases}$

解　$D = \begin{vmatrix} 3 & -2 \\ 2 & 1 \end{vmatrix} = 3 - (-4) = 7$, $D_1 = \begin{vmatrix} 12 & -2 \\ 1 & 1 \end{vmatrix} = 12 - (-2) = 14$,

$D_2 = \begin{vmatrix} 3 & 12 \\ 2 & 1 \end{vmatrix} = 3 - 24 = -21$,

因此,$x_1 = \dfrac{D_1}{D} = \dfrac{14}{7} = 2$, $x_1 = \dfrac{D_2}{D} = \dfrac{-21}{7} = -3$.

定义 2　类似于二阶行列式，我们可以从三元一次线性方程组

$\begin{cases} a_{11}x_1 + a_{12}x_2 + a_{13}x_3 = b_1 \\ a_{21}x_1 + a_{22}x_2 + a_{23}x_3 = b_2 \\ a_{31}x_1 + a_{32}x_2 + a_{33}x_3 = b_3 \end{cases}$的求解中引入三阶行列式的概念.由 $3^2 = 9$ 个元素排成

的 3 行 3 列的代数式 $\begin{vmatrix} a_{11} & a_{12} & a_{13} \\ a_{21} & a_{22} & a_{23} \\ a_{31} & a_{32} & a_{33} \end{vmatrix}$ 称为**三阶行列式**.

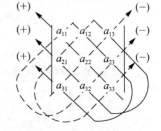

图 6-6　三阶行列式对
角线法则图

可根据对角线法则来记忆此行列式的值.

如图 6-6 所示,三条实线上的元素的乘积分别取正号,
三条虚线上的元素的乘积分别取负号.

三阶行列式也可以用二阶行列式来计算,即

$$D = \begin{vmatrix} a_{11} & a_{12} & a_{13} \\ a_{21} & a_{22} & a_{23} \\ a_{31} & a_{32} & a_{33} \end{vmatrix} = a_{11}(-1)^{1+1} \begin{vmatrix} a_{22} & a_{23} \\ a_{32} & a_{33} \end{vmatrix} + a_{12}(-1)^{1+2} \begin{vmatrix} a_{21} & a_{23} \\ a_{31} & a_{32} \end{vmatrix}$$

$$+ a_{13}(-1)^{1+3} \begin{vmatrix} a_{21} & a_{22} \\ a_{31} & a_{32} \end{vmatrix}$$

$$= a_{11}a_{22}a_{33} + a_{12}a_{23}a_{31} + a_{21}a_{32}a_{13} - a_{13}a_{22}a_{31} - a_{12}a_{21}a_{33} - a_{23}a_{32}a_{11},$$

同理

$$D_1 = b_1 a_{22} a_{33} + a_{12} a_{23} b_3 + a_{13} b_2 a_{32} - b_1 a_{23} a_{32} - a_{12} b_2 a_{33} - a_{13} a_{22} b_3,$$

$$D_2 = a_{11} b_2 a_{33} + b_1 a_{23} a_{31} + a_{13} a_{21} b_3 - a_{11} a_{23} b_1 - b_1 a_{21} a_{33} - a_{13} b_2 a_{31},$$

$$D_3 = a_{11} b_3 a_{22} + b_2 a_{12} a_{31} + b_1 a_{21} a_{32} - a_{11} b_2 a_{32} - a_{12} a_{21} b_3 - b_1 a_{22} a_{31},$$

则

$$x_1 = \frac{D_1}{D}, \ x_2 = \frac{D_2}{D}, \ x_3 = \frac{D_3}{D}.$$

例3 计算三阶行列式 $D = \begin{vmatrix} 1 & 2 & -4 \\ -2 & 2 & 1 \\ -3 & 4 & -2 \end{vmatrix}$.

解法一 按对角线法则,有

$$\begin{aligned}
D &= \begin{vmatrix} 1 & 2 & -4 \\ -2 & 2 & 1 \\ -3 & 4 & -2 \end{vmatrix} \\
&= 1 \times 2 \times (-2) + (-2) \times 4 \times (-4) + 2 \times 1 \times (-3) - (-3) \times 2 \\
&\quad \times (-4) - 4 \times 1 \times 1 - (-2) \times 2 \times (-2) \\
&= -14.
\end{aligned}$$

解法二

$$\begin{aligned}
D &= \begin{vmatrix} 1 & 2 & -4 \\ -2 & 2 & 1 \\ -3 & 4 & -2 \end{vmatrix} \\
&= 1 \times (-1)^{1+1} \times \begin{vmatrix} 2 & 1 \\ 4 & -2 \end{vmatrix} + 2 \times (-1)^{1+2} \\
&\quad \times \begin{vmatrix} -2 & 1 \\ -3 & -2 \end{vmatrix} + (-4) \times (-1)^{1+3} \times \begin{vmatrix} -2 & 2 \\ -3 & 4 \end{vmatrix} \\
&= -8 - 14 + 8 = -14.
\end{aligned}$$

在 MATLAB 的 Command Window 窗口输入

$\gg$ A = [1 2 - 4; - 2 2 1; - 3 4 - 2]; % 生成一个矩阵

$\gg$ D = det(A) % 按 enter 键,输出行列式的值

D =

    - 14.

定义 3

由 n^2 个元素排成的 n 行 n 列的符号 $\begin{vmatrix} a_{11} & a_{12} & \cdots & a_{1n} \\ a_{12} & a_{22} & \cdots & a_{2n} \\ \vdots & \vdots & & \vdots \\ a_{n1} & a_{n2} & \cdots & a_{nn} \end{vmatrix}$ 称为 **n 阶行列式**,通常

记为 D_n. 其中 $a_{ij}(1 \leqslant i,j \leqslant n)$ 称为 D_n 的元素. D_n 的值规定如下

$$D_n = a_{i1}A_{i1} + a_{i2}A_{i2} + \cdots + a_{in}A_{in}(i = 1, 2, \cdots, n),$$

或

$$D_n = a_{1j}A_{1j} + a_{2j}A_{2j} + \cdots + a_{nj}A_{nj}(j = 1, 2, \cdots, n),$$

上述行列式的定义又称为**行列式按某一行或某一列展开**.

其中 $A_{ij} = (-1)^{i+j}(i, j = 1, 2, \cdots, n)$,$A_{ij}$ 称为元素 a_{ij} 的**代数余子式**. M_{ij} 称为元素 a_{ij} 的**余子式**,其中余子式 M_{ij} 是由行列式 D_n 去掉第 i 行和第 j 列元素后剩下的 $n-1$ 阶行列式,即

$$M_{ij} = \begin{vmatrix} a_{11} & \cdots & a_{1,j-1} & a_{1,j+1} & \cdots & a_{1n} \\ \vdots & & \vdots & \vdots & & \vdots \\ a_{i-1,1} & \cdots & a_{i-1,j-1} & a_{i-1,j+1} & \cdots & a_{i-1,n} \\ a_{i+1,1} & \cdots & a_{i+1,j-1} & a_{i+1,j+1} & \cdots & a_{i+1,n} \\ \vdots & & \vdots & \vdots & & \vdots \\ a_{n1} & \cdots & a_{n,j-1} & a_{n,j+1} & \cdots & a_{nn} \end{vmatrix}.$$

行列式按某一行或某一列展开后,理论上可以计算出任何行列式的值.

例 4 计算四阶行列式 $D_4 = \begin{vmatrix} 1 & 2 & 0 & 1 \\ 0 & -1 & 1 & 2 \\ 0 & 0 & 1 & 2 \\ 0 & 0 & 0 & 1 \end{vmatrix}$.

解

$$D_4 = \begin{vmatrix} 1 & 2 & 0 & 1 \\ 0 & -1 & 1 & 2 \\ 0 & 0 & 1 & 2 \\ 0 & 0 & 0 & 1 \end{vmatrix} = 1 \times (-1)^{1+1} \times \begin{vmatrix} -1 & 1 & 2 \\ 0 & 1 & 2 \\ 0 & 0 & 1 \end{vmatrix} = \begin{vmatrix} -1 & 1 & 2 \\ 0 & 1 & 2 \\ 0 & 0 & 1 \end{vmatrix}$$

$$= (-1) \times (-1)^{1+1} \times \begin{vmatrix} 1 & 2 \\ 0 & 1 \end{vmatrix} = -1 \times 1 = -1.$$

注意 如果行列式 D_n 中有某一行(列)元素含有较多的 0,则按照那一行(列)去计算行列式的值比较容易.

在 MATLAB 的 Command Window 窗口输入

≫B = [2 3 1 4; 3 0 - 1 1; - 1 4 2 3; 1 2 0 1]; % 生成一个矩阵

≫D4 = det(B) % 按 enter 键,输出行列式的值

D4 =

     - 1.

例 5 　求 $D_n = \begin{vmatrix} a_1 & 0 & \cdots & 0 \\ 0 & a_2 & \cdots & 0 \\ \vdots & \vdots & & \vdots \\ 0 & 0 & \cdots & a_n \end{vmatrix}$ 的值.

解 　$D_n = \begin{vmatrix} a_1 & 0 & \cdots & 0 \\ 0 & a_2 & \cdots & 0 \\ \vdots & \vdots & & \vdots \\ 0 & 0 & \cdots & a_n \end{vmatrix} = a_1 \times (-1)^{1+1} \begin{vmatrix} a_2 & 0 & \cdots & 0 \\ 0 & a_3 & \cdots & 0 \\ \vdots & \vdots & & \vdots \\ 0 & 0 & \cdots & a_n \end{vmatrix}$

$$= a_1 a_2 \times (-1)^{1+1} \begin{vmatrix} a_3 & 0 & \cdots & 0 \\ 0 & a_4 & \cdots & 0 \\ \vdots & \vdots & & \vdots \\ 0 & 0 & \cdots & a_n \end{vmatrix} = a_1 a_2 \cdots a_n.$$

上述行列式称为**对角形行列式**,其特点是:除了主对角线之外的元素都为零.此行列式的值等于主对角线元素的乘积.

例 6 　求 $D_n = \begin{vmatrix} a_{11} & 0 & \cdots & 0 \\ a_{21} & a_{22} & \cdots & 0 \\ \vdots & \vdots & & \vdots \\ a_{n1} & a_{n2} & \cdots & a_{mn} \end{vmatrix}$ 的值.

解 　把 D_n 按第一行展开有

$$D_n = a_{11} \cdot (-1)^{1+1} \cdot \begin{vmatrix} a_{22} & 0 & \cdots & 0 \\ a_{32} & a_{33} & \cdots & 0 \\ \vdots & \vdots & & \vdots \\ a_{n2} & a_{n3} & \cdots & a_{mn} \end{vmatrix} = \cdots = a_{11} \cdot a_{22} \cdot a_{33} \cdots a_{mn}.$$

上述行列式,其主对角线上方的元素都为零.这样的行列式称为**下三角形行列式**,此行列式的值等于主对角线上元素的乘积.

还有一种类型的行列式,称为**上三角形行列式**.其特点是:主对角线下方的元素都为零.此行列式的值等于主对角线上元素的乘积.

课后提升

1. 简述行列式与矩阵的定义,比较二者的异同点.

2. 求下列行列式的值.

(1) $\begin{vmatrix} 3 & -1 \\ 1 & 5 \end{vmatrix}$;

(2) $\begin{vmatrix} 3 & 2 & -5 \\ 0 & -2 & 1 \\ 7 & 1 & 3 \end{vmatrix}$.

3. 用行列式解下列方程组.

(1) $\begin{cases} 2x - 5y = 1, \\ 3x - 7y = 2; \end{cases}$

(2) $\begin{cases} 3x_1 - x_2 - 10 = 0, \\ 5x_1 + x_2 - 12 = 0. \end{cases}$

答　案

1. 略.

2. (1) 16; (2) -77.

3. (1) $\begin{cases} x = 3, \\ y = 1; \end{cases}$ (2) $\begin{cases} x_1 = \dfrac{11}{4}, \\ x_2 = -\dfrac{7}{4}. \end{cases}$

6.2.2　行列式的性质与计算

在 n 较小时,可以直接用定义去求行列式的值.但对于 n 较大的行列式,如果按定义去求值,计算量是相当大的.为了简化行列式的计算,我们首先来学习行列式的性质.

6.2.2.1　行列式的性质

设行列式

$$D = \begin{vmatrix} a_{11} & a_{12} & \cdots & a_{1n} \\ a_{21} & a_{22} & \cdots & a_{2n} \\ \vdots & \vdots & & \vdots \\ a_{n1} & a_{n2} & \cdots & a_{nn} \end{vmatrix},$$

把 D 的行依次变成列,并且不改变它们的次序,得到一个新的的行列式

$$D^T = \begin{vmatrix} a_{11} & a_{21} & \cdots & a_{n1} \\ a_{12} & a_{22} & \cdots & a_{n2} \\ \vdots & \vdots & & \vdots \\ a_{1n} & a_{2n} & \cdots & a_{nn} \end{vmatrix}.$$

我们把 D^T 称为 D 的转置行列式.

性质 1　行列式 D 与它的转置行列式 D^{T} 相等. 即 $D = D^{\mathrm{T}}$.

性质 2　若行列式有两行(列)对应的元素相同, 则行列式为 0.

性质 3　交换行列式两行(列)对应元素的位置, 行列式变号.

性质 4　若行列式的某一行(列)元素有公因子 k, 则此公因子可提到行列式符

号外面, 即
$$
\begin{vmatrix}
a_{11} & a_{12} & \cdots & a_{1n} \\
\vdots & \vdots & & \vdots \\
ka_{i1} & ka_{i2} & \cdots & ka_{i3} \\
\vdots & \vdots & & \vdots \\
a_{n1} & a_{n2} & \cdots & a_{m}
\end{vmatrix}
= k
\begin{vmatrix}
a_{11} & a_{12} & \cdots & a_{1n} \\
a_{21} & a_{22} & \cdots & a_{2n} \\
\vdots & \vdots & & \vdots \\
a_{n1} & a_{n2} & \cdots & a_{m}
\end{vmatrix}.
$$

性质 5　若行列式有两行(列)对应元素成比例, 则此行列式为 0.

性质 6　若行列式的某一行(列)元素能表示成两个元素的和的形式, 则此行列式可拆成两个行列式的和, 即

$$
\begin{vmatrix}
a_{11} & a_{12} & \cdots & a_{1n} \\
\vdots & \vdots & & \vdots \\
b_{i1}+c_{i1} & b_{i2}+c_{i2} & \cdots & b_{in}+c_{in} \\
\vdots & \vdots & & \vdots \\
a_{n1} & a_{n2} & \cdots & a_{m}
\end{vmatrix}
=
\begin{vmatrix}
a_{11} & a_{12} & \cdots & a_{1n} \\
\vdots & \vdots & & \vdots \\
b_{i1} & b_{i2} & \cdots & b_{in} \\
\vdots & \vdots & & \vdots \\
a_{n1} & a_{n2} & \cdots & a_{m}
\end{vmatrix}
+
\begin{vmatrix}
a_{11} & a_{12} & \cdots & a_{1n} \\
\vdots & \vdots & & \vdots \\
c_{i1} & c_{i2} & \cdots & c_{in} \\
\vdots & \vdots & & \vdots \\
a_{n1} & a_{n2} & \cdots & a_{m}
\end{vmatrix}.
$$

性质 7　把行列式的某一行(列)元素的 k 倍加到另一行(列)元素上, 得到的新行列式和原来的行列式相等. 即

$$
\begin{vmatrix}
a_{11} & a_{12} & \cdots & a_{1n} \\
\vdots & \vdots & & \vdots \\
a_{i1} & a_{i2} & \cdots & a_{in} \\
\vdots & \vdots & & \vdots \\
a_{j1} & a_{j2} & \cdots & a_{jn} \\
\vdots & \vdots & & \vdots \\
a_{n1} & a_{n2} & \cdots & a_{nn}
\end{vmatrix}
=
\begin{vmatrix}
a_{11} & a_{12} & \cdots & a_{1n} \\
\vdots & \vdots & & \vdots \\
a_{i1}+ka_{j1} & a_{i2}+ka_{j2} & \cdots & a_{in}+ka_{jn} \\
\vdots & \vdots & & \vdots \\
a_{j1} & a_{j2} & \cdots & a_{jn} \\
\vdots & \vdots & & \vdots \\
a_{n1} & a_{n2} & \cdots & a_{nn}
\end{vmatrix}.
$$

6.2.2.2　行列式的计算

有了行列式的性质之后, 可以首先利用行列式的性质把行列式化成比较简单的形式(如含有较多的零元素), 然后再利用定义求行列式的值.

例 1　计算四阶行列式的值 $D_4 = -\begin{vmatrix} -2 & 5 & -1 & 3 \\ 1 & -9 & 13 & 7 \\ 3 & -1 & 5 & -5 \\ 2 & 8 & -7 & -10 \end{vmatrix}.$

解　按行列式性质 3,第一行与第二行互换,得

$$D_4 = \begin{vmatrix} 1 & -9 & 13 & 7 \\ -2 & 5 & -1 & 3 \\ 3 & -1 & 5 & -5 \\ 2 & 8 & -7 & -10 \end{vmatrix},$$

再根据性质 7,把第一行的各元素分别乘以 2,加到第二行上;把第一行的各元素分别乘以 -3,加到第三行上;把第一行的各元素分别乘以 -2,加到第四行上,得

$$D_4 = \begin{vmatrix} 1 & -9 & 13 & 7 \\ 0 & -13 & 25 & 17 \\ 0 & 26 & 34 & -26 \\ 0 & 26 & -33 & -24 \end{vmatrix},$$

再把第二行上各元素分别乘以 2,加到第三、四行上,使第三行第二列上的上元素为零,第四行第二列上的元素为零,得

$$D_4 = \begin{vmatrix} 1 & -9 & 13 & 7 \\ 0 & -13 & 25 & 17 \\ 0 & 0 & 16 & 8 \\ 0 & 0 & 17 & 10 \end{vmatrix},$$

再把第三行上各元素分别乘以 $-\dfrac{17}{16}$,加到第四行上去,得

$$D_4 = \begin{vmatrix} 1 & -9 & 13 & 7 \\ 0 & -13 & 25 & 17 \\ 0 & 0 & 16 & 8 \\ 0 & 0 & 0 & \dfrac{3}{2} \end{vmatrix},$$ 这时,D_4 化成三角形行列式,则

$$D_4 = 1 \times (-13) \times 16 \times \frac{3}{2} = -312.$$

例 2　计算 n 阶行列式 $\begin{vmatrix} a & b & b & \cdots & b \\ b & a & b & \cdots & b \\ b & b & a & \cdots & b \\ \vdots & \vdots & \vdots & & \vdots \\ b & b & b & \cdots & a \end{vmatrix}$.

解　此行列式的特点是:每一列(行)元素的和是一个定值,利用性质 7,我们把行列式的第 $2,3,\cdots,n$ 列分别乘以 1 加到第一列得

$$D_n = \begin{vmatrix} a+(n-1)b & b & b & \cdots & b \\ a+(n-1)b & a & b & \cdots & b \\ a+(n-1)b & b & a & \cdots & b \\ \vdots & \vdots & \vdots & & \vdots \\ a+(n-1)b & b & b & \cdots & a \end{vmatrix} = [a+(n-1)b] \begin{vmatrix} 1 & b & b & \cdots & b \\ 1 & a & b & \cdots & b \\ 1 & b & a & \cdots & b \\ \vdots & \vdots & \vdots & & \vdots \\ 1 & b & b & \cdots & a \end{vmatrix}$$

$$\xrightarrow[\text{第} 2,3,\cdots,n \text{列}]{\text{第一列乘以}(-b)\text{加到}} [a+(n-1)b] \begin{vmatrix} 1 & 0 & 0 & \cdots & 0 \\ 1 & a-b & 0 & \cdots & 0 \\ 1 & 0 & a-b & \cdots & 0 \\ \vdots & \vdots & \vdots & & \vdots \\ 1 & 0 & 0 & \cdots & a-b \end{vmatrix}$$

$$= [a+(n-1)b](a-b)^{n-1}.$$

课后提升

利用行列式的性质计算下列行列式.

(1) $\begin{vmatrix} 2 & -200 & 8 \\ 0 & 300 & 5 \\ -1 & 500 & -2 \end{vmatrix}$;

(2) $\begin{vmatrix} 0 & -1 & -1 & 3 \\ -1 & 1 & 0 & 2 \\ 1 & 2 & -1 & 0 \\ 3 & 2 & 2 & 0 \end{vmatrix}$.

答 案

(1) $-2\,800$；(2) 51.

6.2.3 用行列式解线性方程组

我们知道二元一次线性方程组的解可以用二阶行列式表示.那么 n 元线性方程组的解是否也可以用 n 阶行列式来表示呢？答案是肯定的.

定理(克拉默法则)

如 果 线 性 方 程 组 $\begin{cases} a_{11}x_1 + a_{12}x_2 + \cdots a_{1n}x_n = b_1, \\ a_{21}x_1 + a_{22}x_2 + \cdots a_{2n}x_n = b_2, \\ \vdots \quad \vdots \quad \vdots \quad \vdots \\ a_{n1}x_1 + a_{n2}x_2 + \cdots a_{nn}x_n = b_n. \end{cases}$ 的 系 数 行 列 式 $D =$

$\begin{vmatrix} a_{11} & a_{12} & \cdots & a_{1n} \\ a_{21} & a_{22} & \cdots & a_{2n} \\ \vdots & \vdots & & \vdots \\ a_{n1} & a_{n2} & \cdots & a_{nn} \end{vmatrix} \neq 0$,则方程组有唯一解

$$x_1 = \frac{D_1}{D}, \; x_2 = \frac{D_2}{D}, \; \cdots, \; x_j = \frac{D_j}{D}, \; \cdots x_n = \frac{D_n}{D},$$

其中 $D_j(j=1, 2, \cdots, n)$ 是把 D 中的第 j 列用方程组等号右端的常数项 b_1，b_2，$\cdots$，b_n 代替后得到的行列式. 即

$$D_j = \begin{vmatrix} a_{11} & \cdots & a_{1,j-1} & b_1 & a_{1,j+1} & \cdots & a_{1n} \\ a_{21} & \cdots & a_{2,j-1} & b_2 & a_{2,j+1} & \cdots & a_{2n} \\ \vdots & & \vdots & \vdots & \vdots & & \vdots \\ a_{n1} & \cdots & a_{n,j-1} & b_n & a_{n,j+1} & \cdots & a_{nn} \end{vmatrix}.$$

注意　应用克莱姆法则,解线性方程组应满足以下条件:

(1) 线性方程组中,方程个数应等于未知量个数;

(2) 线性方程组的系数行列式不为零.

例　求解线性方程组 $\begin{cases} 2x_1 + x_2 - 5x_3 + x_4 = 8, \\ x_1 - 3x_2 - 6x_4 = 9, \\ 2x_2 - x_3 + 2x_4 = -5, \\ x_1 + 4x_2 - 7x_3 + 6x_4 = 0. \end{cases}$

解

$$D = \begin{vmatrix} 2 & 1 & -5 & 1 \\ 1 & -3 & 0 & -6 \\ 0 & 2 & -1 & 2 \\ 1 & 4 & -7 & 6 \end{vmatrix} \xlongequal[\begin{subarray}{l} -r_2 + r_4 \end{subarray}]{-2r_2 + r_1} \begin{vmatrix} 0 & 7 & -5 & 13 \\ 1 & -3 & 0 & -6 \\ 0 & 2 & -1 & 2 \\ 0 & 7 & -7 & 12 \end{vmatrix}$$

$$= 1 \times (-1)^{2+1} \times \begin{vmatrix} 7 & -5 & 13 \\ 2 & -1 & 2 \\ 7 & -7 & 12 \end{vmatrix} = \begin{vmatrix} 7 & 5 & 13 \\ 2 & 1 & 2 \\ 7 & 7 & 12 \end{vmatrix}$$

$$\xlongequal[\begin{subarray}{l} -7r_2 + r_3 \end{subarray}]{-5r_2 + r_1} \begin{vmatrix} -3 & 0 & 3 \\ 2 & 1 & 2 \\ -7 & 0 & -2 \end{vmatrix} = 1 \times (-1)^{2+2} \begin{vmatrix} -3 & 3 \\ -7 & -2 \end{vmatrix} = 27 \neq 0.$$

同理,可求得

$$D_1 = \begin{vmatrix} 8 & 1 & -5 & 1 \\ 9 & -3 & 0 & -6 \\ -5 & 2 & -1 & 2 \\ 0 & 4 & -7 & 6 \end{vmatrix} = 81, \quad D_2 = \begin{vmatrix} 2 & 8 & -5 & 1 \\ 1 & 9 & 0 & -6 \\ 0 & -5 & -1 & 2 \\ 1 & 0 & -7 & 6 \end{vmatrix} = 108,$$

$$D_3 = \begin{vmatrix} 2 & 1 & 8 & 1 \\ 1 & -3 & 9 & -6 \\ 0 & 2 & -5 & 2 \\ 1 & 4 & 0 & 6 \end{vmatrix} = -27, \quad D_4 = \begin{vmatrix} 2 & 1 & -5 & 8 \\ 1 & -3 & 0 & 9 \\ 0 & 2 & -1 & -5 \\ 1 & 4 & -7 & 0 \end{vmatrix} = 27,$$

故

$$x_1 = \frac{D_1}{D} = 3, \quad x_2 = \frac{D_2}{D} = -4, \quad x_3 = \frac{D_3}{D} = -1, \quad x_4 = \frac{D_4}{D} = 1.$$

线性代数的
起源发展史

课后提升

用行列式解下列线性方程组.

(1) $\begin{cases} x + y + z = 0, \\ 2x - 5y - 3z = 10, \\ 4x + 8y + 2z = 4; \end{cases}$ (2) $\begin{cases} x - y + z = 2, \\ 2x - 5y = 1, \\ x - z = 4; \end{cases}$

(3) $\begin{cases} x_1 + x_2 - x_3 - x_4 = 0, \\ x_1 - 2x_2 - x_3 + x_4 = 1, \\ x_1 + 2x_2 - 2x_4 = 1, \\ 7x_1 - 3x_2 + 5x_3 - 2x_4 = 38. \end{cases}$

答 案

(1) $\begin{cases} x = 2, \\ y = 0, \\ z = -2; \end{cases}$ (2) $\begin{cases} x = \dfrac{13}{5}, \\ y = \dfrac{4}{5}51, \\ z = \dfrac{7}{5}; \end{cases}$ (3) $\begin{cases} x_1 = 7, \\ x_2 = 5, \\ x_3 = 4, \\ x_4 = \dfrac{45}{7}. \end{cases}$

知识小结

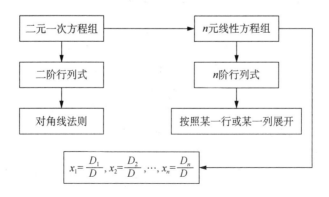

能力提升

1. 行列式与矩阵相同吗? 二者有何区别?

2. 如何用行列式求解线性方程组？它与矩阵解线性方程组有何异同点？

3. 用行列式解下列线性方程组.

(1) $\begin{cases} x_1 - x_2 + x_3 = 1, \\ x_2 + 3x_3 = 0, \\ 2x_1 + x_2 + 12x_3 = 0; \end{cases}$

(2) $\begin{cases} 2x_1 - x_2 - x_3 = 4, \\ 3x_1 + 4x_2 - 2x_3 = 11, \\ 3x_1 - 2x_2 + 4x_3 = 11; \end{cases}$

(3) $\begin{cases} 2x - 3y - z = 6, \\ x - 2y + 4z = 3, \\ 2x - 3y + z = 28. \end{cases}$

4. 求下列行列式中 k 的值.

(1) $\begin{vmatrix} 1 & k & 3 \\ 1 & 1 & -1 \\ 3 & 4 & 2 \end{vmatrix} = -1;$

(2) $\begin{vmatrix} k & 4 \\ -2 & 3 \end{vmatrix} = -1.$

答 案

1. 行列式的行数和列数相等,行列式的最终结果是数值或代数式,矩阵的行数与列数不一定相等,矩阵是一种数表.

2. 用行列式解线性方程组时,方程组的个数与未知数的个数相等;用简化阶梯形矩阵解方程组时,方程组的个数与未知数的个数相等;用逆矩阵解方程组时,方程组的个数与未知数的个数相等;

3. (1) $\begin{cases} x_1 = 9, \\ x_2 = 6, \\ x_3 = -2; \end{cases}$ (2) $\begin{cases} x_1 = 3, \\ x_2 = 1, \\ x_3 = 1; \end{cases}$ (3) $\begin{cases} x = 8.5, \\ y = 4.95, \\ z = -3.85. \end{cases}$

4. (1) 2;(2) -3.

6.3 线 性 规 划

案例 风电场排班问题(2016 高教社杯全国大学生数学建模竞赛 D 题第三问)

某大型风电场共有风机 124 台,4 组工作人员,根据风电场实际风速、风机及工作人员的情况,解决以下最优风机维护排班问题:已知每台风机需每年进 2 次维护,为更好地养护风机,每台风机的连续工作时间不能超过 270 d;并且,每台风机每次维修需用时连续 2 d,为应变突发状况,风电场每天需留 1 组工作人员值班,因风电场地处郊区,考虑到工作人员实际状况,每组人员不得连续工作超过 6 d.现试在实现最大经济效益的目标下,制定对每组工作人员相对公平的风机维护方案.

案例分析

模型假设

1. 风电场的风机在其寿命期内会一直运行,不会中途停止.

2. 假设不用考虑风向和风机的摆放方向.

3. 假设值班人员每次必须连续工作 2 d.

4. 假设一次一台风机的维修工作时间 2 d 算 1 个周期.

5. 假设值班人员和维修的工作不受任何因素的影响.

模型的建立

为使风电场达到较好的经济效应且维修人员的工作量相对均衡,为简化问题,现将一年分为如下三部分考虑:

第一部分:上半年第 1 d 到第 180 d,共 180 d;

第二部分:全年第 181 d 到 185 d,共 5 d;

第三部分:第 186 d 到第 365 d,共 180 d.

不妨将维修风机工作全部安排在第一部分与第三部分完成,第二部分只完成值班工作即可,并且在排班第二部分 5 d 时考虑第一第三部分每组工作人员的总排班量,尽量平衡 4 组人员的总工作量.即将全年的维修工作全部安排在第一、第三两部分完成,每部分均需完成对所有风机进行一次维护.若每次维护风机的顺序不变,则已满足条件:每台风机两次维护时间不得超过 270 d.又因每次维护工作需同一组工作人员连续工作 2 d 才能完成,不妨再假设值班人员每次必须连续值 2 d,则可将维修、值班两类工作统一.为方便建立模型,可假设每连续的 2 d 为一个工作周期.因为影响电厂效益的主要因素为维修过程中所占用的有效风时数,为使经济效益达到最好,满足维修时总可用风时数尽可能小即可.

X_{ij} 表示第 i 组人员在第 j 个工作周期是否工作,若工作取 1,不工作取 0,t_j 表示第一部分每个工作周期所对应的可用风时数,希望满足维修占用的总可用风时数最少这一目标,即

$$\min Z_1 = \sum_{i=1}^{4} \sum_{j=1}^{90} X_{ij} t_j.$$

计修完 124 台风机所需的工作量为 124 周期;计第一部分的值班工作量为 90 周期,则第一部分的工作量总和为 124 + 90 = 214,可得约束条件一:

$$\sum_{i=1}^{4} \sum_{j=1}^{90} X_{ij} = 214.$$

每个组的工作时间不能连续超过 6 d 即连续工作周期不能超过 3 可得约束条件二:

$$\sum_{i=k}^{k+3} X_{ij} \leqslant 3 \quad i=1,\cdots,4, \ k=1,\cdots,87.$$

每天风电场均须有值班人员,所以每周期至少有 1 组人员在工作,得约束条件三:

$$\sum_{i=1}^{4} X_{ij} \geqslant 1 \quad j=1,\cdots,90.$$

综上,得出如下 $0 \sim 1$ 规划模型:

其中,目标函数为

$$\min Z_1 = \sum_{i=1}^{4} \sum_{j=1}^{90} X_{ij} t_j.$$

约束条件为

$$\begin{cases} X_{ij} = 0 \text{ or } 1, \\ \sum_{i=k}^{k+3} X_{ij} \leqslant 3, \; i = 1, \cdots, 4, \; k = 1, \cdots, 87, \\ \sum_{i=1}^{4} X_{ij} \geqslant 1, \; j = 1, \cdots, 90. \\ \sum_{i=1}^{4} \sum_{j=1}^{90} X_{ij} = 214. \end{cases}$$

拓展提升:学习完本书后,请用 LINGO 编程求解上述模型,得出风电场最优排班方案.

6.3.1 LINGO 软件使用简介

6.3.1.1 LINGO 快速入门

LINGO 是一种专门用于求解数学规划问题的软件包.由于 LINGO 执行速度快,易于方便地输入、求解和分析数学规划问题,因此在教学、科研和工业界得到广泛应用.LINGO 主要用于求解线性规划、非线性规划、二次规划和整数规划等问题,也可以用于求解一些线性和非线性方程组及代数方程求根等.

1. 窗口界面

当你在 windows 系统下开始运行 LINGO 时,会得到类似于下面的一个窗口(图 6-7).外层是主框架窗口,包含了所有菜单命令和工具条,其他所有的窗口将被包含在主窗口之下.在主窗口内的标题为 LINGO Model-LINGO1 的窗口是 LINGO 的默认模型窗口,建立的模型都要在该窗口内编码实现.

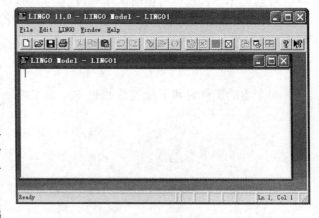

图 6-7　窗口界面

例 1 求解线性规划问题：

解 $\min z = 2x_1 + 3x_2$.

$$\begin{cases} x_1 + x_2 \geqslant 350, \\ x_1 \geqslant 100, \\ 2x_1 + x_2 \leqslant 600, \\ x_1, x_2 \geqslant 0. \end{cases}$$

求解这个模型的相应 LINGO 程序代码如下：

```
min = 2 * x1 + 3 * x2;
x1 + x2 > = 350;
x1 > = 100;
2 * x1 + x2 < = 600;
```

然后点击工具条上的按钮 ![button] 即可.可得如下结果(图 6-8)：

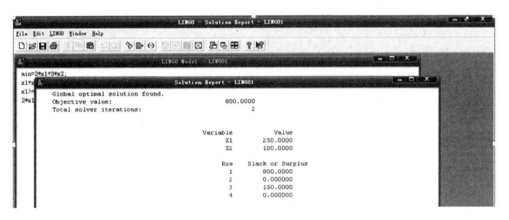

图 6-8   运行结果

注意   在 LINGO 中输入的各种符号一定要是英文状态下输入,不能是中文输入状态下的符号.LINGO 中不区分字母大小写.

2. 变量、常量定义

在 LINGO 中变量在使用前是无需定义也可以使用的.在描述类似 x_i, a_{ij} 带有下标的变量时,我们可以输入 x1, x2, x3, …, x8,但这样很麻烦.LINGO 中可以使用 SETS(集合) 来预先定义这些变量.

(1) SETS 的使用：

若要定义 x_i, a_{ij},首先要确定下标 i, j 的取值范围,LINGO 中用 SETS 来表示.

```
SETS：
Xb1 /1..8/;
```

```
Xb2 /1..6/;
ENDSETS
```

其中,Xb1,Xb2 分别为下标 1..8,1..6 的名字 SETS_NAME(集合名),对于集合名一般将它命名为有意义的名称,集合名必须以字母或下划线 _ 开始.

二维下标是在两个一维下标定义的基础上给定的,定义 a_{ij} 下标的代码如下:

```
SETS:
    Xb1 /1..8/;
    Xb2 /1..6/;
    Xb3(xb2,xb1);
ENDSETS
```

现已经定义完成下标,定义数组变量时则需在下标后加上冒号再写上变量名,代码如下:

```
SETS:
    Xb1 /1..8/:x,c,b;
    Xb2 /1..6/;
    Xb3(xb2,xb1):a;
ENDSETS
```

(2) DATA 的使用(常量定义):

在 LINGO 中把常量理解为已经被给定某常数的变量,在 DATA 中对一些变量赋值,使之成为常量.

```
SETS:
    xb1 /1..8/:x;
    xb2 /1..6/ :b,c;
    xb3(xb2,xb1):a;
ENDSETS
DATA:
a = 1 7 4 5 5 6 9 3
2 8 5 6 7 2 5 4
3 5 6 9 5 4 4 5
4 7 2 5 8 8 7 6
5 5 4 4 4 5 1 7
6 8 8 7 5 6 2 8;
    b = 15  38  27  44  15  26;
    c = 4 9 8 4 6 9;
ENDDATA
```

（3）变量类型：

LINGO 中变量被默认为大于等于 0 的浮点型变量,在解决某些问题对变量有特殊的要求,需要重新定义其变量类型.下面介绍几个常用的：

① 变量不受大于等于的限制,即也可以取到负值：

用 @Free(x);语句.

② 变量为整型：

用 @Gin(x);语句.

（4）Loop 语句：

LINGO 提供的 FOR, SUM, MAX, MIN(小写表示也可,LINGO 函数不区分大小写) 语句会使我们更轻松地表达多种约束表达式,同时也避免了大量的输入工作.

（5）FOR 语句：

假定我们要定义 x_i 为整型变量,一般我们需要写下如下代码：

```
@GIN(X(1));@GIN(X(2));@GIN(X(3));@GIN(X(4));
@GIN(X(5));@GIN(X(6));@GIN(X(7));@GIN(X(8));
```

显然这太麻烦了,使用 FOR 语句

```
@FOR(xb1(i):@GIN(x(i)));
```

就可以替代上面的输入工作.

FOR 语句格式：

```
@FOR(SETS_NAME(索引变量):循环部分表达式)
@FOR(xb1(i):@GIN(x(i)));
```

（6）SUM 语句：

在约束条件表达式中经常用到 $\sum$,LINGO 提供的 SUM 语句能方便地表达,但必须要以 SETS 为基础.

SUM 语句格式和 FOR 语句类似：

```
@SUM(SETS_NAME(索引变量)):被累加部分表达式)
```

SUM 语句不可以像 FOR 语句那样作为单独的一句话出现,一般将它和另一个常量或表达式比较大小,例：

```
@SUM(SETS_NAME(索引变量):被累加部分表达式)<=常量(表达式);
```

（7）MAX 语句：

MAX 语句的功能是从一组取值与下标有关的表达式中返回它们的最大值,格式如下：

```
@MAX(SETS_NAME(索引变量):表达式)
```

例 2   请表达 MAX(bi * ci)>= 33,i=1..8.

解   其中的一组取值是 b1 * c1, b2 * c2, b3 * c3, ….再从中挑选出最大值作为 MAX 语句的值.相应 LINGO 代码如下：

    @MAX(xb1(i):b(i) * c(i)) <= 33;

(8) MIN 语句：

MIN 语句的功能是从一组取值与下标有关的表达式中返回它们的最小值.用法与 MAX 的相同.

3. Excel 电子表格接口

当我们求解一个模型时,或许会有大量的数据要整合到代码中,而这些数据大部分时候会被保存在 Excel 中.LINGO 提供了一些命令方便我们将数据直接从 Excel 中导入到 LINGO 中.即与 Excel 链接的命令 ——@OLE.

例 3   导入数据：

```
SETS：
xb1 /1..8/ ：x;
xb2 /1..6/ ：c, b;
xb3(xb2, xb1)：a;
ENDSETS
DATA ：
a,b,c = @OLE('E:\DATA','DA','DB','DC');
ENDDATA
MAX = @sum(xb1(i) ：x(i) );
@FOR(xb2(i)：
@SUM(xb1(j) ：a(i,j) * x(j)) + c(i) <= b(i););
```

此前,我们在 E 盘已建立了一个名为 DATA.XLS 的 Excel 文件.需要指出的是 DA, DB, DC 是 Excel 中对一系列单元格的命名,即先选中某个一维或多维单元格区域,然后再在显示单元格行列坐标的文本框中写入这个区域的命名,再回车确认.这样就可以通过这个命名来控制访问 EXCLE 的数据了.

6.3.1.2 LINGO 函数

1. 算术运算符

算术运算符是针对数值进行操作的.LINGO 提供了 5 种二元运算符：^乘方、* 乘、/ 除、+ 加、- 减.这些运算符的优先级由高到底为：

    高   ^

         * /

    低   + -

例 4　算术运算符示例

2 − 5/3,(2 + 4)/5 等等.

2. 逻辑运算符

在 LINGO 中,逻辑运算符主要用于集循环函数的条件表达式,来控制在函数中哪些集成员被包含,哪些被排斥.

LINGO 具有 9 种逻辑运算符:

#not#　　否定该操作数的逻辑值,#not# 是一个一元运算符

#eq#　　若两个运算数相等,则为 true;否则为 flase

#ne#　　若两个运算符不相等,则为 true;否则为 flase

#gt#　　若左边的运算符严格大于右边的运算符,则为 true;否则为 flase

#ge#　　若左边的运算符大于或等于右边的运算符,则为 true;否则 flase

#lt#　　若左边的运算符严格小于右边的运算符,则为 true;否则为 flase

#le#　　若左边的运算符小于或等于右边的运算符,则为 true;否则为 flase

#and#　　仅当两个参数都为 true 时,结果为 true;否则为 flase

#or#　　仅当两个参数都为 false 时,结果为 false;否则为 true

这些运算符的优先级由高到低为:

高　　#not#

　　　#eq#　　#ne#　　#gt#　　#ge#　　#lt#　　#le#

低　　#and#　　#or#

例 5　逻辑运算符示例

2 #gt# 3 #and# 4 #gt# 2,其结果为假(0).

3. 关系运算符

在 LINGO 中,关系运算符主要是被用在模型中,来指定一个表达式的左边是否等于、小于等于或者大于等于右边,形成模型的一个约束条件.关系运算符与逻辑运算符 #eq#、#le#、#ge# 截然不同,前者是模型中该关系运算符所指定关系的为真描述,而后者仅仅判断一个该关系是否被满足:满足为真,不满足为假.

LINGO 有三种关系运算符:"=="、"<=" 和 ">=".LINGO 中还能用"<"表示小于等于关系,">"表示大于等于关系.LINGO 不支持严格小于和严格大于关系运算符.下面给出以上三类操作符的优先级:

高　　#not#

　　　^

　　　* /

　　　+ −

　　　#eq#　　#ne#　　#gt#　　#ge#　　#lt#　　#le#

$$\sharp and\sharp \quad \sharp or\sharp$$
$$低<= \quad = \quad >=$$

4. 数学函数

LINGO 提供了大量的标准数学函数:

@abs(x)   返回 x 的绝对值

@sin(x)   返回 x 的正弦值,x 采用弧度制

@cos(x)   返回 x 的余弦值

@tan(x)   返回 x 的正切值

@exp(x)   返回常数 e 的 x 次方

@log(x)   返回 x 的自然对数

@sign(x)   如果 x＜0 返回 −1;否则,返回 1

@floor(x)   返回 x 的整数部分.当 x＞=0 时,返回不超过 x 的最大整数;当 x＜0 时,返回不低于 x 的最大整数

@max(x1, x2, …, xn)   返回 x1, x2, …, xn 中的最大值

@min(x1, x2, …, xn)   回 x1, x2, …, xn 中的最小值

例 6 求 $x_1^2 + 3x_2 - x_1x_2 + e^{x_3}$ 满足如下条件的最小值.

$$\begin{cases} x_1 + x_2 \geqslant 350, \\ x_1 + x_3 < 50, \\ 2x_1 + x_2 + x_3 \leqslant 600, \\ x_1 取 0 或 1, \\ x_2 取整. \end{cases}$$

解 在代码窗口中编写

min = x1^2 + 3 * x2 − x1 * x2 + @exp(x3);

x1 + x2 >= 350;

x1 + x3 < 50;

2 * x1 + x2 + x3 <= 600;

@bin(x1);@gin(x2).

6.3.2 线性规划模型

6.3.2.1 概述

  线性规划是高等数学运筹学中研究较早、发展较快、应用广泛、方法较成熟的一个重要分支,它是辅助人们进行科学管理的一种数学方法.在经济管理、交通运输、工

农业生产等经济活动中,提高经济效果是人们不可缺少的要求,而提高经济效果一般通过两种途径:一是技术方面的改进,例如改善生产工艺,使用新设备和新型原材料.二是生产组织与计划的改进,即合理安排人力物力资源.线性规划所研究的是:在一定条件下,合理安排人力物力等资源,使经济效果达到最好.一般地,求线性目标函数在线性约束条件下的最大值或最小值的问题,统称为线性规划问题.

当你打算用数学建模方法来处理一个优化问题的时候,首先要确定优化的目标是什么,寻求的决策是什么,决策受到哪些条件的限制(如果有限制的话),然后用数学工具(变量、常数、函数等)表示它们.当然,在这个过程中要对实际问题作若干合理的简化假设.

6.3.2.2　线性规划模型简介

建模是解决线性规划问题极为重要的环节,一个正确的数学模型的建立要求建模者熟悉线性规划的具体实际内容,要明确目标函数和约束条件,通过表格的形式把问题中的已知条件和各种数据进行整理分析,从而找出约束条件和目标函数.

从实际问题中建立数学模型一般有以下三个步骤;

(1)根据影响所要达到目的的因素找到决策变量,用 X 表示决策变量;

(2)由决策变量和所在达到目的之间的函数关系确定目标函数,$f(x)$ 表示目标函数;

(3)由决策变量所受的限制条件确定决策变量所要满足的约束条件,实际问题一般对决策变量 X 的取值范围有限制.

决策变量、约束条件、目标函数是线性规划的三要素.实际中的优化问题通常有多个决策变量,n 维向量 $\boldsymbol{X}=(x_1, x_2, x_3, \cdots, x_n)$ 表示,目标函数 $f(x)$ 是多元函数,可行域 Ω 比较复杂,常用一组不等式(也可以由等式)$g_i(x) \leqslant 0 (i=1, 2, 3, \cdots, m)$ 来界定.称为约束条件.一般地,这类模型可表示述成下形式

$$\min z = f(x),$$
$$\text{s.t. } g_i(x) \leqslant 0 (i=1, 2, 3, \cdots, m).$$

注意　线性规划模型的特征如下:

比例性:每个决策变量对目标函数的"贡献",与该决策变量的取值成正比.

可加性:各个决策变量对目标函数的"贡献",与其他决策变量的取值无关.

连续性:连续性每个决策变量的取值是连续的.

案例 1　奶制品的生产与销售

一奶制品加工厂用牛奶生产 A_1,A_2 两种奶制品,1 桶牛奶可以在甲类设备上用 12 h 加工成 3 kg A_1,或者在乙类设备上用 8 h 加工成 4 kg A_2,根据市场需求,生产的 A_1,A_2 全部能售出,且每千克 A_1 获利 24 元,每千克 A_2 获利 16 元,现在加工厂每天能得到 50 桶牛奶的供应,每天工人总劳动时间为 480 h,并且甲类设备每天至多能加

工 100 kg A_1，乙类设备的加工能力没有限制，试为该厂制定一个生产计划，使每天获利最大，并进一步讨论以下 3 个附加问题：

若用 35 元可以买到 1 桶牛奶，应否做这项投资？若投资，每天最多购买多少桶牛奶？

若可以聘用临时工人以增加劳动时间，付给临时工人的工资最多是每小时几元？

由于市场需求变化，每千克 A_1 的获利增加到 30 元，应否改变生产计划？

6.3.2.3 模型假设

1. A_1，A_2 两种奶制品每千克的获利是与它们各自产量无关的常数，每桶牛奶加工出 A_1，A_2 的数量和所需的时间是与它们各自的产量无关的常数．

2. A_1，A_2 每千克的获利是与它们相互间产量无关的常数，每桶牛奶加工出 A_1，A_2 的数量和所需的时间是与它们相互间产量无关的常数．

3. 加工 A_1，A_2 的牛奶的桶数可以是任意实数．

决策变量　设每天用 x_1 桶牛奶生产 A_1，用 x_2 桶牛奶生产 A_2．

目标函数　设每天获利为 z 元，x_1 桶牛奶可生产 $3x_1$ 千克 A_1，获利 $24 \times 3x_1$，x_2 桶牛奶可生产 $4x_2$ kg A_2，获利 $16 \times 4x_2$，故

$$z = 72x_1 + 64x_2.$$

约束条件

原料供应生产 A_1，A_2 的原料（牛奶）总量不得超过每天的供应，即 $x_1 + x_2 \leqslant 50$．

劳动时间生产 A_1，A_2 的总加工时间不得超过每天正式工人总的劳动时间，即 $12x_1 + 8x_2 \leqslant 480$．

设备能力 A_1 的产量不得超过甲类设备每天的加工能力，即 $3x_1 \leqslant 100$．

非负约束 x_1，x_2 均不能为负值，即 $x_1 \geqslant 0$，$x_2 \geqslant 0$．

综上可得

$$\max z = 72x_1 + 64x_2,$$
$$\text{s.t. } x_1 + x_2 \leqslant 50,$$
$$12x_1 + 8x_2 \leqslant 480,$$
$$3x_1 \leqslant 100,$$
$$x_1 \geqslant 0, x_2 \geqslant 0.$$

求解以上线性规划问题，在 LINGO 下新建一个模型文件，直接输入：

```
model:
    max = 72 * x1 + 64 * x2;
```

[milk]x1 + x2 < 50;

[time]12 * x1 + 8 * x2 < 480;

[cpct]3 * x1 < 100;

     end

将文件存储并命名后,选择菜单"LINGO | Solve"执行,即可得到如下输出:

Global optimal solution found.

Objective value:		3 360.000
Infeasibilities:		0.000 000
Total solver iterations:		2
Variable	Value	Reduced Cost
X1	20.000 00	0.000 000
X2	30.000 00	0.000 000
Row	Slack or Surplus	Dual Price
1	3 360.000	1.000 000
MILK	0.000 000	48.000 00
TIME	0.000 000	2.000 000
CPCT	40.000 00	0.000 000.

结果分析

上面结果的前 3 行告诉我们,LINGO 求出了模型的全局最优解,最优值为 3 360(即最大利润为 3 360 元),迭代次数为 2 次.接下来的 3 行告诉我们,这个线性规划的最优解为 $x_1 = 20$,$x_2 = 30$(即用 20 桶牛奶生产 A_1,30 桶牛奶生产 A_2).

"LP OPTIMUM FOUND AT STEP2"表示单纯形法在两次迭代(旋转)后得到最优解.

"OBJECTIVE FUNCTION VALUE 1 3 360.000"表示最优目标值为 3 360.000(LINDO 中将目标函数自动看作第 1 行,从第二行开始才是真正的约束条件).

"VALUE"给出最优解中各变量(VARIABLE)的值:

    x1 = 20.000 000,x2 = 30.000 000.

"REDUCED COST"的含义是(对 MAX 型问题):基变量的 REDUCED COST 值为 0,对于非基变量,相应的 REDUCED COST 值表示当非基变量增加一个单位时(其他非基变量保持不变)目标函数减少的量.本例中两个变量都是基变量.

"SLACK OR SURPLUS"给出松弛(或剩余)变量的值,表示约束是否取等式约束;第 2、第 3 行松弛变量均为 0,说明对于最优解而言,两个约束均取等式约束;第 4 行松弛变量为 40.000 000,说明对于最优解而言,这个约束取不等式约束.

"DUAL PRICES"给出约束的影子价格(也称为对偶价格)的值:第 2、第 3、第 4

行(约束)对应的影子价格分别 48.000 000，2.000 000，0.000 000.即牛奶的影子价格为 48.000 000，工人的影子价格为 2.000 000，若用 35 元购买牛奶，35≤48，则值得投资，付给工人的工资最多为 2.

敏感性分析：选择"LINGO｜Options"菜单，在弹出的选项卡中选择"Generai Solver"，然后找到选项"Duai computations"在下拉框中选中"Prices&Ranges"，应用或保存设置.重新运行"LINGO｜Solve"，然后选择"LINGO｜Ranges"菜单，得到如下输出：

Ranges in which the basis is unchanged:

Objective Coefficient Ranges

Variable	Current Coefficient	Allowable Increase	Allowable Decrease
X1	72. 000 00	24. 000 00	8. 000 000
X2	64. 000 00	8. 000 000	16. 000 00

Righthand Side Ranges

Row RHS	Current Increase	Allowable Decrease	Allowable
MILK	50. 000 00	10. 000 00	6. 666 667
TIME	480. 000 0	53. 333 33	80. 000 00
CPCT	100. 000 0	INFINITY	40. 000 00

"GURRENT COEF"（敏感性分析）的"ALLOWABLE INCREASE"（允许的增加量）和"ALLOWABLE DECREASE"（允许的减少量）给出了最优解不变条件下目标函数系数的允许变化范围：

x1 的系数为(72－8,72＋24) 即(64,96).并且，x1 系数的允许范围需要 x2 的系数保持 64 不变.A_1 获利增加到 30 元，则 $30 \times 3 = 90 \in (64, 96)$，则不改变生产计划.

x2 的系数为(64－16,64＋8) 即(48,72).同理，x2 系数的允许范围需要 x1 的系数保持 72 不变.

"CURRENT RHS" 则是对"影子价格"的进一步约束.

牛奶的需求量满足(50－6,50＋10) 即(44,60).并且，牛奶的允许范围需要劳动时间保持 480 h 不变.

6.3.2.4 自来水输送问题

某市有甲，乙，丙，丁四个居民区，自来水有 A，B，C 三个水库供应.四个区每天必须得到保证的基本生活用水量分别是 30，70，10，10 kt，但由于水源紧张，三个水库每天最多只能分别供应 50,60,50 kt 自来水.由于地理位置的差别，自来水公司从各水库向各区送水所需付出的引水管理费不同(表 6-15)，其中 C 水库与丁区之间没有输水管道)，其他管理费用都是 450 元/kt.根据公司规定，各区用户按照统一标准 900 元/kt 收费.此外，四个区都向公司申请了额外用水量，分别为每天 50，70，20，

40 kt.该公司应如何分配供水量,才能获利最多?

表 6-15 从水库向各区送水的引水管理费

引水管理费(元/kt)	甲	乙	丙	丁
A	160	130	220	170
B	140	130	190	150
C	190	200	230	/

问题分析 分配供水量就是安排从三个水库向四个区送水的方案,目标是获利最多.而从题目给出的数据看,A,B,C三个水库的供水量 160 kt,不超过四个区的基本生活用水量与额外用水量之和 300 kt,因而总能全部卖出并获利,于是自来水公司每天的总收入是 $900 \times (50+60+50) = 144\,000$ 元,与送水方案无关.同样,公司每天的其他管理费用 $450 \times (50+60+50) = 72\,000$ 元也与送水方案无关.故只需使引水管理费最小即可.此外,送水方案自然要受三个水库的供应量和四个区的需求量的限制.

决策变量为 A,B,C 三个水库($i=1$,2,3)分别向甲,乙,丙,丁四个区($j=1$,2,3,4)的供水量.设水库 i 向 j 区的日供水量为 x_{ij}.由于 C 水库与丁区之间没有输水管道,即 $x_{34}=0$,因此只有 11 个决策变量.

目标函数 引水管理费最少,即

$$\text{Min } Z = 160x_{11} + 130x_{12} + 220x_{13} + 170x_{14} + 140x_{21} + 130x_{22}$$
$$+ 190x_{23} + 150x_{24} + 190x_{31} + 200x_{32} + 230x_{33}.$$

约束条件

由于供水量总能卖出并获利,水库的供应量限制可以表示为

$$x_{11} + x_{12} + x_{13} + x_{14} = 50,$$
$$x_{21} + x_{22} + x_{23} + x_{24} = 60,$$
$$x_{31} + x_{32} + x_{33} = 50.$$

考虑到各区的基本生活用水量与额外用水量,需求量限制可以表示为

$$30 \leqslant x_{11} + x_{21} + x_{31} \leqslant 80,$$
$$70 \leqslant x_{12} + x_{22} + x_{32} \leqslant 140,$$
$$10 \leqslant x_{13} + x_{23} + x_{33} \leqslant 30,$$
$$10 \leqslant x_{14} + x_{24} \leqslant 50.$$

求解以上线性规划问题,在 LINGO 下新建一个模型文件,直接输入:

```
model:
min = 160 * x11 + 130 * x12 + 220 * x13 + 170 * x14 + 140 * x21 + 130 * x22 +
    190 * x23 + 150 * x24 + 190 * x31 + 200 * x32 + 230 * x33;
```

$$x11 + x12 + x13 + x14 = 50;$$
$$x21 + x22 + x23 + x24 = 60;$$
$$x31 + x32 + x33 = 50;$$
$$x11 + x21 + x31 >= 30;$$
$$x11 + x21 + x31 <= 80;$$
$$x12 + x22 + x32 >= 70;$$
$$x12 + x22 + x32 <= 140;$$
$$x13 + x23 + x33 >= 10;$$
$$x13 + x23 + x33 <= 30;$$
$$x14 + x24 >= 10;$$
$$x14 + x24 <= 50;$$
$$\text{end.}$$

运行程序后,得结果如下图(图 6-9)

```
Solution Report - LINGO1
 Global optimal solution found.
 Objective value:                          24400.00
 Infeasibilities:                           0.000000
 Total solver iterations:                          8


             Variable           Value        Reduced Cost
                  X11        0.000000            30.00000
                  X12        50.00000            0.000000
                  X13        0.000000            50.00000
                  X14        0.000000            20.00000
                  X21        0.000000            10.00000
                  X22        50.00000            0.000000
                  X23        0.000000            20.00000
                  X24        10.00000            0.000000
                  X31        40.00000            0.000000
                  X32        0.000000            10.00000
                  X33        10.00000            0.000000

                  Row  Slack or Surplus          Dual Price
                    1        24400.00           -1.000000
                    2        0.000000           -130.0000
                    3        0.000000           -130.0000
                    4        0.000000           -190.0000
                    5        10.00000            0.000000
                    6        40.00000            0.000000
                    7        30.00000            0.000000
                    8        40.00000            0.000000
                    9        0.000000           -40.00000
```

图 6-9   运行结果

综上,送水方案为:A 水库向乙区供水 50 kt,B 水库向乙、丁区分别供水 50, 10 kt, C 水库向甲、丙分别供水 40, 10 kt.引水管理费为 24 400 元,利润为 144 000 — 72 000 —24 400 = 47 600 元.

课后提升

1. 现某物流公司准备运输 7 种规格的包装箱,需要装到两辆车上,包装箱的宽和高是一样的,但厚度 t cm 和质量 w kg 是不同的.见表 6-16,给出了每种包装箱的厚度、质量以及数量.每辆车有 10.2 m 的地方可以用来包装箱,载重为 40 t.由于地区货运限制,对 C_5,C_6,C_7 类包装箱的总数有一个特别的限制:这三类包装箱所占的空间(厚度)不能超过 302.7 cm.

问题要求:设计一种方案,使得剩余空间最小.

表 6-16   **包装类型箱厚度**

包装箱类型	C_1	C_2	C_3	C_4	C_5	C_6	C_7
厚度(cm)	48.7	52.0	61.3	72.0	48.7	52.0	64.0
质量(kg)	2 000	3 000	1 000	500	4 000	2 000	1 000
件数	8	7	9	6	6	4	8

2. 某驾货机有三个货舱:前舱、中舱、后舱,三个货舱所能装载的货物的最大质量和体积都有限制,见表 6-17.并且为了保持飞机的平衡,三个货舱中实际装载货物的质量必须与其最大容许质量成比例.

表 6-17   **机舱容积质量**

	前舱	中舱	后舱
质量限制(t)	10	16	8
体积限制(m³)	6 800	8 700	5 300

现有四类货物供该货机本次飞行装运,其有关信息见表 6-18,最后一列指装运后所获得的利润.

表 6-18   **货物质量体积利润**

	质量(t)	体积(m³)	利润(元)
货物1	18	480	3 100
货物2	15	650	3 800
货物3	23	580	3 500
货物4	12	390	2 850

应该如何安排装运,使该货机本次飞行获利最大?

3. 某公司饲养实验用的动物以出售给动物研究所,已知这些动物的生长对饲料中 3 种营养成分(蛋白质、矿物质和维生素)特别敏感,每个动物每周至少需要蛋白质 60 g,矿物质 3 g,维生素 8 mg,该公司买到 5 种不同的饲料,每种饲料 1 kg 所含各种营养成分和成本见表 6-19,如果每个小动物每周食用饲料不超过 52 kg,才能满足动物生长需要.

表 6-19 营养需求

	A_1	A_2	A_3	A_4	A_5	营养最低要求
蛋白质(g)	0.3	2	1	0.6	1.8	60
矿物质(g)	0.1	0.05	0.02	0.2	0.05	3
维生素(mg)	0.05	0.1	0.02	0.2	0.08	8
成本(元/kg)	0.2	0.7	0.4	0.3	0.5	

问题:(1) 求使得总成本最低的饲料配方?

(2) 如果另一个动物研究对蛋白质的营养要求变为 59 g,但是要求动物的价格比现在的价格要便宜 0.3 元,问该养殖所值不值得接受?

(3) 由于市场因素的影响,A_2 的价格为 0.6 元/kg,问是否要改变饲料配方?

答 案

1. 第一辆车剩余空间 0.1 cm,第二辆车剩余空间 0.5 cm.

2. 飞行获利最大为 121 515.8 元.

3. 略.

6.3.3 整数规划模型

6.3.3.1 整数规划模型

1. 钢管下料问题

某钢管零售商从钢管厂进货,将钢管按照顾客的要求切割后售出,从钢管厂进货时得到的原料钢管都是 19 m.

(1) 现在一客户需要 50 根 4 m、20 根 6 m 和 15 根 8 m 的钢管.应如何下料最节省?

(2) 零售商如果采用的不同切割模式太多,将会导致生产过程的复杂化,从而增加生产和管理成本,所以该零售商规定采用的不同切割模式不能超过 3 种.此外,该客户除需要(1) 中的三种钢管外,还需要 10 根 5 m 的钢管.应如何下料最节省.

问题(1)分析与模型建立:

首先分析 1 根 19 m 的钢管切割为 4 m,6 m,8 m 的钢管的模式,所有模式相当于求解不等式方程

$$4k_1 + 6k_2 + 8k_3 \leqslant 19$$

的整数解.但要求剩余材料

$$r = 19 - (4k_1 + 6k_2 + 8k_3) < 4.$$

容易得到所有模式见表 6-20.

模式	4	6	8	余料
1	4	0	0	3
2	3	1	0	1
3	2	0	1	3
4	0	0	2	3
5	0	3	0	1
6	1	1	1	1
7	1	2	0	3

决策变量用 x_i 表示按照第 i 种模式 $(i=1, 2, \cdots, 7)$ 切割的原料钢管的根数.以切割原料钢管的总根数最少为目标,则有

$$\min z = x_1 + x_2 + x_3 + x_4 + x_5 + x_6 + x_7.$$

约束条件

为满足客户的需求,4 m 长的钢管至少 50 根,有

$$4x_1 + 3x_2 + 2x_3 + x_6 + x_7 \geqslant 50.$$

6 m 长的钢管至少 20 根,有

$$x_2 + 3x_5 + x_6 + 2x_7 \geqslant 20.$$

8 m 长的钢管至少 15 根,有

$$x_3 + 2x_4 + x_6 \geqslant 15.$$

因此模型为

$$\min z = x_1 + x_2 + x_3 + x_4 + x_5 + x_6 + x_7.$$

$$\text{s.t.} \begin{cases} 4x_1 + 3x_2 + 2x_3 + x_6 + x_7 \geqslant 50, \\ x_2 + 3x_5 + x_6 + 2x_7 \geqslant 20, \\ x_3 + 2x_4 + x_6 \geqslant 15, \\ x_i \text{ 取整}, i = 1, 2, \cdots, 7. \end{cases}$$

解得

$$x_1 = 0, \ x_2 = 12, \ x_3 = 0, \ x_4 = 0, \ x_5 = 0, \ x_6 = 15, \ x_7 = 0.$$

目标值 $z = 27$.

即 12 根钢管采用切割模式 2:3 根 4 m,1 根 6 m,余料 1 m.

15 根钢管采用切割模式 6:1 根 4 m,1 根 6 m,1 根 8 m,余料 1 m.

切割模式只采用了 2 种,余料为 27 m,使用钢管 27 根.

LINGO 程序:

```
model:
sets:
model/1..7/:x;
endsets
min = x(1) + x(2) + x(3) + x(4) + x(5) + x(6) + x(7);
4 * x(1) + 3 * x(2) + 2 * x(3) + x(6) + x(7) >= 50;
x(2) + 3 * x(5) + x(6) + 2 * x(7) >= 20;
x(3) + 2 * x(4) + x(6) >= 15;
@for(model(i):@gin(x(i)));
end.
```

问题(2) 模型建立

首先分析 1 根 19 m 的钢管切割为 4 m, 6 m, 8 m, 5 m 的钢管的模式, 所有模式相当于求解不等式方程

$$4k_1 + 6k_2 + 8k_3 + 5k_4 \leqslant 19$$

的整数解. 但要求剩余材料

$$r = 19 - (4k_1 + 6k_2 + 8k_3) < 4.$$

利用 MATLAB 程序求出所有模式见表 6-21.

表 6-21   钢管切割模式   单位:m

模式	4	6	8	5	余料
1	0	0	1	2	1
2	0	0	2	0	3
3	0	1	0	2	3
4	0	1	1	1	0
5	0	2	0	1	2
6	0	3	0	0	1
7	1	0	0	3	0
8	1	0	1	1	2
9	1	1	1	0	1
10	1	2	0	0	3
11	2	0	0	2	1

80

模式	4	6	8	5	余料
12	2	0	1	0	3
13	2	1	0	1	0
14	3	0	0	1	2
15	3	1	0	0	1
16	4	0	0	0	3

决策变量用 x_i 表示按照第 i 种模式（$i=1,2,\cdots,16$）切割的原料钢管的根数. 决策目标以切割原料钢管的总根数最少为目标,则有

$$\min z_2 = \sum_{i=1}^{16} x_i.$$

设第 i 种切割模式下 4 m 长的钢管 a_i 根,6 m 长的钢管 b_i 根,8 m 长的钢管 c_i 根, 5 m 长的钢管 d_i 根.则约束条件有:

为满足客户的需求,4 m 长的钢管至少 50 根,有

$$\sum_{i=1}^{16} a_i x_i \geqslant 50.$$

6 m 长的钢管至少 20 根,有

$$\sum_{i=1}^{16} b_i x_i \geqslant 20.$$

8 m 长的钢管至少 15 根,有

$$\sum_{i=1}^{16} c_i x_i \geqslant 15.$$

5 m 长的钢管至少 10 根,有

$$\sum_{i=1}^{16} d_i x_i \geqslant 10.$$

为实现最多使用 3 种切割模式

$$\sum_{i=1}^{16} y_i \leqslant 3.$$

增设 0～1 变量 y_i, $i=1,2,\cdots,16$.当 $y_i=0$ 时, $x_i=0$,表示不使用第 i 种切割模式;当 $y_i=1$ 时, $x_i \geqslant 1$,表示使用第 i 种切割模式.因此有:$x_i \geqslant y_i$, $x_i \leqslant My_i$, $i=1,2,\cdots,16$.其中 M 足够大,如这里取 100.

因此模型为

$$\min z = \sum_{i=1}^{16} x_i.$$

$$\text{s.t.} \begin{cases} \sum_{i=1}^{16} a_i x_i \geqslant 50, \\ \sum_{i=1}^{16} b_i x_i \geqslant 20, \\ \sum_{i=1}^{16} c_i x_i \geqslant 15, \\ \sum_{i=1}^{16} d_i x_i \geqslant 10, \\ x_i \leqslant M.y_i, i=1, 2, \cdots, 16, \\ x_i \geqslant y_i, i=1, 2, \cdots, 16, \\ \sum_{i=1}^{16} y_i \leqslant 3, \\ x_i \text{ 取整}, i=1, 2, \cdots, 16, \\ y_i = 0 \text{ 或 } 1, i=1, 2, \cdots, 16, \\ M \text{ 足大}. \end{cases}$$

当所用钢管 z 最少时,求得的解为

$$x_2 = 8, x_{13} = 10, x_{15} = 10.$$

目标值 $z = 28$.

即 8 根钢管采用切割模式 2:2 根 8 m,余料 3 m.

10 根钢管采用切割模式 13:2 根 4 m,1 根 6 m,1 根 5 m,余料为 0.

10 根钢管采用切割模式 15:3 根 4 m,1 根 6 m,余料 1 m.

切割模式采用了 3 种,余料为 34,使用钢管 $z = 28$ 根.

LINGO 程序为:

```
model:
sets:
model/1..16/:a, b, c, d, r, x, y;
endsets
data:
a = 0, 0, 0, 0, 0, 0, 1, 1, 1, 1, 2, 2, 2, 3, 3, 4;
b = 0, 0, 1, 1, 2, 3, 0, 0, 1, 2, 0, 0, 1, 0, 1, 0;
c = 1, 2, 0, 1, 0, 0, 0, 1, 1, 0, 0, 1, 0, 0, 0, 0;
d = 2, 0, 2, 1, 1, 0, 3, 1, 0, 0, 2, 0, 1, 1, 0, 0;
```

```
r = 1, 3, 3, 0, 2, 1, 0, 2, 1, 3, 1, 3, 0, 2, 1, 3;
enddata
min = z;
z1 = @sum(model(i):r(i) * x(i));! 余料;
z = @sum(model(i):x(i));! 钢管总数;
@sum(model(i):a(i) * x(i)) >= 50;! 4 m 长钢管约束;
@sum(model(i):b(i) * x(i)) >= 20;! 6 m 长钢管约束;
@sum(model(i):c(i) * x(i)) >= 15;! 8 m 长钢管约束;
@sum(model(i):d(i) * x(i)) >= 10;! 5 m 长钢管约束;
@for(model(i):x(i) >= y(i));
@for(model(i):x(i) <= 1000 * y(i));
@sum(model(i):y(i)) <= 3;
@for(model(i):@gin(x(i)));
@for(model(i):@bin(y(i)));
end.
```

6.3.3.2 0～1 规划模型

1. 篮球对选队员问题

篮球队要选择 5 名队员上场组成出场阵容参加比赛. 8 名篮球队员的身高及擅长位置见表 6-22.

表 6-22   篮球队员数据

队员	1	2	3	4	5	6	7	8
身高(m)	1.92	1.90	1.88	1.86	1.85	1.83	1.80	1.78
擅长位置	中锋	中锋	前锋	前锋	前锋	后卫	后卫	后卫

出场阵容满足如下条件:

(1) 只能有一名中锋上场;

(2) 至少有一名后卫上场;

(3) 如 1 号和 4 号均上场,则 6 号不出场;

(4) 2 号和 8 号至少有 1 个不出场;

问应当选择哪 5 名队员上场,才能使出场队员平均身高最高.

分析与求解

这是一个 0～1 整数规划问题.

设 0～1 变量 x_i 如下

$$x_i = \begin{cases} 0 & \text{第 } i \text{ 名队员未选上,} \\ 1 & \text{第 } i \text{ 名队员被选上.} \end{cases}$$

设各队员的身高分别用常数 $a_i(i=1,2,\cdots,8)$ 来表示,则目标函数很容易给出

$$\max Z = \frac{1}{5}\sum_{i=1}^{8}a_ix_i.$$

问题较为复杂的是如何根据题目给出的条件给出线性约束条件,下面对每一个条件给出约束条件:

所选队员为 5 人,则 $\sum_{i=1}^{8}x_i=5$.

只能有一名中锋上场,则 $x_1+x_2=1$,这样保证两名中锋恰好有一名上场.

至少有一名后卫,则 $x_6+x_7+x_8\geqslant 1$.

如 1 号和 4 号均上场,则 6 号不出场.则可用如下约束来表达:$x_1+x_4+x_6\leqslant 2$. 当 $x_1=1$,$x_2=1$ 时,则 $x_6=0$,满足条件;当 $x_1=1$,$x_2=0$ 或 $x_1=0$,$x_2=1$,x_6 可为 0 或 1,也满足条件;当 $x_1=0$,$x_2=0$,x_6 可为 0 或 1,满足条件.因此用该约束条件完全可代表该条件.

2 号和 8 号至少有 1 个不出场,即 2 号和 8 号至多出场 1 个.用约束条件来表达就是:$x_2+x_8\leqslant 1$.

因此对该问题建立的数学模型如下

$$\max Z = \frac{1}{5}\sum_{i=1}^{8}a_ix_i.$$

$$\text{s.t.}\begin{cases} \sum_{i=1}^{8}x_i=5,\\ x_1+x_2=1,\\ x_6+x_7+x_8\geqslant 1,\\ x_1+x_4+x_6\leqslant 2,\\ x_2+x_8\leqslant 1,\\ x_1,x_2,\cdots,x_8=0 \text{ 或 } 1. \end{cases}$$

用 LINGO 编程如下:

```
MODEL:
SETS:
team/1..8/:a,x;
ENDSETS
DATA:
a = 1.92,1.90,1.88,1.86,1.85,1.83,1.80,1.78;! 给出身高数据;
ENDDATA
max = @sum(team(i):a(i) * x(i))/5.0;! 目标函数;
```

@SUM(team(i):x(i)) = 5; ! 所选队员为 5 人;

x(1) + x(2) = 1; ! 只能有一名中锋上场;

x(6) + x(7) + x(8) >= 1; ! 至少有一名后卫上场;

x(1) + x(4) + x(6) <= 2; ! 如果 1 号和 4 号上场,则 6 号不上场;

x(2) + x(8) <= 1; ! 2 号和 8 号至少有一个不出场,即出场人数至多为 1 个;

@FOR(team(i):@bin(x(i))); ! 所有变量为 0 ~ 1 变量;

END

所得到的解为:

x(1) = 0, x(2) = 1, x(3) = 1, x(4) = 1, x(5) = 1, x(6) = 1, x(7) = 0, x(8) = 0

即第 2, 3, 4, 5, 6 名队员被选上.

最大平均身高为 $Z = 1.864$ m.

2. 完成任务问题

有五项设计任务可供选择.各项设计任务的预期完成时间分别为 3, 8, 5, 4, 10(周) 设计报酬分别为 7, 17, 11, 9, 21(万元).设计任务只能一项一项地进行,总的期限为 20 周.选择任务时必须满足下面要求:

至少完成 3 项设计任务.若选择任务 1,必须同时选择任务 2.任务 3 和任务 4 不能同时选择.

应当选择哪些任务,才能使总的设计报酬最大?

分析与求解

这是一个 0 ~ 1 整数规划问题.

设 0 ~ 1 变量 x_i 如下

$$x_i = \begin{cases} 0 & \text{第 } i \text{ 项设计任务未选上,} \\ 1 & \text{第 } i \text{ 项设计任务被选上.} \end{cases}$$

设各项设计任务的完成时间为 $t_i(i = 1, 2, \cdots, 5)$ 表示,设计报酬为 $m_i(i = 1, 2, \cdots, 5)$ 表示.则容易得到目标函数

$$\max Z = \sum_{i=1}^{5} m_i x_i.$$

根据题目要求分别列出约束条件如下:

总期限为避免 20 周,则约束条件为

$$\sum_{i=1}^{5} t_i x_i \leqslant 20.$$

至少完成 3 项设计任务,则

$$\sum_{i=1}^{5} x_i \geqslant 3.$$

若选择任务 1,必须同时选择任务 2,则 $x_2 \geqslant x_1$.

任务 3 和任务 4 不能同时选择,则 $x_3 + x_4 \leqslant 1$,该约束表达式表明任务 3 和任务 4 至多只能选择 1 个.

因此对该问题建立的数学模型如下

$$\max Z = \sum_{i=1}^{5} m_i x_i.$$

$$\text{s.t.} \begin{cases} \sum_{i=1}^{5} t_i x_i \leqslant 20, \\ \sum_{i=1}^{5} x_i \geqslant 3, \\ x_2 \geqslant x_1, \\ x_3 + x_4 \leqslant 1, \\ x_1, x_2, x_3, x_4 = 0 \text{ 或 } 1. \end{cases}$$

LINGO 程序如下:

```
MODEL:
SETS:
mat/1..5/:m,t,x;
ENDSETS
DATA:
m = 7, 17, 11, 9, 21;        ! 定义报酬数组;
t = 3, 8, 5, 4, 10;          ! 定义完成时间;
ENDDATA
max = @SUM(mat(i):m(i) * x(i)); ! 定义目标函数;
@SUM(mat(i):t(i) * x(i)) <= 20;! 期限约束;
@SUM(mat(i):x(i)) >= 3;       ! 至少完成 3 项任务;
x(2) >= x(1);                 ! 若选择任务 1,必须同时选择任务 2;
x(3) + x(4) <= 1;             ! 任务 3 和任务 4 不能同时选择;
@FOR(mat(i):@BIN(x(i)));      ! 使各变量为 0 ~ 1 变量;
END
```

即在满足各种约束条件下,选择设计任务 1,2,3,可使总报酬达到最大为 35 万元.

3. 公交司机排班问题

某昼夜服务的公交路线每天各时间区段内需司机和乘务人员见表 6-23.

设司机和乘务人员分别在各时间区段一开始上班,并连续工作 8 h,问该公交线路至少配备多少名司机和乘务人员?从第一班开始排,试建立线性模型.

表 6-23 公交运行需求

班次	时间	最少需要人数
1	6:00—10:00	60
2	10:00—14:00	70
3	14:00—18:00	60
4	18:00—22:00	50
5	22:00—2:00	20
6	2:00—6:00	30

模型分析与求解

注意 在每一时间段里上班的司机和乘务人员中,既包括在该时间段内开始时报到的人员,还包括在上一时间段工作的人员.因为每一时间段只有 4 h,而每个司乘人员却要连续工作 8 h.因此每班的人员应理解为该班次相应时间段开始时报到的人员.

设 x_i 为第 i 班应报到的人员($i = 1, 2, \cdots, 6$),则应配备人员总数为

$$Z = \sum_{i=1}^{6} x_i.$$

按所需人数最少的要求,可得到线性模型如下

$$\min Z = \sum_{i=1}^{6} x_i.$$

$$\text{s.t.} \begin{cases} x_1 + x_6 \geqslant 60, \\ x_1 + x_2 \geqslant 70, \\ x_2 + x_3 \geqslant 60, \\ x_3 + x_4 \geqslant 50, \\ x_4 + x_5 \geqslant 20, \\ x_5 + x_6 \geqslant 30, \\ x_1 \geqslant 60, \\ x_1, x_2, \cdots, x_6 \geqslant 0. \end{cases}$$

LINGO 程序如下:

```
MODEL:
min = x1 + x2 + x3 + x4 + x5 + x6;
x1 + x6 >= 60;
x1 + x2 >= 70;
x2 + x3 >= 60;
```

x3 + x4 >= 50;

x4 + x5 >= 20;

x5 + x6 >= 30;

x1 >= 60;

END

得到的解为:

x1 = 60, x2 = 10, x3 = 50, x4 = 0, x5 = 30, x6 = 0;

配备的司机和乘务人员最少为150人.

课后提升

线性规划
发展简史

1. 某校学生会准备在学生中选拔文体部、宣传部、劳动部、学习部四个部门的部长,经过层层筛选,最后剩甲、乙、丙、丁四名候选人,根据各项考核与民主测评,把四人主持各部的工作能力(量化为分值)列表见表6-24,试综合考虑四名候选人的情况,确定四个部长的最优选择方案.

表6-24　　　　　　　　候选人能力量化

候选人＼部门	文体部	宣传部	劳动部	学习部
甲	6	2	3	1
乙	7	4	3	2
丙	8	10	7	5
丁	6	8	5	4

2. 某班准备从5名游泳队员中选择4人组成接力队,参加学校的4×100 m混合泳接力比赛.5名队员4种泳姿的百米成绩见表6-25.问:应该如何选拔队员组成接力队?

表6-25　　　　　　　　游泳队员数据

队员	蝶泳	仰泳	蛙泳	自由泳
甲	1′06″8	1′15″6	1′27	58″6
乙	57″2	1′06″	1′06″4	53″
丙	1′18″	1′07″8	1′24″6	59″
丁	1′10″	1′14″2	1′09″6	57″2
戊	1′07″4	1′11″	1′23″8	1′02″4

答　案

1. 甲劳动部部长,乙文体部部长,丙宣传部部长,丁学习部部长.

2. 甲参加自由泳,乙参加蝶泳,丙参加仰泳,丁参加蛙泳.

知识小结

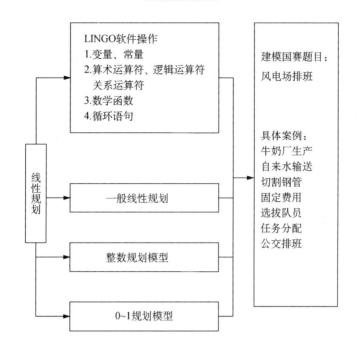

能力提升

1. 某学校规定,运筹学专业的学生毕业时至少学习过两门数学课、三门运筹学课和两门计算机课.这些课程的编号、名称、学分、所属类别和先修课程要求见表 6-26.那么,毕业时学生最少可以学习这些课程中的那些课程?

表 6-26　　　　　　　　　　　　　课程需求

课程编号	课程名称	学分	所属类别	先修课要求
1	微积分	5	数学	
2	线性代数	4	数学	
3	最优化方法	4	数学;运筹学	1, 2
4	数据结构	3	数学;计算机	7
5	应用统计	4	数学;运筹学	1, 2
6	计算机模拟	3	数学;运筹学	7
7	计算机编程	2	计算机	
8	预测理论	2	运筹学	5
9	数学实验	3	运筹学;计算机	1, 2

2. 某银行经理计划用一笔资金进行有价证券投资,可供购进证券以及其信用等级、到期年限、收益见表6-27.按照规定,市政证券的收益可以免税,其他证券的收益需求按50%的税率纳税. 此外还有以下限制:

(1) 政府及代办机构的证券总共至少要购进400万元;

(2) 所购证券的平均信用等级不超过1.4(信用等级越小,信用程度越高);

(3) 所购证券的平均到期年限不超过5年.

问:① 若该经历拥有1 000万元资金,应如何若投资?

② 如果能够以2.75%的利率借到不超过100万元资金,该经理应如何操作?

③ 在1 000万元资金情况下,若证券A的税前收益增加为4.5%,投资应否改变?若证券C的税前收益减少为4.8%,投资应否改变?

表6-27   证券投资数据

证券名称	证券种类	信用等级	到期年限	到期税前收益(%)
A	市政	2	9	4.3
B	代办机构	2	15	5.4
C	政府	1	4	5.0
D	政府	1	3	4.4
E	市政	5	2	4.5

3. 某饮料厂生产一种饮料用以满足市场需求.该厂的销售科根据市场预测,已经确定了未来4周该饮料的需求量.计划科根据本厂实际情况给出了未来4周的生产能力和生产成本,见表6-28.每周当饮料满足需求后有剩余时,要支出存贮费,为每周每千箱饮料0.2元.问应当如何安排生产计划,在满足每周市场需求的条件下,使四周的总费用(生产成本与存贮费用之和)最小?

表6-28   饮料厂生产能力需求

周次	需求量(千箱)	生产能力(千箱)	每千箱生产成本(千元)
1	15	30	5.0
2	25	40	5.1
3	35	45	5.4
4	25	20	5.5
合计	100	135	

4. 某公司正在考虑在某城市开发一些销售代理业务.经过预测,该公司已经确定了该城市未来5年的业务量,分别为400,500,600,700和800.该公司已经初步物色了4家销售公司作为其代理候选企业,见表6-29,给出了该公司与每个候选企业建立代理关系的一次性费用,以及每个候选企业每年所能承揽的最大业务量和年运行费用.该公司应该与那些候选企业建立代理关系?

表 6-29　　　　　　　　　　　　　　　　代理企业费用

	候选代理 1	候选代理 2	候选代理 3	候选代理 4
年最大业务量	350	250	300	200
一次性费用(万元)	100	80	90	70
年运行费用(万元)	7.5	4.0	6.5	3.0

5. 某储蓄所每天的营业时间是上午 9:00 到下午 5:00.根据经验,每天不同时间段所需要的服务员数量见表 6-30.

表 6-30　　　　　　　　　　　　服务人员需求数据

时间段	$9\sim 10$	$10\sim 11$	$11\sim 12$	$12-1$	$1\sim 2$	$1\sim 3$	$3\sim 4$	$4\sim 5$
服务员数量	4	3	4	6	5	6	8	8

储蓄所可以雇佣全时和半时两类服务员.全时服务员每天报酬 100 元,从上午 9:00 到下午 5:00 工作,但中午 12:00 到下午 2:00 之间必须安排 1 h 午餐时间.储蓄所每天可以雇佣不超过 3 名的半时服务员,每个半时服务员必须连续工作 4 h,报酬 40 元.问该储蓄所应如何雇佣两类服务员?

6. 某公司将 4 种不同含硫量的液体原料(分别记为甲、乙、丙、丁)混合生产两种产品(分别记为 A,B).按照生产工艺要求,原料甲、乙、丁必须首先导入混合池中混合,混合后的液体再分别与原料丙混合生产 A,B.已知原料甲、乙、丙、丁的含硫量分别为 3%,1%,2%,1%,进货价格分别为 6,16,10,15(千元/t);产品 A,B 含硫量分别不能超过 2.5% 和 1.5%,售价分别为 9,15(千元/t).根据市场信息,原料甲、乙、丙的供应没有限制,原料丁的供应量最多为 50 t;产品 A,B 的市场需求量分别为 100 t,200 t.问该如何安排生产?

答　案

1. 选修课程为微积分、线性代数、最优化方法、计算机模拟、计算机编程、数学实验.

2. ① 投资 A 证券 218.181 8 万元,投资 C 证券 736.363 6 万元,投资 E 证券 45.454 55 万元.
   ② 最大收益为 29.836 36 万元,利率为 0.029 8 > 0.027 5,所以借不到 100 万元.
   ③ 由灵敏度分析可知:若证券 A 的税前收益增加为 4.5%,投资应不用改变.若证券 C 的税前收益减少为 4.8%,投资应改变.

3. 四周的产量分别为 15 千箱、40 千箱、25 千箱、20 千箱.生产计划总费用为 528 千元.

4. 公司在第一年初与代理 1、代理 2 建立代理关系,第四年初与代理 4 建立代理关系.最小总费用为 313.5 万元.

5. 全时服务员储蓄所中午 12:00—1:00 为午餐时间有 3 名,储蓄所中午 1:00—2:00 为午餐时间有 4 名.半时服务员从 9:00,10:00,11:00,12:00,1:00 开始工作分别有 0, 0, 2, 0, 1 名.

6. 不生产 A,只生产 B,公司最大收益为 45 万元.

第7章 积　分

微分学的基本问题是:研究如何从已知函数求出它的导函数.那么与之相反的问题是:已知一个函数的导函数,求原来的函数,由此产生了积分学.一元函数积分学的内容主要包含两部分:定积分与不定积分.

定积分的思想在古代就已经萌芽,但是 17 世纪下半叶之前,有关定积分的完整理论还未形成.直到牛顿-莱布尼茨公式建立以后,计算问题得以解决,定积分才迅速建立发展起来,并对数学的进一步发展做出了巨大的贡献.在初学定积分时,学生学习的困难较大,所以先引进求导的逆运算——求不定积分,为学生的学习提供了方便,拓展了学生的思维.

定积分既是一个基本概念,又是一种基本思想.定积分的思想即"化整为零→近似代替→求和→取极限".定积分这种"和的极限"的思想,在高等数学、物理、工程技术、其他的知识领域以及人们在生产实践活动中具有普遍的意义,很多问题的数学结构与定积分中"和的极限"的数学结构是一样的,教材通过对曲边梯形的面积、变速直线运动的路程等实际问题的研究,运用极限方法,分割整体、局部线性化、以直代曲、化有限为无限、变连续为离散等过程,使定积分的概念逐步发展建立起来.

7.1　不定积分

20 世纪以来,随着大量的边缘科学诸如电磁流体力学、化学流体力学、动力气象学、海洋动力学、地下水动力学等的产生和发展,相继出现各种各样的微分方程,通过不定积分我们得出这些问题解,从而处理各种科学问题,促进社会发展.

案例 1　在几何中的应用

曲线方程　设曲线通过点 $(1, 2)$,且曲线上任一点处的切线斜率等于这点横坐标的两倍,求此曲线的方程.

解　设所求曲线方程为 $y = f(x)$,依题意,曲线上任一点 (x, y) 处的切线斜率为即 $f(x)$ 是 $2x$ 的一个原函数.$2x$ 的不定积分为

$$\int 2x \, \mathrm{d}x = x^2 + C.$$

因此必有某个常数 C 使 $f(x) = x^2 + C$,即曲线方程为 $y = x^2 + C$ 曲线族中的某条.

又所求曲线通过点$(1,2)$,故

$$2 = 1 + C,\ C = 1,$$

于是所求曲线为

$$y = x^2 + 1.$$

案例 2 在物理中的应用

结冰厚度 美丽的冰城常年积雪,滑冰场完全靠自然结冰,结冰的速度由$\dfrac{\mathrm{d}y}{\mathrm{d}t} = k\sqrt{t}$($k > 0$为常数)确定,其中$y$是从结冰起到时刻$t$时冰的厚度,求结冰厚度$y$关于$t$的函数.

解 根据题意,结冰厚度y关于时间t的函数为

$$y = \int k t^{\frac{1}{2}} \mathrm{d}t = \frac{2}{3} k t^{\frac{3}{2}} + C.$$

其中常数C由结冰的时间确定.

如果$t = 0$时开始结冰的厚度为0,即$y(0) = 0$代入上式得$C = 0$.

这时$y = \dfrac{2}{3} k t^{\frac{3}{2}}$为结冰厚度关于时间的函数.

案例 3 在经济学中的应用

边际成本 已知某公司的边际成本函数$C'(x) = 3x\sqrt{x^2 + 1}$,边际收益函数为$R'(x) = \dfrac{7}{2} x (x^2 + 1)^{\frac{3}{4}}$.设固定成本是 10 000 万元,试求此公司的成本函数和收益函数.

解 因为边际成本函数为$C'(x) = 3x\sqrt{x^2 + 1}$,所以成本函数为

$$C(x) = \int C'(x) \mathrm{d}x = \int 3x \sqrt{x^2 + 1}\, \mathrm{d}x = \frac{3}{2} \int (x^2 + 1)^{\frac{1}{2}} \mathrm{d}(x^2 + 1)$$

$$= \frac{2}{3} \cdot \frac{1}{\dfrac{1}{2} + 1} (x^2 + 1)^{\frac{1}{2} + 1} + C = (x^2 + 1)^{\frac{3}{2}} + C.$$

又因固定成本为 10 000 万元,即$C(0) = 10\,000$(万元),即

$$C(0) = (0^2 + 1)^{\frac{3}{2}} + C = 10\,000.$$

所以$C = 10\,000 - 1 = 9\,999$(万元).

故所求成本函数为$C(x) = (x^2 + 1)^{\frac{3}{2}} + 9\,999$(万元).

因为边际收益函数为 $R'(x)=\dfrac{7}{2}x(x^2+1)^{\frac{3}{4}}$. 所以

$$R(x)=\int R'(x)\mathrm{d}x=\int \frac{7}{2}x(x^2+1)^{\frac{3}{4}}\mathrm{d}x=\frac{7}{2}\cdot\frac{1}{2}\int(x^2+1)^{\frac{3}{4}}\mathrm{d}(x^2+1)$$

$$=\frac{7}{4}\times\frac{1}{\dfrac{3}{4}+1}(x^2+1)^{\frac{3}{4}+1}+C=(x^2+1)^{\frac{7}{4}}+C.$$

又当 $x=0$ 时, $R(0)=0$ 可得 $C=-1$.

故所求的收益函数为 $R(x)=(x^2+1)^{\frac{7}{4}}-1$

7.1.1 不定积分的概念与性质

7.1.1.1 原函数与不定积分

原函数和不定
积分的定义

1. 原函数

物理学中如果已知物体的运动规律(函数)是 $s=s(t)$,其中 t 是时间,s 是物体运动的距离,则导数 $s'(t)=v(t)$ 是物体在时间 t 的瞬时速度.但是,有时要遇到相反的问题,就是已知物体的瞬时速度 $v(t)$[即 $s'(t)$],求物体的运动规律 $s(t)$.从数学角度来说,这个相反问题的实质是:要找一个函数 $s=s(t)$,使得它的导数 $s'(t)$ 等于已知函数 $v(t)$,即 $s'(t)=v(t)$.这种问题在数学及其应用中具有普遍的意义,值得我们讨论.

定义 设 $f(x)$ 定义在区间 D 上,如果对任意的 $x\in D$,都有 $F'(x)=f(x)$ 或 $\mathrm{d}F(x)=f(x)\mathrm{d}x$,则称 $F(x)$ 为 $f(x)$ 在该区间上的一个**原函数**.

例如,因为 $(x^2)'=2x$,所以 $2x$ 是函数 x^2 在 R 上的原函数;又因为

$$(x^2+2)'=2x,\ (x^2-1)'=2x,\ \left(x^2+\frac{1}{2}\right)'=2x,\ \cdots,\ (x^2+C)'=2x(C\ \text{为任}$$

意常数) 所以 x^2, x^2+2, x^2-1, $x^2+\dfrac{1}{2}$, x^2+C 等,都是 $2x$ 的原函数.

研究原函数必须注意两个问题:

(1) 在什么条件下,一个函数的原函数存在? 如果存在,有几个?

(2) 如果一个函数的原函数存在,怎样求出来?

对于第一个问题有下面的两个定理;第二个问题,则是本章重点介绍的几种积分方法.

定理1(原函数存在定理) 如果函数 $f(x)$ 在区间 D 上连续,那么 $f(x)$ 在区间 D 上存在原函数 $F(x)$.

由于初等函数在其定义域上都是连续的,所以,初等函数在其定义域上都有原函数.

定理 2(原函数族定理) 如果函数 $f(x)$ 有原函数,那么它就有无限多个原函数,并且其中任意两个原函数只差一个常数.

事实上,设 $G(x)$ 和 $F(x)$ 是 $f(x)$ 的任意两个原函数,那么 $G(x)-F(x)$ 的导数 $(G(x)-F(x))'=G'(x)-F'(x)=f(x)-f(x)\equiv 0$,由于导数恒为零的函数必为常数,所以,$G(x)-F(x)=C$($C$ 为任意常数),移项得 $G(x)=F(x)+C$.

这个定理表明,若 $F(x)$ 是 $f(x)$ 的一个原函数,则 $f(x)$ 的全体原函数为 $F(x)+C$(其中 C 为任意常数).

2. 不定积分

定义 函数 $f(x)$ 在区间 D 上的全体原函数称为 $f(x)$ 在区间 D 上的**不定积分**,记作

$$\int f(x)\mathrm{d}x$$

其中"$\int$"叫做积分号,$f(x)$ 叫做被积函数,$f(x)\mathrm{d}x$ 叫做被积表达式,x 叫积分变量.

由定义可知,如果 $F(x)$ 是 $f(x)$ 的一个原函数,那么 $f(x)$ 的不定积分 $\int f(x)\mathrm{d}x$ 就是原函数族 $F(x)+C$,即

$$\int f(x)\mathrm{d}x = F(x)+C.$$

例 1 求 $\int x\,\mathrm{d}x$.

解 由于 $\left(\dfrac{x^2}{2}\right)'=x$,所以 $\dfrac{x^2}{2}$ 是 x 的一个原函数. 因此,

$$\int x\,\mathrm{d}x = \frac{x^2}{2}+C.$$

例 2 求 $\int \sin x\,\mathrm{d}x$.

解 由于 $(-\cos x)'=\sin x$,所以 $-\cos x$ 是 $\sin x$ 的一个原函数. 因此,

$$\int \sin x\,\mathrm{d}x = -\cos x+C.$$

例 3 求 $\int \dfrac{1}{1+x^2}\mathrm{d}x$.

解 由于 $(\arctan x)'=\dfrac{1}{1+x^2}$,所以 $\arctan x$ 是 $\dfrac{1}{1+x^2}$ 的一个原函数. 因此,

$$\int \frac{1}{1+x^2} \mathrm{d}x = \arctan x + C.$$

例 4　求 $\int \frac{1}{x} \mathrm{d}x$.

解　$\ln|x| = \begin{cases} \ln x, & (x>0), \\ \ln(-x), & (x<0) \end{cases}$

当 $x>0$ 时, 有 $(\ln x)' = \frac{1}{x}$, 所以 $\ln x$ 是 $\frac{1}{x}$ 的一个原函数. 因此,

$$\int \frac{1}{x} \mathrm{d}x = \ln x + C.$$

当 $x<0$ 时, 有 $[\ln(-x)]' = \frac{1}{-x} \cdot (-x)' = \frac{1}{-x} \cdot (-1) = \frac{1}{x}$, 所以 $\ln(-x)$ 是 $\frac{1}{x}$ 的一个原函数. 因此,

$$\int \frac{1}{x} \mathrm{d}x = \ln(-x) + C,$$

所以

$$\int \frac{1}{x} \mathrm{d}x = \ln|x| + C.$$

例 5　求通过点 $(1, 2)$, 斜率为 $2x$ 的曲线方程.

解　因为 $\frac{\mathrm{d}y}{\mathrm{d}x} = 2x$, 所以斜率为 $2x$ 的全部曲线为

$$y = \int 2x \mathrm{d}x = x^2 + C,$$

即

$$y = x^2 + C. \tag{7.1.1}$$

而所求的曲线通过点 $(1, 2)$, 代入式 (7.1.1) 得

$$2 = 1 + C, \ C = 1,$$

于是所求的曲线方程为

$$y = x^2 + 1.$$

由解析几何可知: 式 (7.1.1) 的图像由抛物线 $y = x^2$ 沿着 y 轴上下平移可得. 当 $C>0$ 时, 向上平移 $|C|$ 个单位; 当 $C<0$ 时, 向下平移 $|C|$ 个单位. 因此式 (7.1.1) 的

图像是一族抛物线(图7.1.1),而所求曲线 $y = x^2 + 1$ 是抛物线族中通过点$(1, 2)$的那一条.

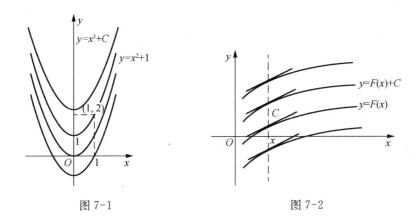

图 7-1　　　　　　　　　　　　　图 7-2

7.1.1.2　不定积分的几何意义

一般的,如果 $F(x)$ 是 $f(x)$ 的一个原函数,则称 $y = F(x)$ 的图像为 $f(x)$ 的一条**积分曲线**.于是,函数 $f(x)$ 的不定积分在几何上表示 $f(x)$ 的某一条积分曲线沿纵轴方向平移所得一切积分曲线组成的曲线族.显然,若在每一条积分曲线上横坐标相同的点处做切线,则这些切线都是互相平行的(图7-2).

7.1.1.3　不定积分的性质

性质 1　$\left(\int f(x)\mathrm{d}x \right)' = f(x)$　或　$\mathrm{d}\left(\int f(x)\mathrm{d}x \right) = f(x)\mathrm{d}x$,

即不定积分的导数(或微分)等于被积函数(或被积表达式).

事实上,设 $F(x)$ 是 $f(x)$ 的一个原函数,即 $F'(x) = f(x)$,则

$$\left(\int f(x)\mathrm{d}x \right)' = (F(x) + C)' = f(x).$$

性质 2　$\int F'(x)\mathrm{d}x = F(x) + C$　或　$\int \mathrm{d}F(x) = F(x) + C$,

即函数 $F(x)$ 的导数(或微分)的不定积分等于函数族 $F(x) + C$.

事实上,已知 $F(x)$ 是 $F'(x)$ 的原函数,则

$$\int F'(x)\mathrm{d}x = F(x) + C.$$

例如:$\left(\int \cos x\, \mathrm{d}x \right)' = \cos x$;　　　$\left(\int (x^2 + x)\mathrm{d}x \right)' = x^2 + x$;

$\int \mathrm{d}\cos x = \cos x + C$;　　　$\int \mathrm{d}(x^2 + x) = x^2 + x + C.$

7.1.1.4 不定积分的运算法则与基本公式表

直接积分法
习题讲解

1. 不定积分的运算法则

法则 1 $\displaystyle\int kf(x)\mathrm{d}x = k\int f(x)\mathrm{d}x$,($k$ 是常数,且 $k \neq 0$),

即被积函数的常数因子可以移到积分号的外边.

事实上,$\left(k\displaystyle\int f(x)\mathrm{d}x\right)' = k\left(\displaystyle\int f(x)\mathrm{d}x\right)' = kf(x)$,

即 $\displaystyle\int kf(x)\mathrm{d}x = k\displaystyle\int f(x)\mathrm{d}x$.

法则 2 $\displaystyle\int [f(x) \pm g(x)]\mathrm{d}x = \int f(x)\mathrm{d}x \pm \int g(x)\mathrm{d}x$,

即两个函数代数和的不定积分等于每个函数不定积分的代数和.

事实上,$\left(\displaystyle\int f(x)\mathrm{d}x \pm \int g(x)\mathrm{d}x\right)' = \left(\displaystyle\int f(x)\mathrm{d}x\right)' \pm \left(\displaystyle\int g(x)\mathrm{d}x\right)' = f(x) \pm g(x)$,

即 $\displaystyle\int [f(x) \pm g(x)]\mathrm{d}x = \int f(x)\mathrm{d}x \pm \int g(x)\mathrm{d}x$.

这个法则可推广到 n 个(有限)函数,即 n 个函数代数和的不定积分等于 n 个函数不定积分的代数和.

2. 基本公式表

因为求不定积分的运算是求导数的逆运算,所以可得到不定积分的基本公式表:

(1) $\displaystyle\int k\,\mathrm{d}x = kx + C$　(k 是常数); 　(2) $\displaystyle\int x^{\alpha}\,\mathrm{d}x = \frac{1}{\alpha+1}x^{\alpha+1} + C$　($\alpha \neq -1$);

(3) $\displaystyle\int \frac{1}{x}\,\mathrm{d}x = \ln|x| + C$; 　(4) $\displaystyle\int \mathrm{e}^{x}\,\mathrm{d}x = \mathrm{e}^{x} + C$;

(5) $\displaystyle\int a^{x}\,\mathrm{d}x = \frac{a^{x}}{\ln x} + C$; 　(6) $\displaystyle\int \cos x\,\mathrm{d}x = \sin x + C$;

(7) $\displaystyle\int \sin x\,\mathrm{d}x = -\cos x + C$; 　(8) $\displaystyle\int \frac{1}{\cos^{2}x}\,\mathrm{d}x = \int \sec^{2} x\,\mathrm{d}x = \tan x + C$;

(9) $\displaystyle\int \frac{1}{\sin^{2}x}\,\mathrm{d}x = \int \csc^{2} x\,\mathrm{d}x = -\cot x + C$;

(10) $\displaystyle\int \frac{1}{1+x^{2}}\,\mathrm{d}x = \arctan x + C$; 　(11) $\displaystyle\int \frac{1}{\sqrt{1-x^{2}}}\,\mathrm{d}x = \arcsin x + C$;

(12) $\displaystyle\int \sec x \tan x\,\mathrm{d}x = \sec x + C$; 　(13) $\displaystyle\int \csc x \cot x\,\mathrm{d}x = -\csc x + C$.

基本公式表中所列的不定积分公式,是求不定积分不可缺少的,要求读者牢记会用.应用不定积分法则和不定积分公式可以求出一些简单的不定积分.

例 6 求下列不定积分：

(1) $\displaystyle\int \frac{1}{x^2}\mathrm{d}x$;   (2) $\displaystyle\int \frac{1}{x\sqrt{x}}\mathrm{d}x$.

解 (1) $\displaystyle\int \frac{1}{x^2}\mathrm{d}x = \int x^{-2}\mathrm{d}x = \frac{1}{-2+1}x^{-2+1}+C = -\frac{1}{x}+C.$

MATLAB 代码为：

> ≫clear clc
>
> ≫syms x; % 定义变量 x
>
> ≫ int(1/x^2, x) % 关于 x 求积分

按 Enter 得到结果为 ans = $-1/$x.

(2) $\displaystyle\int \frac{1}{x\sqrt{x}}\mathrm{d}x = \int x^{-\frac{3}{2}}\mathrm{d}x = \frac{1}{-\frac{3}{2}+1}x^{-\frac{3}{2}+1}+C = -2x^{-\frac{1}{2}}+C.$

MATLAB 代码为：

> ≫clear clc
>
> ≫syms x; % 定义变量 x
>
> ≫ int(1/(x * x^(1/2)),x) % 关于 x 求积分

按 Enter 得到结果为 ans = $-2/$x^(1/2).

例 7 求 $\displaystyle\int (\mathrm{e}^x - 3\cos x)\mathrm{d}x$.

解 $\displaystyle\int (\mathrm{e}^x - 3\cos x)\mathrm{d}x$

$\displaystyle = \int \mathrm{e}^x\mathrm{d}x - 3\int \cos x\,\mathrm{d}x$

$\displaystyle = \mathrm{e}^x - 3\sin x + C.$

MATLAB 代码为：

> ≫clear clc
>
> ≫syms x; % 定义变量 x
>
> ≫ int(exp(x) - 3 * cos(x),x) % 关于 x 求积分

按 Enter 得到结果为 ans = exp(x) - 3 * sin(x).

课后提升

1. 选择题

(1) 某区间上,若 $F(x)$ 是 $f(x)$ 的一个原函数,C 为任意常数,则下式成立的是(   ).

A. $F'(x) + C = f(x)$ B. $F(x)\mathrm{d}x + C = f(x)\mathrm{d}x$

C. $(F(x) + C)' = f(x)$ D. $F'(x) = f(x) + C$

(2) 下列选项中,哪个选项不是 $\cos 2x$ 的不定积分(   ).

A. $\dfrac{1}{2}\sin 2x + C$(C 为任意常数)   B. $\sin 2x + C$(C 为任意常数)

C. $\sin x \cos x + C$(C 为任意常数)   D. $-\dfrac{1}{2}(\sin x - \cos x) + C$($C$ 为任意常数)

(3) 若 $\int f(x)\mathrm{d}x = x^3 - \mathrm{e}^x + \sin x + C$,则 $f(x) = ($ $)$.

A. $3x^2 - \mathrm{e}^x + \cos x$ B. $\dfrac{1}{4}x^4 - \mathrm{e}^x - \cos x$

C. $\dfrac{1}{4}x^4 - \mathrm{e}^x + \cos x$ D. $3x^2 - \mathrm{e}^x - \cos x$

(4) 设 $f(x)$ 的原函数是 $\dfrac{1}{x}$,则 $f'(x) = ($ $)$.

A. $\ln|x|$ B. $\dfrac{1}{x}$ C. $-\dfrac{1}{x^2}$ D. $\dfrac{2}{x^3}$

2. 验证:函数 $F[x] = (\mathrm{e}^x - \mathrm{e}^{-x})^2$ 与函数 $G[x] = (\mathrm{e}^x + \mathrm{e}^{-x})^2$ 是同一函数的原函数.

3. 求下列不定积分.

(1) $\displaystyle\int x^5 \mathrm{d}x$;   (2) $\displaystyle\int 3^x \mathrm{d}x$;

(3) $\displaystyle\int \dfrac{(x+2)^2}{x} \mathrm{d}x$;   (4) $\displaystyle\int \left(\dfrac{3}{\sqrt{x}} - \dfrac{x\sqrt{x}}{3} \right) \mathrm{d}x$;

(5) $\displaystyle\int (x + \sin x) \mathrm{d}x$;   (6) $\displaystyle\int (\sqrt{x} + \sqrt[3]{x}) \mathrm{d}x$;

(7) $\displaystyle\int (4x^{\frac{1}{2}} - 3\mathrm{e}^x) \mathrm{d}x$;   (8) $\displaystyle\int \sqrt{x\sqrt{x\sqrt{x}}} \, \mathrm{d}x$.

4. 一质点作直线运动,已知其速度为 $v = \sin \omega t$,且 $s|_{t=0} = s_0$.求时间为 t 时物体和原点间的距离.

5. 已知曲线上任一点切线的斜率等于该点处横坐标平方的3倍,且该曲线经过点$(0,1)$,求曲线方程.

6. 已知 $f(x)$ 的导数为 $\dfrac{1}{x}$,且当 $x = \mathrm{e}^3$ 时,$y = 5$,求 $f(x)$.

答 案

1. (1) C; (2) B; (3) A; (4) D.

2. 略.

3. (1) $\dfrac{1}{6}x^6 + C$; (2) $\dfrac{3^x}{\ln 3} + C$; (3) $\dfrac{1}{2}x^2 + 2x + 4\ln|x| + C$; (4) $6x^{\frac{1}{2}} - \dfrac{2}{15}x^{\frac{5}{2}} + C$;

(5) $\dfrac{1}{2}x^2 - \cos x + C$; (6) $\dfrac{2}{3}x^{\frac{3}{2}} + \dfrac{3}{4}x^{\frac{4}{3}} + C$; (7) $\dfrac{8}{3}x^{\frac{3}{2}} - 3\mathrm{e}^x + C$; (8) $\dfrac{8}{9}x^{\frac{9}{8}} + C$.

4. $s = s_0 + \dfrac{1}{\omega}(1 - \cos \omega t)$.

5. $y = x^3 + 1$.

6. $y = \ln x + 2$.

7.1.2   不定积分的计算

利用积分的基本公式和积分法则所能计算的不定积分是非常有限的.因此,有必要进一步研究不定积分的求法.本节我们将介绍换元积分法,分部积分,MATLAB 计算积分.

换元积分法简称换元法.换元法的基本思路是:利用变量替换,使得被积表达式变形为基本公式表中的积分形式,进而计算不定积分.换元法有两类:**第一类换元法**;**第二类换元法**.

换元积分法解决了许多函数的不定积分问题,但是,还有一部分函数如:$\int x \cos x\, \mathrm{d}x$,$\int \ln x\, \mathrm{d}x$,$\int \arctan x\, \mathrm{d}x$ 等的不定积分,不能用换元法解决.因此,有必要介绍求积分的另一种方法**分部积分法**.

对于一些复杂积分计算问题,用 MATLAB 积分进行计算.

7.1.2.1   换元积分法

1. 第一类换元法(凑微分法)

定理   设 $\int f(u)\mathrm{d}u = F(u) + C$,若 $u = \varphi(x)$ 连续可导,则有

$$\int f(\varphi(x))\varphi'(x)\mathrm{d}x = F[\varphi(x)] + C. \tag{7.1.2}$$

从这个定理我们看到:如果要求的积分能写成

$$\int f(\varphi(x))\varphi'(x)\mathrm{d}x = \int f[\varphi(x)]\mathrm{d}\varphi(x)$$

的形式,则令 $\varphi(x) = u$ 后,求出 $\int f(u)\mathrm{d}u$,再代入 $u = \varphi(x)$ 就行了. 即

$$\int f[\varphi(x)]\varphi'(x)\mathrm{d}x = \int f[\varphi(x)]\mathrm{d}\varphi(x)$$

$$\xrightarrow{\;\text{令}\,\varphi(x)=u\;} \int f(u)\mathrm{d}u = F(u) + C$$

$$\xrightarrow{\;\text{回代}\,u=\varphi(x)\;} F[\varphi(x)] + C.$$

通常把这样的积分方法叫做**第一类换元法**.

例1 求 $\int \cos 2x \, \mathrm{d}x$.

解 设 $u = 2x$，则 $\mathrm{d}u = 2\mathrm{d}x$.根据公式(7.1.2)，有

$$\int \cos 2x \, \mathrm{d}x = \frac{1}{2} \int \cos u \, \mathrm{d}u = \frac{1}{2} \sin u + C = \frac{1}{2} \sin 2x + C.$$

MATLAB 代码为：

```
≫clear clc
≫syms x; % 定义变量 x
≫ int(cos(2 * x),x) % 关于 x 求积分
按 Enter 得到结果为 ans = sin(2 * x)/2
```

例2 求 $\int \dfrac{1}{3 - 5x} \mathrm{d}x$.

解 设 $u = 3 - 5x$，则 $\mathrm{d}u = -5\mathrm{d}x$.根据公式(7.1.2)，有

$$\int \frac{1}{3 - 5x} \mathrm{d}x = \frac{1}{-5} \int \frac{1}{u} \mathrm{d}u = \frac{1}{-5} \ln|u| + C = \frac{1}{-5} \ln|3 - 5x| + C.$$

MATLAB 代码为：

```
≫clear clc
≫syms x; % 定义变量 x
≫ int(1/(3 - 5 * x)),x) % 关于 x 求积分
按 Enter 得到结果为 ans = - log(x - 3/5)/5
```

例3 求 $\int \dfrac{1}{x^2} \mathrm{e}^{\frac{1}{x}} \mathrm{d}x$.

解 设 $u = \dfrac{1}{x}$，则 $\mathrm{d}u = -\dfrac{1}{x^2}\mathrm{d}x$.根据公式(7.1.2)，有

$$\int \frac{1}{x^2} \mathrm{e}^{\frac{1}{x}} \mathrm{d}x = -\int \mathrm{e}^u \mathrm{d}u = -\mathrm{e}^u + C = -\mathrm{e}^{\frac{1}{x}} + C.$$

方法熟练之后，可以不用写出换元过程，使计算简便.
MATLAB 代码为：

```
≫clear clc
≫syms x; % 定义变量 x
≫ int(1/(x2) * exp(1/x)) % 关于 x 求积分
按 Enter 得到结果为 ans = - exp(1/x)
```

如例 1，例 2，例 3 可直接写成：

$$\int \cos 2x \, dx = \frac{1}{2} \int \cos 2x \, d2x = \frac{1}{2} \sin 2x + C.$$

$$\int \frac{1}{3-5x} dx = \frac{1}{-5} \int \frac{1}{3-5x} d(3-5x) = \frac{1}{-5} \ln |3-5x| + C.$$

$$\int \frac{1}{x^2} e^{\frac{1}{x}} dx = -\int e^{\frac{1}{x}} d\left(\frac{1}{x}\right) = -e^{\frac{1}{x}} + C.$$

从上面的例子可以看出,求积分时经常用到微分性质.

(1) $d[a\varphi(x)] = a \, d\varphi(x)$;　(2) $d\varphi(x) = d[\varphi(x) \pm b]$.

用第一类换元法计算积分时,关键是把被积表达式凑成两部分,使其中一部分为 $d\varphi(x)$,另一部分为 $\varphi(x)$ 的函数 $f[\varphi(x)]$.因此,**第一类换元法**又称为**凑微分法**.

例 4　求 $\int \frac{\ln x}{x} dx \, (x > 0)$.

解　$\int \frac{\ln x}{x} dx = \int \ln x \, d(\ln x) = \frac{1}{2} \ln^2 x + C.$

2. 第二类换元法

在第一类换元法中,选择新变量 u,令 $u = \varphi(x)$ 进行了换元.但对一些无理函数的积分,如 $\int \frac{\sqrt{x-1}}{x} dx$,$\int \sqrt{a^2 - x^2} \, dx$ 等就需要用**第二类换元法**.

定理　设 $f(x)$ 连续,$x = \varphi(t)$ 及 $\varphi'(t)$ 均连续,$x = \varphi(t)$ 的反函数 $x = \varphi'(t)$ 存在,如果 $\Phi(t)$ 是 $f[\varphi(t)]\varphi'(t)$ 的一个原函数,即

$$\int f[\varphi(t)]\varphi'(t) dt = \Phi(t) + C.$$

则

$$\int f[\varphi(t)]\varphi'(t) dt = \Phi[\varphi^{-1}(x)] + C.$$

从这个定理我们看到:若 $\int f(x) dx$ 不容易计算,可作适当变量代换 $x = \varphi(t)$,把原积分化为易积分的形式 $\int f[\varphi(t)]\varphi'(t) dt$.求出原函数后,将 $t = \varphi^{-1}(x)$ 回代.即

$$\int f(x) dx \xrightarrow{\;\text{令}\, x = \varphi(t)\;} \int f[\varphi(t)\varphi'(t) dt] = F(t) + C$$

$$\xrightarrow{\;\text{回代}\, t = \varphi^{-1}(x)\;} F[\varphi(x)] + C.$$

通常把这样的积分方法叫做**第二类换元法**.

第二类换元法的关键是选择合适的换元 $x = \varphi(t)$.下面用具体例子说明.

例 1　求 $\int \frac{\sqrt{x-1}}{x} dx$.

解 令 $\sqrt{x-1}=t$，则 $x=t^2+1$ $(t>0)$.于是 $\mathrm{d}x=2t\,\mathrm{d}t$，所以

$$\int \frac{\sqrt{x-1}}{x}\mathrm{d}x=2\int \frac{t^2}{1+t^2}\mathrm{d}t=2\int \frac{(t^2+1)-1}{1+t^2}\mathrm{d}t$$

$$=2\int \left[1-\frac{1}{1+t^2}\right]\mathrm{d}t=2(t-\arctan t)+C$$

$$=2(\sqrt{x-1}-\arctan\sqrt{x-1})+C.$$

MATLAB 代码为:

```
≫clear clc
≫syms x; % 定义变量 x
≫ int(((x - 1)^(1/2))/x,x) % 关于 x 求积分
```

按 Enter 得到结果为 ans = 2 * (x - 1)^(1/2) - 2 * atan((x - 1)^(1/2)).

7.1.2.2 分部积分法

分部积分法

换元积分法解决了许多函数的不定积分问题,但是,还有一部分函数如 $\int x\cos x\,\mathrm{d}x$, $\int \ln x\,\mathrm{d}x$, $\int \arctan x\,\mathrm{d}x$ 等的不定积分,不能用换元法解决. 因此,有必要介绍求积分的另一种方法**分部积分法**.

设函数 $u=u(x)$ 及 $v=v(x)$ 具有连续导数.那么,两个函数乘积的导数为

$$(uv)'=u'v+uv',$$

移项得

$$uv'=(uv)'-u'v.$$

由不定积分法则与不定积分定义,得

$$\int uv'\mathrm{d}x=uv-\int u'v\mathrm{d}x, \tag{7.1.3}$$

或

$$\int u\,\mathrm{d}v=uv-\int v\,\mathrm{d}u, \tag{7.1.4}$$

式(7.1.3) 或式(7.1.4) 称为**分部积分公式**.

注意 分部积分公式的作用在于,如果右边的积分比左边的积分容易求得,那么这个公式就起到了化繁为减的作用.

通过下面的例子来具体说明,如何运用分部积分公式.

例 1 求 $\int x\cos x\,\mathrm{d}x$.

解 设 $u=x$, $\mathrm{d}v=\cos x\,\mathrm{d}x=\mathrm{d}(\sin x)$. 则

$$\mathrm{d}u=\mathrm{d}x, \ v=\sin x.$$

由分部积分公式得

$$\int x \cos x \, \mathrm{d}x = x \sin x - \int \sin x \, \mathrm{d}x$$

$$= x \sin x + \cos x + C.$$

MATLAB 代码为：

```
≫clear clc
≫syms x; % 定义变量 x
≫ int(x * cos(x),x) % 关于 x 求积分
```

按 Enter 得到结果为 ans = cos(x) + x * sin(x).

例 2　求 $\int x \, \mathrm{e}^x \, \mathrm{d}x$.

解　设 $u = x$，$\mathrm{d}v = \mathrm{e}^x \mathrm{d}x = \mathrm{d}(\mathrm{e}^x)$. 则

$$\mathrm{d}u = \mathrm{d}x , \; v = \mathrm{e}^x.$$

由分部积分公式得

$$\int x \, \mathrm{e}^x \, \mathrm{d}x = x \, \mathrm{e}^x - \int \mathrm{e}^x \, \mathrm{d}x$$

$$= x \, \mathrm{e}^x - \mathrm{e}^x + C.$$

MATLAB 代码为：

```
≫clear clc
≫syms x; % 定义变量 x
≫ int(x * exp(x),x) % 关于 x 求积分
```

按 Enter 得到结果为 ans = exp(x) * (x - 1).

在例 2 中，如果设 $u = \mathrm{e}^x$，$\mathrm{d}v = x \, \mathrm{d}x = \mathrm{d}\left(\dfrac{1}{2} x^2\right)$. 则

$$\mathrm{d}u = \mathrm{e}^x \, \mathrm{d}x , \; v = \frac{1}{2} x^2.$$

由分部积分公式得

$$\int x \, \mathrm{e}^x \, \mathrm{d}x = \frac{1}{2} x^2 \mathrm{e}^x - \int \frac{1}{2} x^2 \mathrm{e}^x \, \mathrm{d}x.$$

很显然，右边的积分比左边的积分更不容易求出.由此可见，恰当的选取 u 和 $\mathrm{d}v$ 是应用分部积分法的关键.选取 u 和 $\mathrm{d}v$ 要注意以下两点：

(1) v 要容易求得；

(2) $\int v \mathrm{d}u$ 要比 $\int u \mathrm{d}v$ 容易积出.

一般的,形如下列函数

$$x^k \ln x , \ x^k \sin ax , \ x^k \cos bx , \ x^k e^{ax} ,$$
$$x^k \arcsin ax , \ x^k \arctan ax$$

等等的不定积分,就要用分部积分法解决.

例 3　求 $\int \arcsin x \, dx$.

解　设 $u = \arcsin x$, $dv = dx$.则

$$du = \frac{1}{\sqrt{1-x^2}} dx , \ v = x.$$

由分部积分公式得

$$\int \arcsin x \, dx = x e^x - \int x \cdot \frac{1}{\sqrt{1-x^2}} dx$$
$$= x \arcsin x + \frac{1}{2} \int \frac{1}{\sqrt{1-x^2}} d(1-x^2)$$
$$= x \arcsin x + \sqrt{1-x^2} + C.$$

例 4　求 $\int x \ln x \, dx$.

解　设 $u = \ln x$, $dv = x \, dx = d\left(\frac{1}{2} x^2\right)$.则

$$du = \frac{1}{x} dx , \ v = \frac{1}{2} x^2.$$

由分部积分公式得

$$\int x \ln x \, dx = \frac{x^2}{2} \ln x - \frac{1}{2} \int x \, dx$$
$$= \frac{x^2}{2} \ln x - \frac{x^2}{4} + C.$$

MATLAB 代码为:

```
≫clear clc
≫syms x; % 定义变量 x
≫ int(x * log(x),x) % 关于 x 求积分
```

按 Enter 得到结果为 ans = (x^2 * (log(x) − 1/2))/2.

分部积分法的方法熟练后,可简化步骤.

7.1.2.3　MATLAB 积分方法

手机下载 MATLAB Mobile,并创建自己的 Mathworks Clound,就可以使用了.
MATLAB 中主要用 int 进行符号积分.

$\text{int}(s, v)$:对符号表达式 s 中指定的符号变量 v 计算不定积分.表达式 R 只是表达式函数 s 的一个原函数,后面没有带任意常数 C.

$\text{int}(s)$:对符号表达式 s 中确定的符号变量计算不定积分.

例 1　用符号积分命令 int 计算不定积分 $\displaystyle\int \frac{\mathrm{e}^{3\sqrt{x}}}{\sqrt{x}}\mathrm{d}x$.

MATLAB 代码为:

```
≫clear clc
≫syms x; % 定义变量 x
≫int(exp(3 * sqrt(x))/sqrt(x)) % 关于 x 求积分
```

按 Enter 得到结果为 ans = (2 * exp(3 * x^(1/2)))/3.

所以 $\displaystyle\int \frac{\mathrm{e}^{3\sqrt{x}}}{\sqrt{x}}\mathrm{d}x = \frac{2}{3}\mathrm{e}^{3\sqrt{x}} + C$.

其中,clear 指令为清除内存变量,分号";"表示语句结束,隐藏运算结果 syms x 为定义符号变量 x.

例 2　求 $\displaystyle\int \frac{1}{\sqrt{a^2 - x^2}}\mathrm{d}x (a > 0)$.

解　MATLAB 代码为:

```
≫clear clc
≫syms x; % 定义变量 x
≫int(1/sqrt(a^2 - x^2),x) % 关于 x 求积分
```

按 Enter 得到结果为 ans = asin(x/a).

所以 $\displaystyle\int \frac{1}{\sqrt{a^2 - x^2}}\mathrm{d}x = \arcsin\frac{x}{a} + C$.

例 3　求 $\displaystyle\int \cot x\,\mathrm{d}x$.

解　MATLAB 代码为:

```
≫clear clc
≫syms x; % 定义变量 x
≫int(cot(x)) % 关于 x 求积分
```

按 Enter 得到结果为 ans = log(sin(x)).

所以 $\int \cot x \, \mathrm{d}x = \ln |\sin x| + C$.

课后提升

1. 填空

(1) $x \, \mathrm{d}x = \underline{\hspace{1.5cm}} \mathrm{d}(x^2)$.

(2) $\sin x \, \mathrm{d}x = \underline{\hspace{1.5cm}} \mathrm{d}(\cos x)$.

(3) $\mathrm{d}x = \underline{\hspace{1.5cm}} \mathrm{d}(ax + b)$.

(4) $x \mathrm{e}^{-x^2} \, \mathrm{d}x = \underline{\hspace{1.5cm}} \mathrm{d}(\mathrm{e}^{-x^2})$.

(5) $\dfrac{1}{x^2} \mathrm{d}x = \underline{\hspace{1.5cm}} \mathrm{d}\left(\dfrac{1}{x} + 2\right)$.

(6) $\dfrac{1}{9 + x^2} \mathrm{d}x = \underline{\hspace{1.5cm}} \mathrm{d}\left(\arctan \dfrac{x}{3}\right)$.

2. 求下列不定积分.

(1) $\displaystyle\int (2x - 1)^8 \, \mathrm{d}x$;

(2) $\displaystyle\int x \cos x^2 \, \mathrm{d}x$;

(3) $\displaystyle\int \dfrac{2}{1 - 3x} \mathrm{d}x$;

(4) $\displaystyle\int \left(\dfrac{\sin \sqrt{x}}{\sqrt{x}}\right) \mathrm{d}x$;

(5) $\displaystyle\int \sin^2 x \cos x \, \mathrm{d}x$;

(6) $\displaystyle\int x \sqrt{x^2 + 1} \, \mathrm{d}x$;

(7) $\displaystyle\int \dfrac{\mathrm{e}^x}{1 + \mathrm{e}^x} \mathrm{d}x$;

(8) $\displaystyle\int \dfrac{1}{\sqrt[3]{2 - 3x}} \mathrm{d}x$;

(9) $\displaystyle\int \dfrac{1}{1 + \sqrt{x}} \mathrm{d}x$;

(10) $\displaystyle\int \dfrac{1}{3 + \sqrt{x + 1}} \mathrm{d}x$.

3. 求下列不定积分.

(1) $\displaystyle\int \sqrt{9 - x^2} \, \mathrm{d}x$;

(2) $\displaystyle\int \dfrac{1}{\sqrt{x^2 + 4}} \mathrm{d}x$;

(3) $\displaystyle\int \dfrac{1}{\sqrt{x^2 - 25}} \mathrm{d}x$;

(4) $\displaystyle\int \dfrac{1}{x \sqrt{1 + x^2}} \mathrm{d}x$;

(5) $\displaystyle\int \dfrac{x}{\sqrt{2x^2 - 5}} \mathrm{d}x$;

(6) $\displaystyle\int \dfrac{\sqrt{1 - \ln x}}{x} \mathrm{d}x$.

答　案

1. (1) $\dfrac{1}{2}$; (2) -1 (3) $\dfrac{1}{a}$; (4) $-\dfrac{1}{2}$; (5) -1; (6) $\dfrac{1}{3}$.

2. (1) $\dfrac{1}{18}(2x - 1)^9 + C$; (2) $\dfrac{1}{2}\sin x^2 + C$; (3) $-\dfrac{2}{3}\ln|1 - 3x| + C$; (4) $2\cos\sqrt{x} + C$;

(5) $\dfrac{1}{3}\sin^3 x + C$; (6) $\dfrac{1}{3}(x^2 + 1)^{\frac{3}{2}} + C$; (7) $\ln(\mathrm{e}^x + 1) + C$; (8) $-\dfrac{1}{2}(2 - 3x)^{\frac{2}{3}} + C$;

(9) $2\sqrt{x} - 2\ln|1 + \sqrt{x}| + C$; (10) $2\sqrt{x + 1} - 6\ln|3 + \sqrt{x + 1}| + C$.

3. (1) $\dfrac{x}{2}\sqrt{9 - x^2} + \dfrac{9}{2}\arcsin\dfrac{x}{a} + C$; (2) $\ln(x + \sqrt{x^2 + 4}) + C$; (3) $\ln(x + \sqrt{x^2 - 25}) +$

C;(4) $\ln \dfrac{\sqrt{x^2+1}-1}{|x|}+C$;(5) $\dfrac{1}{2}(2x^2-5)^{\frac{1}{2}}+C$;(6) $-\dfrac{2}{3}(1-\ln x)^{\frac{3}{2}}+C$.

知识小结

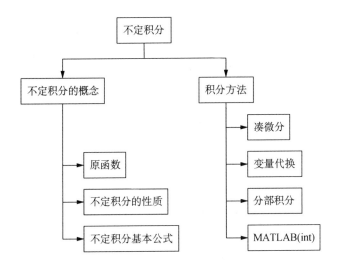

能力提升

1. 选择题

(1) 若 $F(x),G(x)$ 都是 $f(x)$ 的原函数,C 为任意常数,则下式成立的是(　　).

A. $F(x)=G(x)$ 　　　　　　 B. $F(x)=CG(x)$

C. $F(x)=G(x)+C$ 　　　　　 D. $F(x)=\dfrac{1}{C}G(x)$

(2) $\sqrt{x}$ 是(　　)的一个原函数.

A. $\dfrac{1}{2\sqrt{x}}$ 　　　　B. $\dfrac{2}{\sqrt{x}}$ 　　　　C. $\sqrt[3]{x}$ 　　　　D. $\dfrac{1}{2x}$

(3) 若 $\displaystyle\int f(x)\mathrm{d}x=F(x)+C$,则 $\displaystyle\int f(ax+b)\mathrm{d}x=$(　　).

A. $F(ax+b)+C$ 　　　　　　 B. $aF(ax+b)+C$

C. $\dfrac{1}{a}F(ax+b)+C$ 　　　　 D. $F\left(x+\dfrac{b}{a}\right)+C$

(4) 设函数 $f(x)=x$,则 $\displaystyle\int f(x^2)\mathrm{d}x=$(　　).

A. x^2+c 　　　　B. $\dfrac{1}{3}x^3+C$ 　　　　C. $x+C$ 　　　　D. $\dfrac{1}{2}x^2+C$

(5) 已知 $\displaystyle\int xg(x)\mathrm{d}x=\sin x+C$,则 $g(x)=$(　　).

A. $\dfrac{\sin x}{x}$ B. $x \sin x$ C. $\dfrac{\cos x}{x}$ D. $x \cos x$

2. 求下列不定积分.

(1) $\displaystyle\int \sqrt{x}\,(x+5)\mathrm{d}x$;   (2) $\displaystyle\int \dfrac{x}{\sqrt{2x^2+1}}\mathrm{d}x$;   (3) $\displaystyle\int \dfrac{2x^2+4}{\sqrt{x^3+6x}}\mathrm{d}x$;

(4) $\displaystyle\int \dfrac{2}{3-2x}\mathrm{d}x$;   (5) $\displaystyle\int \sqrt[3]{1-5x}\,\mathrm{d}x$;   (6) $\displaystyle\int \dfrac{1}{(3x+2)^3}\mathrm{d}x$;

(7) $\displaystyle\int \tan 2x\,\mathrm{d}x$;   (8) $\displaystyle\int a^x\mathrm{e}^x\,\mathrm{d}x$;   (9) $\displaystyle\int \dfrac{x^3-3x}{x^2-1}\mathrm{d}x$;

(10) $\displaystyle\int \dfrac{1}{4x^2-1}\mathrm{d}x$.

3. 一质点作直线运动,已知其速度为 $v=\sin \omega t$,且 $s\,|_{t=0}=s_0$.求时间为 t 时物体和原点间的距离.

答　案

1. (1) C; (2) A; (3) C; (4) B; (5) C.

2. (1) $\dfrac{2}{5}x^{\frac{5}{2}}+\dfrac{10}{3}x^{\frac{3}{2}}+C$; (2) $\dfrac{1}{2}(2x^2+1)^{\frac{1}{2}}+C$; (3) $\dfrac{4}{3}(x^3+6x)^{\frac{1}{2}}+C$;

(4) $-\ln|3-2x|+C$; (5) $-\dfrac{3}{20}(1-5x)^{\frac{4}{3}}+C$; (6) $-\dfrac{1}{6}(3x+2)^{-2}+C$;

(7) $-\dfrac{1}{2}\ln|\cos 2x|+C$; (8) $\dfrac{(a\mathrm{e}^x)}{1+\ln a}+C$; (9) $\dfrac{1}{2}x^2-\ln|x^2-1|+C$;

(10) $\dfrac{1}{4}\ln\left|\dfrac{2x-1}{2x+1}\right|+C$.

3. $s=s_0+\dfrac{1}{\omega}(1-\cos \omega t)$.

7.2　定积分

定积分最重要的功能是为我们研究某些问题提供一种思想方法(或思维模式),即用无限的过程处理有限的问题,用离散的过程逼近连续,以直代曲,局部线性化等.定积分的概念及微积分基本公式,不仅是数学史上,而且是科学思想史上的重要创举.

7.2.1　定积分的概念与性质

7.2.1.1　定积分的概念

引例1　曲边梯形的面积

在生产实践活动中,有些问题的计算经常归结为求曲边图形的面

积分思想初体
验之曲边梯形
的面积

积.而计算曲边图形的的面积又归结为计算曲边梯形的面积.

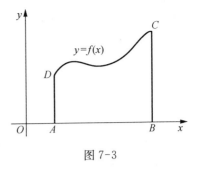

图 7-3

1. 什么是曲边梯形

设函数 $f(x)$ 在区间 $[a,b]$ 上连续且 $f(x) \geqslant 0$,由曲线 $y=f(x)$ 和直线 $x=a$, $x=b$ 以及 $y=0$ 所围成的平面图形就称为**曲边梯形**.

如图 7-3 所示.$ABCD$ 就是一个曲边梯形.其中曲线段 DC 为曲边梯形的曲边,在 x 轴上的线段 AB 为曲边梯形的底边.

2. 怎样计算曲边梯形的面积呢

在初等数学中,我们已经知道了三角形、矩形、正方形及圆的面积公式.其中矩形的面积=底×高,这里,矩形的高是不变的. 而由曲线 $y=f(x)$ 和直线 $x=a$, $x=b$ 以及 x 轴所围成的平面图形(图 7-4)的面积取决于这个区间上的函数 $f(x)$ 及区间 $[a,b]$.

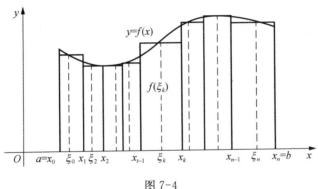

图 7-4

如果 $f(x)$ 在区间 $[a,b]$ 上是常函数 m,这时的曲边梯形为矩形,其面积等于底×高即 $m \times (b-a)$.现在的问题是函数 $f(x)$ 在区间 $[a,b]$ 上不是常函数,曲边梯形的高在区间 $[a,b]$ 上是变动着的.它的面积不能简单的用矩形面积公式来计算.然而,由于 $f(x)$ 是区间 $[a,b]$ 上的连续函数,在很小一段区间上它的变化很小,近似于不变,且区间的长度无限减小时,高度的变化也无限减小.因此,我们如果将区间 $[a,b]$ 分割成许多小区间,相应地,将曲边梯形分割成许多小曲边梯形,把每个小区间上对应的小曲边梯形近似地看成小矩形.所有的小矩形面积的和,就是整个曲边梯形面积的近似值.

显然,区间 $[a,b]$ 分割愈细,近似程度愈好.因此,将区间 $[a,b]$ 无限地细分,并使每个小曲边梯形的底边长都趋近于零,则小矩形面积之和的极限值就是曲边梯形面积的精确值.

根据上述分析,曲边梯形的面积可按下述步骤来计算:

(1) 分割:在区间$[a, b]$内任意插入$n-1$个分点,把区间分成n个小区间,其分点是$x_1, x_2, \cdots, x_{n-1}$,令$a=x_0, b=x_n$,则$a=x_0<x_1<\cdots<x_{n-1}<x_n=b$,第$k$个小区间可表示为$[x_{k-1}, x_k]$,其长度记为

$$\Delta x_k = x_k - x_{k-1} \quad (k=1, 2, 3, \cdots, n).$$

过各分点分别作垂直于x轴的直线段,把整个曲边梯形分成n个小曲边梯形其中第k个小曲边梯形的面积记为$\Delta A_k (k=1, 2, \cdots, n)$.

(2) 近似代替:在每个小区间$[x_{k-1}, x_k]$上任取一点$\xi_k (x_{k-1} \leqslant \xi_k \leqslant x_k)$,以$f(\xi_k)$为高,$\Delta x_k$为底的小矩形的面积为$f(\xi_k)\Delta x_k$,则小曲边梯形面积$\Delta A_k$的近似值就是小矩形的面积. 即

$$\Delta A_k \approx f(\xi_k)\Delta x_k \quad (k=1, 2, \cdots, n).$$

(3) 求和:把n个小曲边梯形面积的近似值相加,就得到所求曲边梯形面积A的近似值,即

$$A = \sum_{k=1}^{n} \Delta A_k \approx \sum_{k=1}^{n} f(\xi_k)\Delta x_k.$$

(4) 取极限:当每个小区间的长度Δx_k都趋近于零时,和式$\sum_{k=1}^{n} f(\xi_k)\Delta x_k$的极限就是$A$的精确值. 记所有小区间长度的最大值为$\lambda = \max_{1 \leqslant k \leqslant n}\{\Delta x_k\}$,当$\lambda \to 0$时,就有

$$A = \lim_{\lambda \to 0} \sum_{k=1}^{n} f(\xi_k)\Delta x_k.$$

这样,计算曲边梯形面积的问题,就归结为求和式的极限.

引例2　变速直线运动的路程.

设一物体做直线运动,已知速度$v=v(t)$是时间t在区间$[t_1, t_2]$上连续函数,且$v(t) \geqslant 0$,计算在这段时间内该物体经过的路程.

物体做变速直线运动就不能用匀速直线运动那样用速度乘以时间求路程,因速度是变化着的.即速度$v(t)$随着时间t的变化而变化.但是,若把时间区间$[t_1, t_2]$分成许多小时间区间段,由于物体运动的速度是连续变化的,则在每个小段时间内,速度变化不大,可以近似地看作是匀速的(图7-5).于是,可以用类似于求曲边梯形面积的方法计算路程.

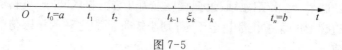

图 7-5

具体的步骤也可以分为以下四部:

(1) 分割:在时间区间$[a,b]$内任意插入$n-1$个分点,把区间分成n个小区间,其分点是t_1,t_2,…,t_{n-1},令$a=t_0$,$b=t_n$,则$a=t_0<t_1<\cdots<t_{n-1}<t_n=b$,第$k$个时间小区间可表示为$[t_{k-1},t_k]$,其长度记为

$$\Delta t_k=t_k-t_{k-1}(k=1,2,3,\cdots,n).$$

相应的路程s被分为n个小路程:$\Delta s_k(k=1,2,3,\cdots,n)$.

(2) 近似代替:在每个小区间$[t_{k-1},t_k]$上任取一点$\xi_k(x_{k-1}\leqslant\xi_k\leqslant x_k)$,用任意时刻$\xi_k$的速度$v(\xi_k)$来近似代替小区间的速度.用$v(\xi_k)\cdot\Delta t_k$近似代替物体在小区间$[t_{k-1},t_k]$上的路程$\Delta s_k$.从而得到物体在第$k$段时间$[t_{k-1},t_k]$内所经过的路程$\Delta s_k$的近似值.即

$$\Delta s_k\approx v(\xi_k)\Delta t_k.$$

(3) 求和:把n段时间上的路程的近似值相加,就是时间区间$[a,b]$上的路程s的近似值. 即

$$s=\sum_{k=1}^{n}\Delta s_k\approx\sum_{k=1}^{n}v(\xi_k)\Delta t_k.$$

(4) 取极限:当每个小区间的长度Δt_k都趋近于零时,和式$\sum_{k=1}^{n}v(\xi_k)\Delta t_k$的极限就是$s$的精确值. 记所有小区间长度的最大值为$\lambda=\max_{1\leqslant k\leqslant n}\{\Delta t_k\}$,当$\lambda\to0$时,就有

$$s=\lim_{\lambda\to0}\sum_{k=1}^{n}v(\xi_k)\Delta t_k.$$

由此可见,变速直线运动的路程也是一个和式的极限.

上面讨论的两个实际问题可以看出,虽然它们的实际意义不同,但解决问题的思想方法和步骤是相同的,最后都归结为求函数在某一区间上的一种特定结构和式的极限.

7.2.1.2　定积分的定义

设函数$f(x)$在区间$[a,b]$上有定义,用分点$a=x_0<x_1<\cdots<x_{n-1}<x_n=b$,把区间$[a,b]$分为$n$个小区间$[x_{k-1},x_k]$,其长度为

$$\Delta x_k=x_k-x_{k-1}\quad(k=1,2,3,\cdots,n).$$

在每个小区间$[x_{k-1},x_k]$上任取一点$\xi_k(x_{k-1}\leqslant\xi_k\leqslant x_k)$,并作乘积

$$f(\xi_k)\Delta x_k\quad(k=1,2,3,\cdots,n).$$

及和式
$$\sum_{k=1}^{n} f(\xi_k) \Delta x_k.$$

如果不论对区间 $[a,b]$ 怎么分法,也不论在小区间 $[x_{k-1}, x_k]$ 上的点 ξ_k 怎样取法. 令 $\lambda = \max_{1 \leqslant k \leqslant n} \{\Delta x_k\}$,当 $\lambda \to 0$ 时,如果和式 $\sum_{k=1}^{n} f(\xi_k) \Delta x_k$ 的极限存在,则称此极限值为函数 $f(x)$ 在区间 $[a,b]$ 上的定积分,记作 $\int_a^b f(x) \mathrm{d}x$,即

$$\int_a^b f(x) \mathrm{d}x = \lim_{\lambda \to 0} \sum_{k=1}^{n} f(\xi_k) \Delta x_k. \tag{7.2.1}$$

式(7.2.1) 中,$f(x)$ 叫做**被积函数**,$f(x)\mathrm{d}x$ 叫做**被积表达式或被积分式**,x 叫做**积分变量**,区间 $[a,b]$ 叫做**积分区间**,a 与 b 分别叫做**积分下限与积分上限**,"$\int$" 叫做**积分号**.

根据定积分的定义,引例 1,引例 2 可以表示为
曲边梯形的面积

$$A = \int_a^b f(x) \mathrm{d}x = \lim_{\lambda \to 0} \sum_{k=1}^{n} f(\xi_k) \Delta x_k.$$

变速直线运动的路程

$$s = \int_a^b v(t) \mathrm{d}t = \lim_{\lambda \to 0} \sum_{k=1}^{n} v(\xi_k) \Delta t_k.$$

理解:定积分的定义需要注意的问题:

(1) 定积分是一种特定结构和式的极限,是一个数,这个数只与被积函数 $f(x)$ 及积分区间 $[a,b]$ 有关. 与区间 $[a,b]$ 的分割方法无关,与点 ξ_k 的选取无关,与积分变量的记号无关. 即

$$\int_a^b f(x) \mathrm{d}x = \int_a^b v(t) \mathrm{d}t = \int_a^b f(u) \mathrm{d}u.$$

(2) 该定义是在 $a \neq b$,且 $a < b$ 的情况下给出的,当 $a = b$ 及 $a > b$ 时,为了运算的需要,规定

当 $a = b$ 时, $\int_a^b f(x) \mathrm{d}x = 0$,

当 $a > b$ 时, $\int_a^b f(x) \mathrm{d}x = -\int_b^a f(x) \mathrm{d}x$.

对于定积分有这样的问题,函数 $f(x)$ 在什么条件下,定积分存在? 我们给出下面的结论:

① 函数 $f(x)$ 在闭区间 $[a,b]$ 上连续,则 $f(x)$ 在区间 $[a,b]$ 上可积.

② 函数 $f(x)$ 在闭区间 $[a,b]$ 上是单调的,则 $f(x)$ 在区间 $[a,b]$ 上可积.

③ 函数 $f(x)$ 在闭区间 $[a,b]$ 上有界,且有有限个不连续点,则 $f(x)$ 在区间 $[a,b]$ 上可积.

如初等函数在其定义域上连续,则初等函数在其定义域上都可积.

7.2.1.3 定积分的几何意义

由定积分的定义,可以得出定积分几何意义:

(1) 如果函数 $f(x)$ 区间 $[a,b]$ 上连续且 $f(x) \geqslant 0$,那么定积分 $\int_a^b f(x)\mathrm{d}x$ 等于由连续曲线 $y=f(x)$ 和直线 $x=a$,$x=b$ 以及 x 轴所围成的曲边梯形的面积(图 7-6).即

$$A = \int_a^b f(x)\mathrm{d}x$$

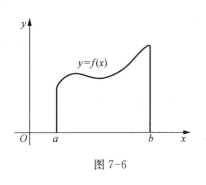

图 7-6

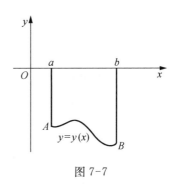

图 7-7

(2) 如果函数 $f(x)$ 区间 $[a,b]$ 上连续且 $f(x) < 0$,这时的曲边梯形在 x 轴的下方,$f(\xi_k) < 0$,和式的极限值小于零(图 7-7),即

$$\int_a^b f(x)\mathrm{d}x = \lim_{\lambda \to 0} \sum_{k=1}^n f(\xi_k)\Delta x_k < 0,$$

这时 $\qquad A = -\int_a^b f(x)\mathrm{d}x.$

(3) 如果函数 $f(x)$ 区间 $[a,b]$ 上连续,且有时为正有时为负时,那么定积分 $\int_a^b f(x)\mathrm{d}x$ 等于由连续曲线 $y=f(x)$ 和直线 $x=a$,$x=b$ 以及 x 轴所围成的几个曲边梯形面积的代数和(图 7-8).即

$$\int_a^b f(x)\mathrm{d}x = A_1 - A_2 + A_3.$$

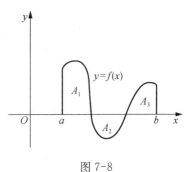

图 7-8

例 1 用定积分表示(图 7-9)中阴影部分的面积.

解 如图 7-9 所示,被积函数 $y = \dfrac{1}{x^2}$ 在 $(1, 2)$ 上连续,且 $y > 0$.由定积分的几何意义可得阴影部分的面积为

$$A = \int_1^2 \frac{1}{x^2} dx.$$

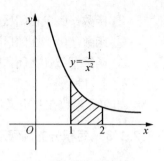

图 7-9

例 2 用定积分的几何意义计算定积分 $\int_1^3 x \, dx$ 的值.

解 如图 7-10 所示,被积函数 $y = x$ 在 $[1, 3]$ 上连续,且 $y > 0$.由定积分的几何意义可知,计算定积分 $\int_1^3 x \, dx$ 就是计算由直线 $y = x$,$x = 1$,$x = 3$ 以及 x 轴所围成的梯形的面积.所以

$$A = \int_1^3 x \, dx = \frac{1}{2}[f(1) + f(3)](3 - 1) = 4.$$

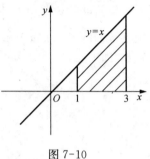

图 7-10

7.2.1.4 定积分的性质

性质 1 若函数 $f(x)$ 与 $g(x)$ 在 $[a, b]$ 上可积,则 $f(x) + g(x)$ 在 $[a, b]$ 上也可积,且

$$\int_a^b [f(x) + g(x)] dx = \int_a^b f(x) dx + \int_a^b g(x) dx.$$

性质 1,可推广到有限个函数代数和的情况,即

$$\int_a^b [f_1(x) + f_2(x) + \cdots + f_n(x)] dx = \int_a^b f_1(x) dx + \int_a^b f_2(x) dx + \cdots + \int_a^b f_n(x).$$

性质 2 若函数 $f(x)$ 在 $[a, b]$ 上可积,则 $cf(x)$ 在 $[a, b]$ 上也可积,且

$$\int_a^b cf(x) dx = c \int_a^b f(x) dx.$$

性质 3 若在区间 $[a, b]$ 上,$f(x) = c$(常数),则 $f(x) = c$ 在 $[a, b]$ 上可积,且

$$\int_a^b c \, dx = c(b - a).$$

性质 4(积分区间的可加性) 若函数 $f(x)$ 在区间 $[a, c]$ 与 $[c, b]$ 上可积,则 $f(x)$ 在 $[a, b]$ 上也可积,且

$$\int_a^b f(x) dx = \int_a^c f(x) dx + \int_c^b f(x) dx.$$

因为作积分和时,无论将$[a,b]$如何划分,积分和的极限总是不变的,所以我们在划分区间时,把c作为分点,则

(1) 当c在区间$[a,b]$内(图7-11)时,由定积分的几何意义可知

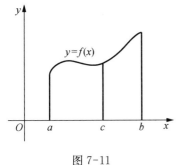

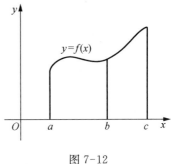

图7-11 图7-12

$$\int_a^b f(x)\mathrm{d}x = \int_a^c f(x)\mathrm{d}x + \int_c^b f(x)\mathrm{d}x.$$

(2) 当c在区间$[a,b]$外时(图7-12),不妨设$a<b<c$,由定积分的几何意义可知

$$\int_a^c f(x)\mathrm{d}x = \int_a^b f(x)\mathrm{d}x + \int_b^c f(x)\mathrm{d}x.$$

移项,得

$$\int_a^b f(x)\mathrm{d}x = \int_a^c f(x)\mathrm{d}x - \int_b^c f(x)\mathrm{d}x,$$

而

$$\int_c^b f(x)\mathrm{d}x = -\int_b^c f(x)\mathrm{d}x,$$

所以

$$\int_a^b f(x)\mathrm{d}x = \int_a^c f(x)\mathrm{d}x + \int_c^b f(x)\mathrm{d}x.$$

类似地,若$c<a<b$时,也可以得出相同的结果.

性质5 若函数$f(x)$在区间$[a,b]$上可积,且对任意$x\in[a,b]$,有$f(x)\geqslant 0$(或$f(x)\leqslant 0$),则

$$\int_a^b f(x)\mathrm{d}x \geqslant 0 \quad \left[或 \int_a^b f(x)\mathrm{d}x \leqslant 0\right].$$

性质6 若函数$f(x)$与$g(x)$在$[a,b]$上可积,且对任意$x\in[a,b]$,有$f(x)\leqslant g(x)$,
则

$$\int_a^b f(x)\mathrm{d}x \leqslant \int_a^b g(x)\mathrm{d}x.$$

性质 7(估值不等式) 若函数 $f(x)$ 在区间 $[a,b]$ 上的最大值为 M,最小值为 m,则

$$m(b-a) \leqslant \int_a^b f(x)\mathrm{d}x \leqslant M(b-a).$$

例 试估计定积分 $\int_{\frac{\pi}{6}}^{\frac{\pi}{3}} \cos x\,\mathrm{d}x$ 的值.

解 在区间 $\left[\dfrac{\pi}{6}, \dfrac{\pi}{3}\right]$ 上,函数 $f(x)=\cos x$ 是减函数,且最大值

$$M = f\left(\frac{\pi}{6}\right) = \cos\frac{\pi}{6} = \frac{\sqrt{3}}{2},$$

最小值
$$m = f\left(\frac{\pi}{3}\right) = \cos\frac{\pi}{3} = \frac{1}{2}.$$

由性质 7 可知,

$$\frac{1}{2}\left(\frac{\pi}{3} - \frac{\pi}{6}\right) \leqslant \int_{\frac{\pi}{6}}^{\frac{\pi}{3}} \cos x\,\mathrm{d}x \leqslant \frac{\sqrt{3}}{2}\left(\frac{\pi}{3} - \frac{\pi}{6}\right),$$

即

$$\frac{\pi}{12} \leqslant \int_{\frac{\pi}{6}}^{\frac{\pi}{3}} \cos x\,\mathrm{d}x \leqslant \frac{\sqrt{3}\pi}{12}.$$

性质 8(积分中值定理) 若函数 $f(x)$ 在区间 $[a,b]$ 上连续,则在 $[a,b]$ 上至少存在一点 ξ,使

$$\int_a^b f(x)\mathrm{d}x = f(\xi)(b-a).$$

该性质的几何解释是:

(1) 在区间 $[a,b]$ 上,若 $f(x) \geqslant 0$,由连续曲线 $y=f(x)$ 和直线 $x=a$,$x=b$ 以及 x 所围成的曲边梯形的面积等于以 $[a,b]$ 上某一点 ξ 对应的函数值 $f(\xi)$ 作为高,以区间 $[a,b]$ 的长作为宽的矩形的面积(图 7-13).

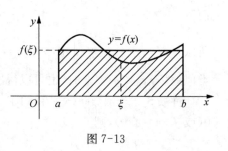

图 7-13

(2) 函数 $f(x)$ 在区间 $[a,b]$ 上的平均值为 $f(\xi) = \dfrac{1}{b-a}\int_a^b f(x)\mathrm{d}x$.该性质解决了连续函数求平均值的问题.

如:西安 2009 年 4 月 8 日从 0 到 24 时气温变化曲线为 $y=f(t)$,t 为时间,则这天的平均气温为 $\dfrac{1}{24}\int_0^{24} f(t)\mathrm{d}t$.

课后提升

1. 已知电流 i 与时间 t 的函数关系 $i = i(t)$.用定积分表示从时刻 0 到时刻 t 这一段时间流过导线横截面的电荷量.

2. 由曲线 $y = x^3$,直线 $x = 1$,$x = 4$ 及 x 轴围成的曲边梯形,试用定积分表示该曲边梯形面积 A.

3. 利用定积分的几何意义计算定积分.

(1) $\int_{-1}^{3} |x| \, dx$;   (2) $\int_{0}^{1} (x - 2) dx$.

4. 用定积分表示下列各图中阴影部分的面积(图 7-14).

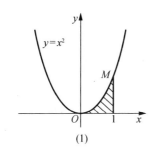
(1)

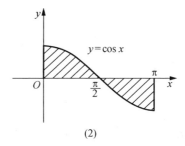
(2)

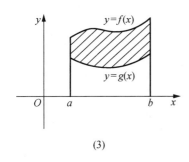
(3)

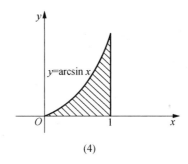
(4)

图 7-14

5. 选择题

(1) 定积分 $\int_{a}^{b} f(x) dx$ 的结果是(   ).

A. $f(x)$ 的一个原函数   B. 任意常数 1

C. $f(x)$ 的全体原函数   D. 确定的常数

(2) 已知变速直线运动物体的速度为 $v(t) \geqslant 0$,则物体从时刻 t_1 到时刻 t_2 走过的路程为(   ).

A. $\int_{0}^{t_1} v(t) dt$ B. $\int_{t_1}^{t_2} v(t) dt$ C. $\int_{t_1}^{t_2} v(t) dt$ D. $v(t_2) - v(t_1)$

(3) 根据定积分的几何表示,下列各式正确的是(   ).

A. $\int_{-2}^{0} x^2 dx > 0$ B. $\int_{0}^{2\pi} \cos x \, dx < 0$

C. $\displaystyle\int_{-\frac{\pi}{2}}^{0}\sin x\cos x\,\mathrm{d}x>0$ D. $\displaystyle\int_{-1}^{1}\sin x\,\mathrm{d}x>0$

(4) 观察下面的图形(图 7-15),将各题中的正确答案的代号填写在题后的括号内.

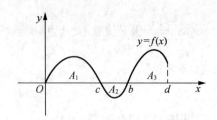

图 7-15

① 定积分 $\displaystyle\int_{0}^{b}f(x)\,\mathrm{d}x$ 的结果是( ).

A. A_1+A_2 B. A_1-A_2 C. A_2-A_1 D. $A_1+A_3-A_2$

② 定积分 $\displaystyle\int_{c}^{d}f(x)\,\mathrm{d}x$ 的结果是( ).

A. A_2+A_3 B. A_2-A_3 C. A_3-A_2 D. $A_1+A_3-A_2$

③ 定积分 $\displaystyle\int_{0}^{d}f(x)\,\mathrm{d}x$ 的结果是( ).

A. $A_1+A_2+A_3$ B. $A_1+A_2-A_3$ C. $A_1+A_3-A_2$ D. $A_2+A_3-A_1$

6. 利用定积分的性质和 $\displaystyle\int_{0}^{1}x^2\,\mathrm{d}x=\frac{1}{3}$,计算下列各定积分.

(1) $\displaystyle\int_{0}^{1}(x^2+2)\,\mathrm{d}x$; (2) $\displaystyle\int_{0}^{1}(x+2)^2\,\mathrm{d}x$.

7. 计算不定积分的值,说明下列积分哪一个较大.

(1) $\displaystyle\int_{0}^{1}x^2\,\mathrm{d}x$ 与 $\displaystyle\int_{0}^{1}x^3\,\mathrm{d}x$; (2) $\displaystyle\int_{1}^{3}x^2\,\mathrm{d}x$ 与 $\displaystyle\int_{1}^{3}x^3\,\mathrm{d}x$.

答　案

1. 略.

2. $\displaystyle\int_{1}^{4}x^3\,\mathrm{d}x$.

3. (1) 5; (2) -3.5 .

4. (1) $\displaystyle\int_{0}^{1}\arcsin x\,\mathrm{d}x$; (2) $-\displaystyle\int_{-\pi}^{0}\sin x\,\mathrm{d}x$; (3) $\displaystyle\int_{a}^{b}|f_2(x)-f_1(x)|\,\mathrm{d}x$; (4) $\displaystyle\int_{0}^{\pi}|\cos x|\,\mathrm{d}x$.

5. (1) D; (2) C; (3) A; (4) ① B; ② C; ③ C.

6. (1) $\dfrac{5}{3}$; (2) $\dfrac{19}{3}$.

7. (1) $\dfrac{10}{3}$; (2) 0.

7.2.2 牛顿-莱布尼茨公式

定积分的定义已经给出了定积分的计算方法.即通过"分割"、"近似代替"、"求和"、"取极限"的步骤,求出函数 $f(x)$ 的定积分.但是这种方法计算复杂,一般来说,实际意义不大.我们试图寻找一种简便、实用、有效的计算方法.

7.2.2.1 变上限函数(也叫积分上限函数)

设函数 $f(x)$ 在区间 $[a,b]$ 上连续,对任意 $t\in[a,b]$,定积分

$$\int_a^b f(t)\mathrm{d}t.$$

表示曲边梯形的面积.若 x 是区间 $[a,b]$ 上任意一点,定积分

$$\int_a^x f(t)\mathrm{d}t.$$

表示 $f(x)$ 在部分区间 $[a,x]$ 上曲边梯形的面积(图7-16).当 x 在区间 $[a,b]$ 上变化时,阴影部分的曲边梯形面积也跟着在变化,所以,变上限定积分

$$\int_a^x f(t)\mathrm{d}t \quad (a\leqslant x\leqslant b).$$

是上限变量 x 的函数.

显然,对任意 $x\in[a,b]$,都对应唯一一个定积分 $\int_a^x f(t)\mathrm{d}t$(数).根据函数定义,它是定义在区间 $[a,b]$ 上的函数,表示为 $\Phi(x)$,即

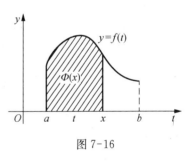

图 7-16

$$\Phi(x)=\int_a^x f(t)\mathrm{d}t \quad (a\leqslant x\leqslant b).$$

定义 若函数 $f(x)$ 在区间 $[a,b]$ 上连续,那么在区间 $[a,b]$ 上任取一点 x,就有一个确定的定积分 $\int_a^x f(t)\mathrm{d}t$ 的值与之对应,把这个新的函数,称为**变上限函数**,记作 $\Phi(x)$,即

$$\Phi(x)=\int_a^x f(t)\mathrm{d}t \quad (a\leqslant x\leqslant b).$$

类似的,还可定义变下限函数:

$$\Psi(x)=\int_x^b f(t)\mathrm{d}t \quad (a\leqslant x\leqslant b).$$

这里,变上限函数与变下限函数通称为**变限函数**.这里,我们主要介绍变上限函

数的有关知识.

定理 1　若函数 $f(x)$ 在区间 $[a,b]$ 上连续,那么变上限函数 $\Phi(x)=\displaystyle\int_a^x f(t)\mathrm{d}t$ 在区间 $[a,b]$ 上可导,且 $\Phi'(x)=f(x)$.

证明　只须说明,对任意 $x\in[a,b]$,有

$$\Phi'(x)=\lim_{\Delta x\to 0}\frac{\Delta\Phi(x)}{\Delta x}=f(x)\ \text{即可}.$$

设 x 有改变量 Δx,使 $x+\Delta x\in[a,b]$,有

$$\Delta\Phi(x)=\Phi(x+\Delta x)-\Phi(x)=\int_a^{x+\Delta x}f(t)\mathrm{d}t-\int_a^x f(t)\mathrm{d}t$$

$$=\int_a^x f(t)\mathrm{d}t+\int_x^{x+\Delta x}f(t)\mathrm{d}t-\int_a^x f(t)\mathrm{d}t$$

$$=\int_x^{x+\Delta x}f(t)\mathrm{d}t.$$

根据积分中值定理得,在 x 与 $x+\Delta x$ 之间至少存在一点 ξ,使

$$\Delta\Phi(x)=\int_x^{x+\Delta x}f(t)\mathrm{d}t=f(\xi)\Delta x$$

成立(图 7-17).

已知函数 $f(x)$ 在区间 $[a,b]$ 上连续,当 $\Delta x\to 0$ 时,有 $\xi\to x,f(\xi)\to f(x)$ 所以,

$$\Phi'(x)=\lim_{\Delta x\to 0}\frac{\Delta\Phi(x)}{\Delta x}=\lim_{\xi\to 0}f(\xi)=f(x),$$

即　　　　$\Phi'(x)=f(x)$.

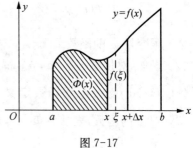

图 7-17

这个定理告诉我们:若函数 $f(x)$ 在区间 $[a,b]$ 上连续,那么变上限函数 $\Phi(x)=\displaystyle\int_a^x f(t)\mathrm{d}t$ 是 $f(x)$ 的一个原函数,肯定了连续函数的原函数是存在的.

定理 2(原函数存在定理)　如果函数 $f(x)$ 在区间 $[a,b]$ 上连续,那么变上限函数 $\Phi(x)=\displaystyle\int_a^x f(t)\mathrm{d}t$ 就是 $f(x)$ 在该区间上的一个原函数.

例 1　已知 $\Phi(x)=\displaystyle\int_0^x \mathrm{e}^{3t}\mathrm{d}t$,求 $\Phi'(x)$.

解　由定理 1 可知,$\Phi'(x)=\left(\displaystyle\int_0^x \mathrm{e}^{2t}\mathrm{d}t\right)'=\mathrm{e}^{2x}$.

例 2　已知 $\Phi(x)=\displaystyle\int_0^x \sin(5t-2)\mathrm{d}t$,求 $\Phi'(x)$.

解　由定理 1 可知,$\Phi'(x)=\left(\displaystyle\int_0^x \sin(5t-2)\mathrm{d}t\right)'=\sin(5x-2)$.

例 3   已知 $\Phi(x) = \displaystyle\int_1^{x^2} \sin t \, \mathrm{d}t$，求 $\Phi'(x)$.

解   上限 x^2 是 x 的函数，所以变上限定积分是 x 的复合函数，由复合函数求导法则，得

$$\left(\int_1^{x^2} \sin t \, \mathrm{d}t\right)'_x = \left(\int_1^{x^2} \sin t \, \mathrm{d}t\right)'_{x^2} \cdot (x^2)' = \sin x^2 \cdot 2x = 2x \sin x^2.$$

通过以上讨论有：

(1) 如果函数 $f(x)$ 在区间 $[a, b]$ 连续，则有 $\left(\displaystyle\int_0^x f(t) \, \mathrm{d}t\right)' = f(x)$.

(2) 如果函数 $f(x)$ 在区间 $[a, b]$ 上连续，$\varphi(x)$ 可导，则有

$$\left(\int_0^{\varphi(x)} f(t) \, \mathrm{d}t\right)' = f[\varphi(x)] \cdot \varphi'(x),$$

$$\left(\int_{\varphi(x)}^b f(t) \, \mathrm{d}t\right)' = -f[\varphi(x)] \cdot \varphi'(x).$$

7.2.2.2   牛顿-莱布尼茨公式

定理 3   若函数 $f(x)$ 在区间 $[a, b]$ 连续，且 $F(x)$ 是 $f(x)$ 的原函数，则

$$\int_a^b f(x) \, \mathrm{d}x = F(b) - F(a).$$

证明   已知 $F(x)$ 是 $f(x)$ 的原函数，即对任意 $x \in [a, b]$，有

$$F'(x) = f(x).$$

根据定理 1，积分上限函数 $\Phi(x) = \displaystyle\int_a^x f(t) \, \mathrm{d}t$ 也是 $f(x)$ 的原函数，于是

$$F(x) - \Phi(x) = C \quad (a \leqslant x \leqslant b),$$

即
$$\Phi(x) = F(x) - C.$$

当 $x = a$ 时，上式为 $\Phi(a) = F(a) - C$ 而 $\Phi(a) = \displaystyle\int_a^a f(t) \, \mathrm{d}t = 0$，所以，$F(a) = C$

从而
$$\Phi(x) = F(x) - F(a)，即$$

$$\int_a^x f(t) \, \mathrm{d}t = F(x) - F(a),$$

当 $x = b$ 时，有 $\displaystyle\int_a^b f(t) \, \mathrm{d}t = F(b) - F(a)$ 将积分变量换成 x，有

$$\int_a^b f(x) \, \mathrm{d}x = F(b) - F(a). \tag{7.2.2}$$

式 (7.2.2) 称为**牛顿-莱布尼茨公式**.它是积分学中的**基本公式**.这个公式揭示了

定积分与不定积分之间的关系:定积分的值等于被积函数的任一原函数在积分区间上的增量.有了微积分基本公式,计算连续函数的定积分问题就转化为求被积函数的原函数,使计算变得更简单了.为了使用方便,还可以将公式写成下面的形式:

$$\int_a^b f(x)\,\mathrm{d}x = \left[F(x)\right]_a^b = F(b) - F(a),$$

或

$$\int_a^b f(x)\,\mathrm{d}x = \left(F(x)\right)\Big|_a^b = F(b) - F(a).$$

例 1　计算 $\int_0^1 x^2\,\mathrm{d}x$.

解　$\int_0^1 x^2\,\mathrm{d}x = \left[\dfrac{1}{3}x^3\right]_0^1 = \dfrac{1}{3}\times 1^3 - \dfrac{1}{3}\times 0^3 = \dfrac{1}{3}$

MATLAB 代码为:

> ≫clear clc
> ≫syms x; % 定义变量 x
> ≫int(x^2,0, 1) % 关于 x 求积分,0, 1 分别为积分下上限

按 Enter 得到结果为 ans = 1/3.

例 2　计算 $\int_{-1}^{\sqrt{3}} \dfrac{1}{1+x^2}\,\mathrm{d}x$.

解

$$\int_{-1}^{\sqrt{3}} \frac{1}{1+x^2}\,\mathrm{d}x = \left[\arctan x\right]_{-1}^{\sqrt{3}} = \arctan\sqrt{3} - \arctan(-1)$$

$$= \frac{\pi}{3} - \left(-\frac{\pi}{4}\right) = \frac{7\pi}{12}$$

MATLAB 代码为:

> ≫clear clc
> ≫syms x; % 定义变量 x
> ≫int(1/(1 + x^2), − 1,3^(1/2)) % 关于 x 求积分, − 1,3^(1/2) 分别为积分下上限

按 Enter 得到结果为 ans = (7 ∗ pi)/12.

例 3　计算 $\int_{-3}^{-1} \dfrac{1}{x}\,\mathrm{d}x$.

解　$\int_{-3}^{-1} \dfrac{1}{x}\,\mathrm{d}x = \left[\ln|x|\right]_{-3}^{-1} = \ln|-1| - \ln|-3| = \ln 1 - \ln 3 = -\ln 3.$

MATLAB 代码为:

```
≫clear clc
≫syms x; % 定义变量 x
≫int(1/x, -3, -1) % 关于 x 求积分, -3, -1 分别为积分下上限
```
按 Enter 得到结果为 ans = -log(3).

课后提升

1. 选择题

(1) 变上限积分 $\int_a^x f(t)\mathrm{d}t$ 是(　　).

A. $f'(x)$ 的一个原函数 　　　　B. $f'(x)$ 的全体原函数

C. $f(x)$ 的一个原函数 　　　　D. $f(x)$ 的全体原函数

(2) 设 a 为常数,且 $\int_0^1 (2x+a)\mathrm{d}x = 3$,则 $a = ($　　$)$.

A. 1 　　　　B. 2 　　　　C. -1 　　　　D. -2

(3) 设 $f(x) = \begin{cases} x, & 0 \leqslant x \leqslant 1, \\ \dfrac{1}{x^2}, & 1 < x \leqslant 2. \end{cases}$ 则 $\int_0^2 f(x)\mathrm{d}x = ($　　$)$.

A. 1 　　　　B. -1 　　　　C. 0 　　　　D. 22

(4) 下列各积分中,计算正确的是(　　).

A. $\int_{-1}^1 \dfrac{2}{x^2}\mathrm{d}x = \left[-\dfrac{2}{x}\right]_{-1}^1 = -4$

B. $\int_{-\frac{\pi}{2}}^{\frac{\pi}{2}} \sin x \, \mathrm{d}x = 2\int_0^{\frac{\pi}{2}} \sin x \, \mathrm{d}x = 2$

C. $\int_0^\pi \cos x \, \mathrm{d}x = 2\int_0^{\frac{\pi}{2}} \cos x \, \mathrm{d}x = 2$

D. $\int_{-1}^1 \dfrac{1}{1+x^2}\mathrm{d}x = 2\int_0^1 \dfrac{1}{1+x^2}\mathrm{d}x = \dfrac{\pi}{2}$

2. 求下列函数的导数.

(1) $\int_{-1}^x \sqrt[3]{t}\ln(1+t^2)\mathrm{d}t$; 　　　　(2) $\int_x^1 \sin t^2 \mathrm{d}t$.

3. 计算下列定积分.

(1) $\int_1^8 \sqrt[3]{x}\,\mathrm{d}x$; 　　　　(2) $\int_0^1 3^x \mathrm{d}x$;

(3) $\int_0^\pi (x-\sin x)\mathrm{d}x$; 　　　　(4) $\int_1^{\ln 3} (1-\mathrm{e}^x)\mathrm{d}x$;

(5) $\int_{-\frac{1}{2}}^{\frac{1}{2}} \dfrac{1}{\sqrt{1-x^2}}\mathrm{d}x$; 　　　　(6) $\int_{\frac{1}{\sqrt{3}}}^{\sqrt{3}} \dfrac{1}{1+x^2}\mathrm{d}x$;

(7) $\int_1^{\sqrt{3}} \dfrac{1+2x^2}{x^2(1+x^2)}\mathrm{d}x$; 　　　　(8) $\int_{-1}^0 \dfrac{3x^4+3x^2+1}{1+x^2}\mathrm{d}x$.

答　案

1. (1) C;(2) B;(3) A;(4) D.

2. (1) $\sqrt[3]{x}\ln(1+x^2)$; (2) $-\sin x^2$.

3. (1) $\dfrac{45}{4}$; (2) $\dfrac{2}{\ln 3}$; (3) $\pi-2$; (4) $e+\ln 3-4$; (5) $\dfrac{\pi}{3}$; (6) $\dfrac{\pi}{6}$; (7) $1-\dfrac{\sqrt{3}}{3}+\dfrac{\pi}{12}$;

(8) $1+\dfrac{\pi}{4}$.

7.2.3　定积分的计算

定积分的换
元积分法

应用微积分基本公式计算定积分时,首先要求出原函数.本节我们介绍定积分的换元积分,定积分的分部积分以及 MATLAB 求定积分.

7.2.3.1　定积分的换元法

定理　若(1) 函数 $f(x)$ 在区间 $[a,b]$ 上连续;

(2) 函数 $x=\varphi(t)$ 在区间 $[\alpha,\beta]$ 上单值有连续导数;

(3) 当 $\alpha\leqslant t\leqslant\beta$ 时,有 $a\leqslant\varphi(t)\leqslant b$,又 $\varphi(\alpha)=a$,$\varphi(\beta)=b$.

在这些条件下,则有定积分的换元公式

$$\int_a^b f(x)\mathrm{d}x=\int_\alpha^\beta f[\varphi(t)]\varphi'(t)\mathrm{d}t.$$

事实上,设 $F(x)$ 是 $f(x)$ 的原函数,即 $F'(x)=f(x)$.

由复合函数的求导法则,$F[\varphi(t)]$ 是 $f[\varphi(t)]\varphi'(t)$ 的原函数.由微积分基本公式,得

$$\int_a^b f(x)\mathrm{d}x=F(b)-F(a)=\left[F(x)\right]_a^b,$$

$$\int_\alpha^\beta f[\varphi(t)]\varphi'(t)\mathrm{d}t=F[\varphi(t)]_\alpha^\beta=F[\varphi(\beta)]-F[\varphi(\alpha)]=F(b)-F(a),$$

故
$$\int_a^b f(x)\mathrm{d}x=\int_\alpha^\beta f[\varphi(t)]\varphi'(t)\mathrm{d}t.$$

应用定积分换元公式时注意两点:

(1) 用 $x=\varphi(t)$ 把原来变量 x 代换成新变量 t 时,积分的上、下限也要换成相对应于新变量 t 的积分上、下限,即"换元必换限";

(2) 求出 $f[\varphi(t)]\varphi'(t)$ 的一个原函数 $F[\varphi(t)]$ 后,不必像计算不定积分那样再把 $F[\varphi(t)]$ 回代成原来变量 x 的函数,只要把 t 的上、下限代入 $F[\varphi(t)]$ 计算即可.

例 1　计算 $\displaystyle\int_4^9 \dfrac{\sqrt{x}}{\sqrt{x}-1}\mathrm{d}x$.

126

解　设 $\sqrt{x}=t$，则 $x=t^2$，$\mathrm{d}x=2t\,\mathrm{d}t$.

当 $x=4$ 时，$t=2$；当 $x=9$ 时，$t=3$.

原式：
$$\int_4^9 \frac{\sqrt{x}}{\sqrt{x}-1}\mathrm{d}x = \int_2^3 \frac{t}{t-1}2t\,\mathrm{d}t = 2\int_2^3\left(t+1+\frac{1}{t-1}\right)\mathrm{d}t$$
$$= 2\left(\frac{t^2}{2}+t+\ln|t-1|\right)\Big|_2^3 = 7+\ln 4.$$

MATLAB 代码为：

```
≫clear clc
≫syms x; % 定义变量 x
≫ int((x^(1/2))/((x^(1/2)) - 1),4,9)% 关于 x 求积分,4,9 分别为积分下上限
```

按 Enter 得到结果为 ans = log(4) + 7.

例 2　证明

(1) 若函数 $f(x)$ 在区间 $[-a,a]$ 上连续，且为偶函数（图 7-18），则
$$\int_{-a}^a f(x)\mathrm{d}x = 2\int_0^a f(x)\mathrm{d}t.$$

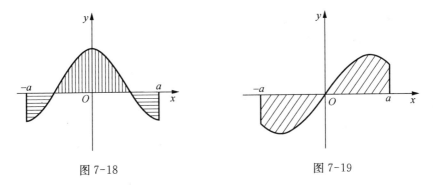

图 7-18　　　　　　　　　　图 7-19

(2) 若函数 $f(x)$ 在区间 $[-a,a]$ 上连续，且为奇函数（图 7-19），则
$$\int_{-a}^a f(x)\mathrm{d}x = 0.$$

证明　已知 $\displaystyle\int_{-a}^a f(x)\mathrm{d}x = \int_{-a}^0 f(x)\mathrm{d}t + \int_0^a f(x)\mathrm{d}x$.

对于积分 $\displaystyle\int_{-a}^0 f(x)\mathrm{d}x$，

当 $f(x)$ 为偶函数，有 $f(x)=f(-x)$.令 $x=-t$，则 $\mathrm{d}x=-\mathrm{d}t$，这时
$$\int_{-a}^0 f(x)\mathrm{d}x = -\int_a^0 f(-t)\mathrm{d}t = \int_0^a f(t)\mathrm{d}t = \int_0^a f(x)\mathrm{d}x,$$

所以 $\int_{-a}^{a} f(x)\mathrm{d}x = \int_{-a}^{0} f(x)\mathrm{d}t + \int_{0}^{a} f(x)\mathrm{d}x = 2\int_{0}^{a} f(x)\mathrm{d}x.$

当 $f(x)$ 为奇函数,有 $f(x) = -f(-x)$.令 $x = -t$,则 $\mathrm{d}x = -\mathrm{d}t$,这时

$$\int_{-a}^{0} f(x)\mathrm{d}x = -\int_{a}^{0} f(-t)\mathrm{d}t = -\int_{0}^{a} f(t)\mathrm{d}t = -\int_{0}^{a} f(x)\mathrm{d}x,$$

所以 $\int_{-a}^{a} f(x)\mathrm{d}x = \int_{-a}^{0} f(x)\mathrm{d}t + \int_{0}^{a} f(x)\mathrm{d}x = -\int_{0}^{a} f(x)\mathrm{d}x + \int_{0}^{a} f(x)\mathrm{d}x = 0.$

例 2 表明了奇,偶函数在对称区间 $[-a, a]$ 上的积分性质.利用这一性质,可以简化在对称区间上奇,偶函数的定积分的计算.

例 3 计算 $\int_{-\sqrt{2}}^{\sqrt{2}} \dfrac{x\sin^2 x}{1+x^2}\mathrm{d}x.$

解 因为 $f(x) = \dfrac{x\sin^2 x}{1+x^2}$ 为奇函数,积分区间与原点对称,

所以

$$\int_{-\sqrt{2}}^{\sqrt{2}} \frac{x\sin^2 x}{1+x^2}\mathrm{d}x = 0.$$

7.2.3.2 定积分的分部积分法

设函数 $u(x)$, $v(x)$ 在区间 $[a, b]$ 上有连续导数,由函数乘积的导数公式,有

$$[u(x)v(x)]' = u'(x)v(x) + u(x)v'(x).$$

分别求上式两边在 $[a, b]$ 上的定积分,得

$$\int_{a}^{b} [u(x)u(x)]'\mathrm{d}x = \int_{a}^{b} u'(x)v(x)\mathrm{d}x + \int_{a}^{b} u(x)v'(x)\mathrm{d}x,$$

由于

$$\int_{a}^{b} [u(x)u(x)]'\mathrm{d}x = [u(x)v(x)]_{a}^{b},$$

所以有

$$\int_{a}^{b} u(x)v'(x)\mathrm{d}x = [u(x)v(x)]_{a}^{b} - \int_{a}^{b} v(x)u'(x)\mathrm{d}x, \tag{7.2.3}$$

或简写为

$$\int_{a}^{b} u\,\mathrm{d}v = [uv]_{a}^{b} - \int_{a}^{b} v\,\mathrm{d}u. \tag{7.2.4}$$

式 (7.2.3) 或式 (7.2.4) 都称为定积分的分部积分公式.用分部积分公式求定积分的方法就是**分部积分法**.

例 1 求 $\int_{0}^{1} x\mathrm{e}^{3x}\mathrm{d}x.$

解 $\displaystyle\int_0^1 x\,\mathrm{e}^{3x}\,\mathrm{d}x = \frac{1}{3}\int_0^1 x\,d\,\mathrm{e}^{3x} = \frac{1}{3}\big[x\,\mathrm{e}^{3x}\big]_0^1 - \frac{1}{3}\int_0^1 \mathrm{e}^{3x}\,\mathrm{d}x$

$$= \frac{1}{3}\mathrm{e}^3 - \frac{1}{9}\int_0^1 \mathrm{e}^{3x}\,\mathrm{d}(3x) = \frac{1}{3}\mathrm{e}^3 - \frac{1}{9}\big[\mathrm{e}^{3x}\big]_0^1$$

$$= \frac{1}{3}\mathrm{e}^3 - \frac{1}{9}\big[\mathrm{e}^3 - 1\big] = \frac{2}{9}\mathrm{e}^3 + \frac{1}{9}.$$

例 2 求 $\displaystyle\int_0^{\frac{\pi}{2}} x\cos x\,\mathrm{d}x$.

解 $\displaystyle\int_0^{\frac{\pi}{2}} x\,\mathrm{e}^x\,\mathrm{d}x = \int_0^{\frac{\pi}{2}} x\,\mathrm{d}\sin x = \big[x\sin x\big]_0^{\frac{\pi}{2}} - \int_0^{\frac{\pi}{2}} \sin x\,\mathrm{d}x$

$$= \frac{\pi}{2} - \big[-\cos x\big]_0^{\frac{\pi}{2}} = \frac{\pi}{2} - 1.$$

7.2.3.3 MATLAB 求定积分

MATLAB 中主要用 int 进行符号积分.

int(s,a,b)： 符号表达式 s 的定积分,a,b 分别为积分的上、下限.

int(s,x,a,b)：符号表达式 s 关于变量 x 的定积分,a,b 分别为积分的上、下限.

例 1 计算 $\displaystyle\int_0^{\frac{\pi}{2}} \cos^5 x\sin x\,\mathrm{d}x$.

解 MATLAB 代码为：

≫clear clc

≫syms x; % 定义变量 x

≫int((cos(x))^5 * sin(x),0,pi/2) % 关于 x 求积分,0,pi/2 分别为积分下上限

按 Enter 得到结果为 ans = 1/6.

$$\int_0^{\frac{\pi}{2}} \cos^5 x\sin x\,\mathrm{d}x = \frac{1}{6}.$$

例 2 计算 $\displaystyle\int_0^1 x^2\sqrt{1-x^2}\,\mathrm{d}x$.

解 MATLAB 代码为：

≫clear clc

≫syms x; % 定义变量 x

≫int(x^2 * sqrt(1 - x^2),0, 1) % 关于 x 求积分,0, 1 分别为积分下上限

按 Enter 得到结果为 ans = pi/16 所以：

$$\int_0^1 x^2\sqrt{1-x^2}\,\mathrm{d}x = \frac{\pi}{16}$$

例 3 求 $\displaystyle\int_0^{\frac{\sqrt{2}}{2}} \arcsin x \, \mathrm{d}x$.

解 MATLAB 代码为：

```
≫clear clc
≫syms x; % 定义变量 x
≫ int(asin(x),0,sqrt(2)/2) % 关于 x 求积分,0,sqrt(2)/2 分别为积分下上限
```

按 Enter 得到结果为 ans = (pi * 2^(1/2))/8 + 2^(1/2)/2 − 1.

所以：$\displaystyle\int_0^{\frac{\sqrt{2}}{2}} \arcsin x \, \mathrm{d}x = \frac{\sqrt{2}\,\pi}{8} + \frac{\sqrt{2}}{2} - 1$

例 4 求 $\displaystyle\int_0^1 \mathrm{e}^{\sqrt{x}} \, \mathrm{d}x$.

解 MATLAB 代码为：

```
≫clear clc
≫syms x; % 定义变量 x
≫ int(exp(sqrt(x)),0,1) % 关于 x 求积分,0,1 分别为积分下上限
```

按 Enter 得到结果为 ans = 2.

所以：$\displaystyle\int_0^1 \mathrm{e}^{\sqrt{x}} \, \mathrm{d}x = 2$

例 5 求 $\displaystyle\int_1^4 \frac{\ln x}{\sqrt{x}} \, \mathrm{d}x$.

解 MATLAB 代码为：

```
≫clear clc
≫syms x; % 定义变量 x
≫  int(log(x)/sqrt(x),1,4) % 关于 x 求积分,1,4 分别为积分下上限
```

按 Enter 得到结果为 ans = log(256) − 4.

所以：$\displaystyle\int_1^4 \frac{\ln x}{\sqrt{x}} \, \mathrm{d}x = 4(2\ln 2 - 1)$.

课后提升

1. 求下列定积分.

(1) $\displaystyle\int_0^1 \frac{x}{1+x^2} \mathrm{d}x$；

(2) $\displaystyle\int_1^e \frac{\ln^2 x}{x} \mathrm{d}x$；

(3) $\displaystyle\int_1^4 \frac{x}{\sqrt{2+4x}} \mathrm{d}x$；

(4) $\displaystyle\int_1^5 \frac{\sqrt{x-1}}{x} \mathrm{d}x$；

(5) $\displaystyle\int_1^{\mathrm{e}}\dfrac{2+\ln x}{x}\mathrm{d}x$;

(6) $\displaystyle\int_{-1}^{\sqrt{3}}\dfrac{\arctan x}{1+x^2}\mathrm{d}x$.

2. 求下列定积分.

(1) $\displaystyle\int_0^{\ln 3} x\,\mathrm{e}^{-x}\mathrm{d}x$;

(2) $\displaystyle\int_0^1\arccos x\,\mathrm{d}x$;

(3) $\displaystyle\int_0^{\sqrt{3}} x\arctan x\,\mathrm{d}x$;

(4) $\displaystyle\int_1^{\mathrm{e}} x\ln x\,\mathrm{d}x$;

(5) $\displaystyle\int_0^1 x\arctan x\,\mathrm{d}x$;

(6) $\displaystyle\int_1^{\mathrm{e}-1}\ln(1+x)\mathrm{d}x$;

(7) $\displaystyle\int_0^{\frac{\pi}{2}}\mathrm{e}^{2x}\cos x\,\mathrm{d}x$;

(8) $\displaystyle\int_0^{\pi} x^3\sin x\,\mathrm{d}x$.

答　案

1. (1) $\dfrac{1}{2}\ln 2$; (2) $\dfrac{1}{3}$; (3) $\dfrac{3\sqrt{2}}{2}$; (4) $2(2-\arctan 2)$; (5) $\dfrac{5}{2}$; (6) $\dfrac{7}{288}\pi^2$.

2. (1) $\dfrac{1}{3}(2-\ln 3)$; (2) 1; (3) $\dfrac{\pi}{4}-\dfrac{1}{2}$; (4) $\dfrac{1}{4}(\mathrm{e}^2+1)$; (5) $\dfrac{\pi}{4}-\dfrac{1}{2}$; (6) 1; (7) $\dfrac{1}{5}(\mathrm{e}^{\pi}-2)$; (8) $\pi^3-6\pi$.

知识小结

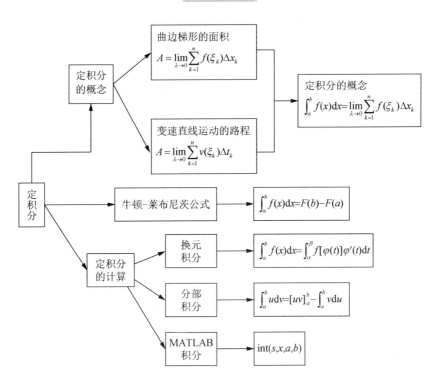

能力提升

1. 填空题

(1) 若 $\left[\displaystyle\int_a^x f(t)\mathrm{d}t\right]' = $ _____.

(2) 设 $f(x)$ 在 $[-a,a]$ 上连续，则 $\displaystyle\int_{-a}^a x\sin^6 x\,\mathrm{d}x = $ _____.

(3) 定积分 $\displaystyle\int_{\frac{1}{2}}^1 \mathrm{e}^{\frac{1}{x}} \cdot \dfrac{1}{x^2}\,\mathrm{d}x = $ _____.

(4) 若 k 为正整数，则 $\displaystyle\int_{-\pi}^\pi \cos kx\,\mathrm{d}x = $ _____.

(5) $\displaystyle\lim_{x\to 0}\dfrac{\displaystyle\int_0^x \ln(1+t^2)}{x^3} = $ _____.

(6) 函数 $y = \dfrac{1}{\sqrt[3]{x}}$ 在区间 $[1,8]$ 上的平均值为 _____.

(7) 已知 $v(t) = t^2 + 1$，在时间间隔 $[0,3]$ 上，物体的位移 $s = $ _____.

2. 选择题

(1) 设 a 为常数，且 $\displaystyle\int_0^1 (2x+a)\mathrm{d}x = 3$，则 $a = $ (   ).

A. 1   B. 2   C. -1 D. -2

(2) 若 $\displaystyle\int_0^1 f(x)\mathrm{d}x = 4$，则 $\displaystyle\int_0^1 f(1-x)\mathrm{d}x = $ (   ).

A. 3   B. 4   C. -3 D. -4

(3) 定积分 (   ) 的值为 0.

A. $\displaystyle\int_{-1}^2 x\,\mathrm{d}x$ B. $\displaystyle\int_{-1}^1 x\sin x\,\mathrm{d}x$ C. $\displaystyle\int_{-1}^1 x\sin^2 x\,\mathrm{d}x$ D. $\displaystyle\int_{-1}^1 x^2\sin^2 x\,\mathrm{d}x$

(4) 设 $f(x)$ 为连续函数，则下列等式中正确的是 (   ).

A. $\dfrac{\mathrm{d}}{\mathrm{d}x}\displaystyle\int_b^a f(x)\mathrm{d}x = f(x)$ B. $\dfrac{\mathrm{d}}{\mathrm{d}x}\displaystyle\int_a^{x^3} f(\sqrt[3]{t})\mathrm{d}t = f(x)$

C. $\dfrac{\mathrm{d}}{\mathrm{d}x}\displaystyle\int_b^x f(t)\mathrm{d}t = f(x)$ D. $\dfrac{\mathrm{d}}{\mathrm{d}x}\displaystyle\int_a^x f(t^2)\mathrm{d}t^2 = f(x^2)$

(5) $\displaystyle\int_0^x f(t^2)\mathrm{d}t = 2x^3$，则 $\displaystyle\int_0^1 f(x)\mathrm{d}x = $ (   ).

A. 1   B. 2   C. 3   D. 4

(6) $\displaystyle\int_0^3 |2-x|\,\mathrm{d}x = $ (   ).

A. $\dfrac{5}{2}$ B. $\dfrac{1}{2}$ C. $\dfrac{3}{2}$ D. $\dfrac{2}{3}$

(7) $\displaystyle\int_1^0 f'(3x)\mathrm{d}x = $ (   ).

A. $\dfrac{1}{3}[f(0) - f(3)]$ B. $f(0) - f(3)$

C. $f(3)-f(0)$ D. $\dfrac{1}{3}[f(3)-f(0)]$

3. 计算下列各定积分.

(1) $\displaystyle\int_0^1 \dfrac{x^4-1}{x^2+1}\mathrm{d}x$;

(2) $\displaystyle\int_1^{\mathrm{e}} \dfrac{\ln x}{x}\mathrm{d}x$;

(3) $\displaystyle\int_0^{\ln 2} \sqrt{\mathrm{e}^x-1}\,\mathrm{d}x$;

(4) $\displaystyle\int_0^{\frac{\pi}{4}} \dfrac{1+\sin 2x}{\cos^2 x}\mathrm{d}x$;

(5) $\displaystyle\int_4^9 \dfrac{\sqrt{x}}{\sqrt{x}-1}\mathrm{d}x$;

(6) $\displaystyle\int_{-2}^0 \dfrac{1}{x^2+2x+2}\mathrm{d}x$.

答　案

1. (1) $f(x)$;　(2) 0;　(3) $\mathrm{e}^2-\mathrm{e}$;(4) 0;　(5) $\dfrac{1}{3}$;　(6) $\dfrac{9}{14}$;　(7) 12.

2. (1) B;　(2) D;　(3) C;　(4) C;　(5) C;　(6) A;　(7) A.

3. (1) $-\dfrac{2}{3}$;　(2) $\dfrac{1}{2}$;　(3) $2-\dfrac{\pi}{2}$;　(4) $1+\ln 2$;　(5) $7+2\ln 2$;　(6) $\dfrac{\pi}{2}$.

7.3　定积分的应用

本章我们将应用定积分的知识分析,解决常见的一些几何,物理方面的一些问题.

7.3.1　定积分的微元法

定积分是分部在区间上的整体量.因整体是由局部组成,将实际问题抽象为定积分,必须从整体着眼,从局部入手.具体作法是,将区间上的整体量化成区间上每一点的微分,也叫微元,这时化整为零,然后,对区间上每一点上的微分无限累加,这是积零为整,这样就得到所求的定积分.我们回顾 7.2.1 节定积分的概念与性质中曲边梯形面积问题.

设函数 $f(x)$ 在区间 $[a,b]$ 上连续且 $f(x)\geqslant 0$,由曲线 $y=f(x)$ 和直线 $x=a$,$x=b$ 以及 x 轴所围成的曲边梯形的面积 $A=\displaystyle\int_a^b f(x)\mathrm{d}x$ 的过程:

(1) 分割:把区间 $[a,b]$ 任意分成 n 个子区间,所求曲边梯形的面积 A 分为每个子区间上小曲边梯形的面积 $\Delta A_k(k=1,2,\cdots,n)$ 之和,即 $A=\displaystyle\sum_{k=1}^n \Delta A_k$.

(2) 近似代替:在每个小区间 $[x_{k-1},x_k]$ 上任取一点 $\xi_k(x_{k-1}\leqslant \xi_k \leqslant x_k)$,以 $f(\xi_k)$ 为高,Δx_k 为底的小矩形的面积为 $f(\xi_k)\Delta x_k$,则小曲边梯形面积 ΔA_k 的近似值就是小矩形的面积. 即 $\Delta A_k \approx f(\xi_k)\Delta x_k(k=1,2,\cdots,n)$.

(3) 求和:
$$A=\sum_{k=1}^n \Delta A_k \approx \sum_{k=1}^n f(\xi_k)\Delta x_k.$$

(4) 取极限：
$$A = \lim_{\lambda \to 0} \sum_{k=1}^{n} f(\xi_k) \Delta x_k = \int_a^b f(x) dx.$$

在实际应用中，还可以简化上述步骤：

设函数 $f(x)$ 在区间$[a,b]$ 上连续，具体问题中所求的量为 A.

① 在区间$[a,b]$ 内任取子区间$[x,x+\Delta x]$，在此子区间上量 A 的微元为

$$dA = f(x) dx.$$

② 把微元在区间$[a,b]$ 上积分，即

$$A = \int_a^b dA = \int_a^b f(x) dx.$$

这种方法就是**微元法**（或**元素法**）.

从上述例子可以看出，要将某实际问题抽象为定积分，首先求出要求量的微元. 如计算曲边梯形的面积要求出面积微元. 微元都是根据具体问题的公式写出来的.再将每一点上的微元连续累加起来，就得到了定积分.

7.3.2 定积分的几何应用

7.3.2.1 平面图形的面积

1. 直角坐标系下平面图形的面积

情形 1：

设函数 $y = f(x)$ 在区间$[a,b]$ 上连续，由曲线 $y = f(x)$ 和直线 $x = a$，$x = b$ 以及 x 轴所围成的曲边梯形的面积 A.

(1) 当函数 $f(x) \geqslant 0$ 时(图 7-20)，面积 A 的微元是

$$dA = f(x) dx.$$

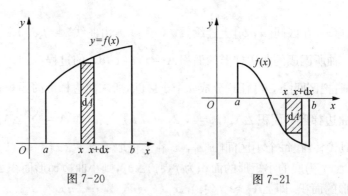

图 7-20　　　　　　　　图 7-21

（2）当函数 $f(x)$ 在区间$[a,b]$ 上有正有负时(图 7-21)，面积 A 的微元应是以 $|f(x)|$ 为高，dx 为底的小矩形面积，即

$$dA = |f(x)| \, dx.$$

综上所述，面积 A 为

$$A = \int_a^b |f(x)| \, dx.$$

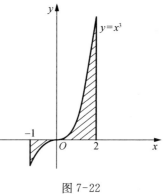

图 7-22

例 1 求由曲线 $y = x^3$ 和直线 $x = -1$，$x = 2$ 以及 x 轴所围成的平面图形的面积(图 7-22).

解

$$A = \int_{-1}^2 |x^3| \, dx = \int_{-1}^0 |x^3| \, dx + \int_0^2 |x^3| \, dx$$

$$= -\int_{-1}^0 x^3 \, dx + \int_0^2 x^3 \, dx = \frac{17}{4}.$$

MATLAB 代码为：

```
≫clear clc
≫syms x; % 定义变量 x
≫  int(abs(x^3), -1, 2)% 关于 x 求积分, -1, 2 分别为积分下上限
```

按 Enter 得到结果为 ans = 17/4.

情形 2:

设函数 $y = f(x)$，$y = g(x)$ 在区间 $[a, b]$ 上连续，且 $g(x) \leqslant f(x)$.

由曲线 $y = f(x)$，$y = g(x)$ 和直线 $x = a$，$x = b$ 以及 x 轴所围成的曲边梯形(图 7-23)，它的面积 A 的微元是

$$dA = |f(x) - g(x)| \, dx,$$

面积

$$A = \int_a^b |f(x) - g(x)| \, dx.$$

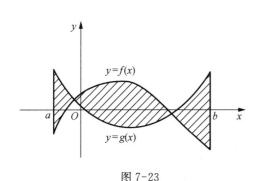

图 7-23

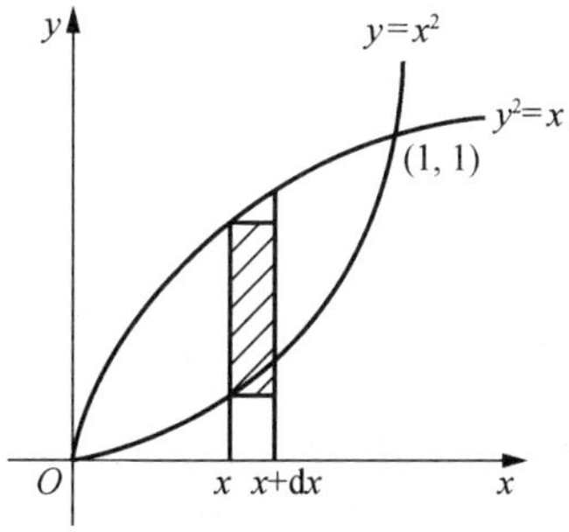

图 7-24

例 2 求由曲线 $y = x^2$ 和 $x = y^2$ 所围成的平面图形的面积 A(图 7-24).

解 先求出曲线 $y = x^2$ 和 $x = y^2$ 的交点 $(0, 0)$，$(1, 1)$.

取 x 为积分变量,积分区间为$[0,1]$,面积微元为 $\mathrm{d}A=(\sqrt{x}-x^2)\mathrm{d}x$,则所求的

面积为 $A=\int_0^1(\sqrt{x}-x^2)\mathrm{d}x=\left[\dfrac{2}{3}x^{\frac{3}{2}}-\dfrac{1}{3}x^3\right]_0^1=\dfrac{1}{3}$.

例3 求由曲线 $2x=y^2$ 和直线 $y=x-4$
所围成的平面图形的面积(图7-25).

解 先求出曲线 $2x=y^2$ 和直线 $y=x-4$
的交点 $(2,-2)$,$(8,4)$.

选取 y 为积分变量,积分区间为$[-2,4]$,

面积微元为 $\mathrm{d}A=\left[(y+4)-\dfrac{y^2}{2}\right]\mathrm{d}x$,则所求的

面 积 为 $A=\int_{-2}^4\left[(y+4)-\dfrac{y^2}{2}\right]\mathrm{d}x=$

$\left[\dfrac{1}{2}y^2+4y-\dfrac{1}{6}y^3\right]_0^1=18$.

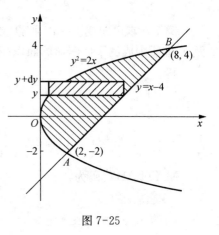

图7-25

若选取 x 为积分变量,积分表达式就比较
复杂.读者不妨一试.

一般的,若平面图形是由区间$[c,d]$上的两条连续曲线 $x=\varphi(y)$ 与 $x=\psi(y)$
及两条直线 $y=c$ 与 $y=d$ 所围成(图7-26),则面积为

$$A=\int_c^d|\varphi(y)-\psi(y)|\mathrm{d}y.$$

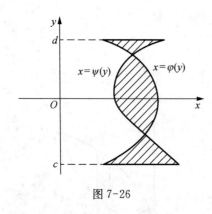

图7-26

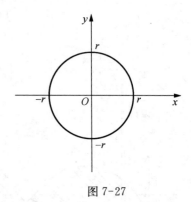

图7-27

例4 求半径为 r 的圆的面积 A(图7-27).

解 在直角坐标中,取圆心为坐标原点,半径为 r 的圆的方程是

$$x^2+y^2=r^2.$$

根据圆的对称性及定积分的几何意义可得

$$A = 4 \int_0^r \sqrt{r^2 - x^2} \, \mathrm{d}x.$$

解   MATLAB 代码为：

≫clear clc

≫syms x；% 定义变量 x

≫ int(sqrt(r^2 − x^2),x,0,r) % 关于 x 求积分,0,r 分别为积分下上限

按 Enter 得到结果为 ans = (pi * r^2)/4.

$$A = 4 \int_0^r \sqrt{r^2 - x^2} \, \mathrm{d}x = 4 \cdot \frac{\pi r^2}{4} = \pi r^2.$$

此题还可以考虑利用圆的参数方程 $\begin{cases} x = r\cos\theta, \\ y = r\sin\theta \end{cases}$ $(0 \leqslant \theta < 2\pi)$,应用定积分的换

元法来解：令 $x = r\cos\theta$,则 $y = r\sin\theta$, $\mathrm{d}x = -r\sin\theta\,\mathrm{d}\theta$,

当 $x = 0$ 时,$\theta = \dfrac{\pi}{2}$；当 $x = r$ 时,$\theta = 0$.所以

$$A = 4 \int_0^1 y \, \mathrm{d}x = 4 \int_{\frac{\pi}{2}}^0 r\sin\theta \cdot (-r\sin\theta) \, \mathrm{d}\theta.$$

用 MATLAB 解：

≫clear clc

≫syms x；% 定义变量 x

≫ int(r * sin(x) * (− r * sin(x)),x,pi/2,0) % 关于 x 求积分,pi/2,0 分别为积分

下上限

按 Enter 得到结果为 ans = (pi * r^2)/4.

$$A = 4 \int_0^r \sqrt{r^2 - x^2} \, \mathrm{d}x = 4 \cdot \frac{\pi r^2}{4} = \pi r^2.$$

一般地说,当曲边梯形的曲边由参数方程 $\begin{cases} x = \varphi(t), \\ y = \psi(t) \end{cases}$ 给出时,面积为

$$A = \int_{t_1}^{t_2} \psi(t) \varphi'(t) \, \mathrm{d}t.$$

这里 t_1 及 t_2 是对应于曲边的起点及终点的参数值.

2. 极坐标系下平面图形的面积

设曲线的极坐标方程为 $r = r(\theta)$,$r(\theta)$ 在区间 $[\alpha,$ $\beta]$ 上连续,且 $r(\theta) > 0$,求由曲线 $r = r(\theta)$ 与射线 $\theta = \alpha$, $\theta = \beta$ 所围成的曲边扇形(图 7-28)的面积.

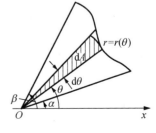

图 7-28

在区间 $[\alpha,\beta]$ 上任取一小区间 $[\theta,\theta+\mathrm{d}\theta]$,设此小区间上的曲边扇形的面积为 ΔA,则 ΔA 近似与半径为 $r(\theta)$,圆心角为 $\mathrm{d}\theta$ 的扇形面积,得到面积微元

$$\mathrm{d}A=\frac{1}{2}r^2(\theta)\mathrm{d}\theta,$$

从而曲边扇形的面积为

$$A=\frac{1}{2}\int_\alpha^\beta r^2(\theta)\mathrm{d}\theta.$$

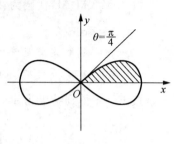

例 5 求双纽线 $r^2=a^2\cos 2\theta\ (a>0)$ 围成的面积 A(图 7-29).

图 7-29

解 在第一象限内曲线上点的极角 θ 由 0 变化到 $\frac{\pi}{4}$.所以

$$A=4\cdot\frac{1}{2}\int_0^{\frac{\pi}{4}}a^2\cos 2\theta\mathrm{d}\theta=2a^2\cdot\left[\frac{1}{2}\sin 2\theta\right]_0^{\frac{\pi}{4}}=a^2.$$

例 6 求心形线 $r=a(1+\cos\theta)(a>0)$ 所围成的平面图形的面积(图 7-30).

解 $A=2\cdot\frac{1}{2}\int_0^\pi a^2(1+\cos\theta)^2\mathrm{d}\theta.$

用 MATLAB 解:

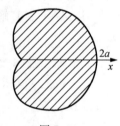

```
≫clear clc
≫syms x a; % 定义变量 x a
≫ int(a^2 * (1 + cos(x))^2, x,0,pi) % 关于 x 求积分,0,pi
```
分别为积分下上限

图 7-30

按 Enter 得到结果为 ans = (3 * pi * a^2)/2.

$$A=2\cdot\frac{1}{2}\int_0^\pi a^2(1+\cos\theta)^2\mathrm{d}\theta=\frac{3}{2}\pi a^2.$$

例 7 求三叶玫瑰线 $r=a\cos 3\theta(a>0)$ 所围成的平面图形的面积 A(图7-31).

解 三叶玫瑰线围成的三个叶全等.面积 A 是阴影部分的 6 倍.所以

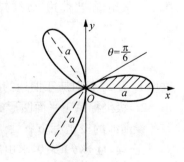

$$A=6\cdot\int_0^{\frac{\pi}{6}}\frac{1}{2}a^2\cos^2 3\theta\mathrm{d}\theta=3a^2\int_0^{\frac{\pi}{6}}\cos^2 3\theta\mathrm{d}\theta=\frac{1}{4}\pi a^2$$

用 MATLAB 解:

图 7-31

```
≫clear clc
≫syms x; % 定义变量 x
≫ int((cos(3 * x))^2,0,pi/6) % 关于 x 求积分,0,pi/6 分别为积分下上限
```

按 Enter 得到结果为 ans = pi/12.

$$A = 3a^2 \frac{\pi}{12} = \frac{1}{4}\pi a^2.$$

7.3.2.2 旋转体的体积

1. 旋转体

旋转体就是由一个平面图形绕着平面内一条直线旋转一周所生成的立体.这条直线叫做旋转轴.

常见的旋转体:圆柱、圆锥、圆台、球体.

旋转体都可以看作是由连续曲线 $y = f(x)$ 和直线 $x = a$, $x = b$ 及 x 轴所围成的曲边梯形绕 x 轴旋转一周而成的立体(图 7-32).

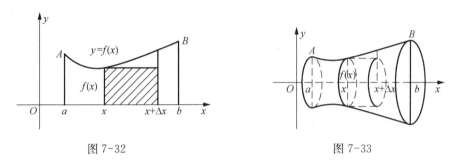

图 7-32   图 7-33

2. 旋转体的体积

取积分变量为 x,在区间 $[a, b]$ 上任取一个小区间 $[x, x + \Delta x]$,以区间 $[x, x + \Delta x]$ 为底的小曲边梯形绕 x 轴旋转一周生成的立体(图 7-33),它的体积微元为

$$dV = \pi[f(x)]^2 dx.$$

则旋转体的体积为

$$dV = \int_a^b \pi[f(x)]^2 dx.$$

例8 计算由椭圆 $\dfrac{x^2}{a^2} + \dfrac{y^2}{b^2} = 1$ 所成的图形绕 x 轴旋转一周而成的旋转体(旋转椭球体)的体积(图 7-34).

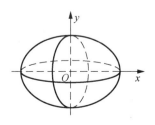

图 7-34

解 这个旋转椭球体也可以看作是由半个椭圆

$$y = \frac{b}{a}\sqrt{a^2 - x^2}.$$

及 x 轴围成的图形绕 x 轴旋转而成的立体.

体积元素为

$$dV = \pi y^2 dx.$$

于是所求旋转椭球体的体积为

$$V = \int_{-a}^{a} \pi \frac{b^2}{a^2}(a^2 - x^2)dx = \pi \frac{b^2}{a^2}\left[a^2 x - \frac{1}{3}x^3\right]_{-a}^{a} = \frac{4}{3}\pi ab^2.$$

当 $a = b$ 时,旋转椭球体就成为半径为 a 的球体,它的体积为 $\frac{4}{3}\pi a^2$.

用与上面类似的方法可以推出:由曲线 $x = \varphi(y)$,直线 $y = c$, $y = d(c < d)$ 与 y 轴所围成的曲边梯形绕 y 轴旋转一周生成的旋转体(图 7-35).

它的体积微元为

$$dV = \pi[\varphi(y)]^2 dy.$$

则旋转体的体积为

$$V = \int_c^d \pi[\varphi(y)]^2 dy.$$

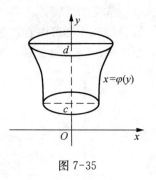

图 7-35

例9 计算由直线 $x + y = 4$ 与曲线 $xy = 3$ 所围成的图形绕 x 轴旋转一周而成的旋转体的体积(图 7-36).

解 这个旋转体是两个旋转体的差,因为直线 $x + y = 4$ 与曲线 $xy = 3$ 的交点为 $A(1, 3)$, $B(3, 1)$.体积元素为

$$dV = \pi\left[(4 - x)^2 - \left(\frac{3}{x}\right)^2\right]dx.$$

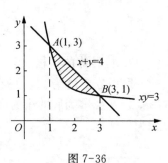

图 7-36

于是,所求旋转体的体积为

$$V = \int_1^3 \pi\left[(4 - x)^2 - \left(\frac{3}{x}\right)^2\right]dx = \pi\left[-\frac{(4 - x)^3}{3} + \frac{9}{x}\right]_1^3 = \frac{8\pi}{3}.$$

用 MATLAB 解:

```
≫clear clc
≫syms x; % 定义变量 x
≫int((4 - x)^2 - (3/x)^2,1,3) % 关于 x 求积分,1,3分别为积分下上限
```

按 Enter 得到结果为 ans = 8/3.

7.3.2.3 平面曲线的弧长

设 AB 是曲线弧上的两个端点,在弧 AB 上任取分点 $A=M_0$,M_1,M_2,$\cdots$,M_{i-1},M_i,$\cdots$,M_{n-1},$M_n=B$,并依次连接相邻的分点得一内接折线.当分点的数目无限增加且每个小段 $M_{i-1}M_i$ 都缩向一点时,如果此折线的长 $\sum\limits_{i=1}^{n}|M_{i-1}M_i|$ 的极限存在,则称此极限为曲线弧 AB 的弧长.并称此曲线弧 AB 是可求长的.

1. 直角坐标情形

设曲线弧由直角坐标方程

$$y=f(x) \quad (a\leqslant x\leqslant b).$$

其中 $f(x)$ 在区间 $[a,b]$ 上具有一阶连续导数.现在来计算这曲线弧(图 7-37)的长度.取横坐标 x 为积分变量,它的变化区间为 $[a,b]$.

曲线 $y=f(x)$ 上相应于 $[a,b]$ 上任一小区间 $[x,x+\Delta x]$ 的一段弧的长度可以用该曲线在点 $(x,f(x))$ 处的切线上相应的一小段的长度来近似代替,而切线上这相应的小段的长度为

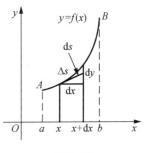

$$\sqrt{(\mathrm{d}x)^2+(\mathrm{d}y)^2}=\sqrt{1+(y')^2},$$

从而得弧长元素(即弧微分)

$$\mathrm{d}s=\sqrt{1+(y')^2}.$$

图 7-37

以 $\sqrt{1+y'^2}\,\mathrm{d}x$ 为被积表达式,在闭区间 $[a,b]$ 作定积分,便得所求的弧长为

$$s=\int_a^b \sqrt{1+(y')^2}\,\mathrm{d}x.$$

例 10 计算曲线 $y=x^{\frac{3}{2}}$(图 7-38)上 x 从 0 到 4 的一段弧的长度.

解 $$y'=\frac{3}{2}x^{\frac{1}{2}},$$

从而弧长元素

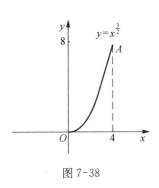

$$\mathrm{d}s=\sqrt{1+(y')^2}\,\mathrm{d}x=\sqrt{1+\frac{9}{4}x}\,\mathrm{d}x.$$

因此,所求弧长为

图 7-38

$$s = \int_0^4 \sqrt{1 + \frac{9}{4}x}\,\mathrm{d}x = \left[\frac{4}{9} \times \frac{2}{3}\left(1 + \frac{9}{4}x\right)^{\frac{3}{2}}\right]_0^4$$

$$= \frac{8}{27}\left[(1+9)^{\frac{3}{2}} - 1\right] = \frac{8}{27}(10\sqrt{10} - 1).$$

2. 参数方程情形

设曲线弧由参数方程 $x = \varphi(t)$，$y = \psi(t)$，$(\alpha \leqslant t \leqslant \beta)$ 给出，其中 $\varphi(t)$，$\psi(t)$ 在 $[\alpha, \beta]$ 上具有连续导数.

因为
$$\frac{\mathrm{d}y}{\mathrm{d}x} = \frac{\psi'(t)}{\varphi'(t)}, \quad \mathrm{d}x = \varphi'(t)\mathrm{d}t,$$

所以弧长元素为 $\mathrm{d}s = \sqrt{1 + \frac{\psi'^2(t)}{\varphi'^2(t)}}\,\varphi'(t)\mathrm{d}t = \sqrt{\varphi'^2(t) + \psi'^2(t)}\,\mathrm{d}t.$

所求弧长为

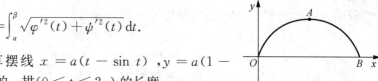

$$s = \int_\alpha^\beta \sqrt{\varphi'^2(t) + \psi'^2(t)}\,\mathrm{d}t.$$

例 11　计算摆线 $x = a(t - \sin t)$，$y = a(1 - \cos t)$（图 7-39）的一拱（$0 \leqslant t \leqslant 2\pi$）的长度.

图 7-39

解　弧长元素为

$$\mathrm{d}s = \sqrt{a^2(1 - \cos t)^2 + a^2\sin^2 t}\,\mathrm{d}t = a\sqrt{2(1 - \cos t)}\,\mathrm{d}t = 2a\sin\frac{t}{2}\mathrm{d}t.$$

所求弧长为

$$s = \int_0^{2\pi} 2a\sin\frac{t}{2}\mathrm{d}t = 2a\left[-2\cos\frac{t}{2}\right]_0^{2\pi} = 8a.$$

用 MATLAB 解：

≫clear clc

≫syms x; % 定义变量 x

≫ int(sin(x/2),0,2 * pi)% 关于 x 求积分,0,2 * pi 分别为积分下上限

按 Enter 得到结果为 ans = 4.

3. 极坐标情形

设曲线弧由极坐标方程 $r = f(\theta)(\alpha \leqslant \theta \leqslant \beta)$ 给出，其中 $f(\theta)$ 在区间 $[\alpha, \beta]$ 上具有连续导数（图 7-40）. 由直角坐标与极坐标的关系可得

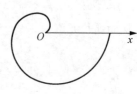

$$x = f(\theta)\cos\theta, \quad y = f(\theta)\sin\theta\,(\alpha \leqslant \theta \leqslant \beta),$$

图 7-40

于是,得弧长元素为

$$ds = \sqrt{x'^2(\theta) + y'^2(\theta)}\,d\theta = \sqrt{f^2(\theta) + f'^2(\theta)}\,d\theta.$$

从而所求弧长为

$$s = \int_\alpha^\beta \sqrt{f^2(\theta) + f'^2(\theta)}\,d\theta.$$

课后提升

1. 求下列各曲线所围成图形的面积.

(1) $2y = x^2$ 与 $x = y - 4$;

(2) $y = 2x - x^2$ 与 $y = 2x^2 - 4x$;

(3) $y = x^2$, $y = x$, $y = 2x$;

(4) $y = x^2$, $y = \dfrac{1}{4}x^2$, $y = 1$.

2. 求椭圆 $\dfrac{x^2}{a^2} + \dfrac{y^2}{b^2} = 1 (a > b > 0)$ 的面积.

3. 求阿基米德螺线 $r = a\theta (a > 0)$ 上相应于 θ 从 0 到 2π 的一段的弧与极轴所围成的面积.

4. 计算下列曲线的弧长.

(1) $y^2 = x^3$, $x = 0$ 到 $x = 1$;

(2) $x = \dfrac{1}{4}y^2 - \dfrac{1}{2}\ln y$, $y = 1$ 到 $y = e$.

5. 计算下列曲线围成的区域绕 x 轴旋转所成旋转体的体积.

(1) $y = x^3$, $x = 2$, $y = 0$;

(2) $y = x^2$, $y = \sqrt{x}$.

6. 求曲线 $y = \ln x$ 在 $[1, e]$ 上绕 x 轴旋转一周所成旋转体的体积.

答 案

1. (1) 18; (2) 4; (3) $\dfrac{7}{6}$; (4) $\dfrac{4}{3}$.

2. πab.

3. $\dfrac{4}{3}\pi^3 a^2$.

4. (1) $\dfrac{13\sqrt{13} - 8}{27}$; (2) $\dfrac{e^2 + 1}{4}$;

5. (1) $\dfrac{128}{7}\pi$; (2) $\dfrac{3}{10}\pi$;

6. $\pi(e - 2)$.

7.3.3 定积分的物理应用

7.3.3.1 变力做功

由物理学知道,一个物体在一个不变的力 F 的作用下,沿力的方向作直线运动,移动的距离为 s 时,F 所做的功为

$$W = F \cdot s.$$

但在实际问题中,物体在运动过程中受到的力经常是变化的,这就要考虑变力做功问题.

设物体在变力 $F = f(x)$ 的作用下,沿 x 轴正方向从点 a 移动到点 b,且变力的方向与 x 轴的正向一致.

取积分变量为 x,在区间 $[a,b]$ 上任取一个小区间 $[x, x+\Delta x]$,在此小区间 $[x, x+\Delta x]$ 上变力可以近似的看成常力,从而求得功微元为

$$dW = f(x)dx.$$

则在区间 $[a,b]$ 上变力所做的功为

$$W = \int_a^b f(x)dx.$$

例1 把一个带 $+q$ 电量的点电荷放在 r 轴上坐标原点 O 处,它产生一个电场.这个电场对周围的电荷有作用力.由物理学知道,若有一个单位正电荷放在这个电场中距离原点 O 为 r 的地方,则电场对它的作用力的大小为

$$F = \frac{kq}{r^2} \quad (k \text{ 为常数}).$$

计算当这个单位正电荷在这个电场中从 $r=a$ 处沿 r 轴移动到 $r=b (a<b) r$ 的地方,电场力对它所做的功.

解 取积分变量为 r,在区间 $[a,b]$ 上任取一个小区间 $[r, r+\Delta r]$,在此小区间 $[r, r+\Delta r]$ 上变力可以近似的看成常力,从而求得功微元为

$$dW = \frac{kq}{r^2}dx.$$

则,在区间 $[a,b]$ 上电场力所做的功为

$$W = \int_a^b \frac{kq}{r^2}dx = kq\left[-\frac{1}{r}\right]_a^b = kq\left[\frac{1}{a} - \frac{1}{b}\right] \text{ W.}$$

7.3.3.2 压力

定积分在物理上有着广泛的应用,除了前面提到的用定积分计算变力所做的功以外,还可计算压力.

例2 一直径为 6 m 的圆形管道,有一道闸门,管道盛水半满时(图 7-41),计算闸门所受的压力.

解 根据题意,建立(图 7-41)的直角坐标系.只需求出圆 $x^2 + y^2 = 9$ 在第一象限部分所受的压力 P,就可得出整个阀门所受的压力.

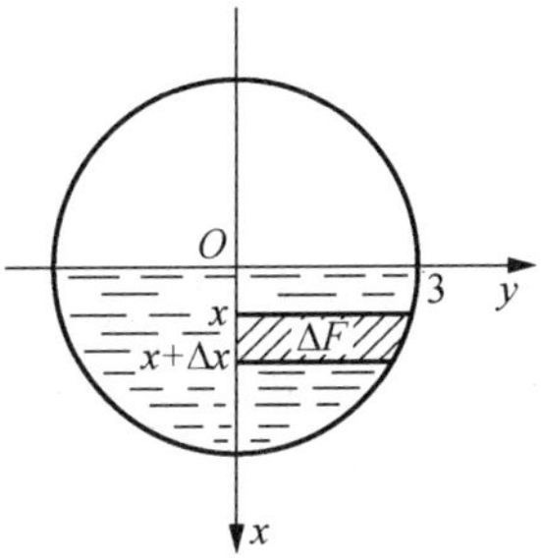

取积分变量为 x,在区间$[0,3]$上任取一个小区间 $[x, x + \Delta x]$,由于在相同深度处压强相同,在此小区间 $[x, x + \Delta x]$ 上各点的压强等于水的比重×深度,从而求得压力微元为

$$\mathrm{d}P = x\sqrt{9 - x^2}\,\mathrm{d}x,$$

则在区间$[0,3]$上压力为

$$P = \int_0^3 x\sqrt{9 - x^2}\,\mathrm{d}x.$$

图 7-41

用 MATLAB 解:

```
≫clear clc
≫syms x; % 定义变量 x
≫int(x * sqrt(9 - x2),0,3) % 关于 x 求积分,0,3 分别为积分下上限
```

按 Enter 得到结果为 ans = 9.

$$P = \int_0^3 x\sqrt{9 - x^2}\,\mathrm{d}x = 9.$$

所以整个阀门所受压力为 18 t.

课后提升

微积分里的
爱恨情仇

1. 底面半径为 3 m,高为 3 m 的圆锥形贮水池内装满水,求抽尽其中的水所做的功.

2. 一圆柱形的贮水桶高 5 m,底圆半径为 3 m,桶内盛满了水.试问要把桶内的水全部吸出需要做多少功?

3. 两个小球中心相距 r,各带同性电荷 Q_1 与 Q_2,$\frac{3}{10}\pi$ 互推斥的力可由库仑定律 $F = k\dfrac{Q_1 Q_2}{r^2}$($k$ 为常数)计算.当 $r = 0.50$ m 时,$F = 0.196$ N,现两球之间的距离从 $r = 0.75$ m 变为

$r = 1$ m,求电场力所做的功(精确到 0.001 J).

4. 有一矩形闸门(图 7-42),尺寸如图所示,求当水面超过门顶 1 m 时,闸门上所受的水压力.

5. 洒水车上的水箱是一个横放的椭圆柱体(图 7-43),尺寸如图所示.当水箱装满水时,计算水箱的一个端面所受的压力(精确到 0.001 J).

6. 某水库的闸门形状为等腰梯形,它的顶宽 40 m,底宽 15 m,高 8 m,计算当水面与闸门顶平齐时,闸门一侧所受的水压力.

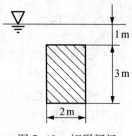

图 7-42　矩形闸门

答　案

1. 661 50π.
2. 约 353 430(kg·m).
3. 0.016 J.
4. 1.47×10^5 N.
5. 1.73×10^4 N.
6. 7.317×10^6 N.

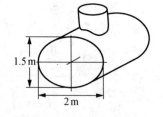

图 7-43　洒水车上的水箱

知识小结

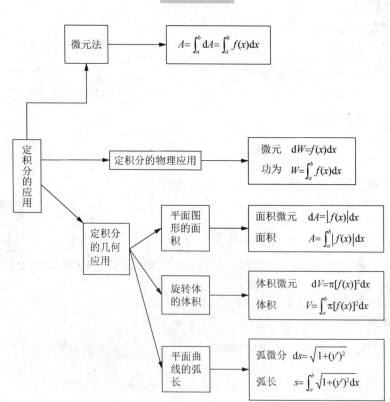

1. 求曲抛物线 $y^2 = 2x$ 与直线 $2x + y - 2 = 0$ 所围平面图形的面积.

2. 求曲线 $y = x^2$，$y = 2x^2$，$y = 1$ 所围平面图形的面积.

3. 求曲线 $y = x^2$ 与直线 $x = 1$，$x = 2$ 及 x 轴所围成的平面图形的面积 S 及该平面图形绕 x 轴旋转一周所形成旋转体的体积 V.

4. 求曲线 $\dfrac{x^2}{a^2} + \dfrac{y^2}{b^2} = 1$ 所围成的平面图形绕 x 轴旋转一周所形成旋转体的体积.

5. 求曲线 $y = x^2$，$x = y^2$ 所围成的平面图形绕 x 轴旋转一周所形成旋转体的体积.

6. 若沙的比重为 2，要倒满一个半径为 r m，高为 h m 的圆锥形沙堆，需做多少功？

7. 求曲抛物线 $y^2 = 2x$，自点 $(0, 0)$ 至点 $\left(\dfrac{1}{2}, 1\right)$ 的一段曲线弧长.

8. 求曲线 $x = e^t \sin t$，$y = e^t \cos t$，自 $t = 0$ 至 $t = 1$ 的一段曲线弧长.

9. 求曲线 $r\theta = 1$，自 $\theta = \dfrac{3}{4}$ 至 $\theta = \dfrac{4}{3}$ 的一段曲线弧长.

10. 求曲线 $r = a(1 + \cos\theta)$ 的全长.

答　案

1. $\dfrac{9}{4}$.

2. $\dfrac{2}{3}(2 - \sqrt{2})$.

3. $\dfrac{7}{3}$，　$\dfrac{31}{5}\pi$.

4. $\dfrac{4}{3}\pi ab^2$.

5. $\dfrac{3}{10}\pi$.

6. $\dfrac{10^3}{6}\pi r^2 h^2 (\mathrm{kg \cdot m})$.

7. $\dfrac{\sqrt{2}}{2} + \dfrac{1}{2}\ln(1 + \sqrt{2})$.

8. $\sqrt{2}(e^{\frac{\pi}{2}} - 1)$.

9. $\ln\dfrac{3}{2} + \dfrac{5}{12}$.

10. $8a$.

第 8 章　常微分方程

在反映现实世界运动过程量与量之间的关系中,存在很多满足微分方程关系式的数学模型,需要我们通过求解常微分方程来了解未知函数的性质.常微分方程是解决实际问题的重要工具.

本章主要介绍自然界、社会界中的各种常微分方程模型,了解构造常微分方程模型的几种方法.同时,讲述微分方程和函数相关性的基本概念及常微分方程发展历史,使读者概括了解常微分方程的历史和在数学中的地位.

8.1　常微分方程的概念

案例 1　一曲线通过点 $(1, 2)$,且在该曲线上任一点 $M(x, y)$ 处的切线的斜率为 $2x$,求这曲线的方程.

解　设所求曲线的方程为 $y = f(x)$.根据导数的几何意义,可知未知函数 $y = f(x)$ 应满足关系式

$$\frac{\mathrm{d}y}{\mathrm{d}x} = 2x. \tag{8.1.1}$$

此外,未知函数 $y = f(x)$ 还应满足下列条件:

$$x = 1 \text{ 时},y = 2. \tag{8.1.2}$$

把式 $(8.1.1)$ 两端积分,得

$$y = \int 2x \, \mathrm{d}x \text{ 即 } y = x^2 + C \text{ (C 是任意常数)}. \tag{8.1.3}$$

把式 $(8.1.2)$ 代入式 $(8.1.3)$,得

$$2 = 1^2 + C.$$

由此得出 $C = 1$. 把 $C = 1$ 代入式 $(8.1.3)$,即得所求曲线方程

$$y = x^2 + 1. \tag{8.1.4}$$

MATLAB 解法如下:

在命令窗口输入

　　　　≫y = dsolve('Dy = 2 * x','y(1) = 2','x')

回车,输出结果

　　　　≫y = x2 + 1

特解即为 $y = x^2 + 1$.

案例 2　将质点以初速度 v_0 垂直向上抛出,不计阻力.试求其运动规律.

解　为了描述这个运动,取质点运动时所沿的垂直于地面的直线为 x 轴,x 轴与地面的交点 O 为坐标原点建立直角坐标系,且规定背离地心的方向为 x 轴的正向.如图 8-1 所示.

设质点在时刻 t 的位置坐标为 $x(t)$,于是质点运动的瞬时速度 v 和瞬时加速度 g 可分别表示为

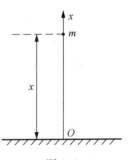

$$\frac{\mathrm{d}x^2}{\mathrm{d}^2 t} = -g. \qquad (8.1.5)$$

图 8-1

此外,$x(t)$ 还应满足下列条件:

$$t = 0 \text{ 时}, x = x_0, \frac{\mathrm{d}x}{\mathrm{d}t} = v_0. \qquad (8.1.6)$$

把式(8.1.5)两端对 t 积分一次,得

$$\frac{\mathrm{d}x}{\mathrm{d}t} = -gt + C_1. \qquad (8.1.7)$$

再积分一次,得

$$x = -\frac{1}{2}gt^2 + C_1 t + C_2 (C_1, C_2 \text{ 为任意常数}). \qquad (8.1.8)$$

把条件式(8.1.6)带入式(8.1.7)、式(8.1.8)中,得 $C_1 = v_0$,$C_2 = x_0$
于是有

$$x = -\frac{1}{2}gt^2 + v_0 t + x_0. \qquad (8.1.9)$$

这就是上抛运动规律 $x = x(t)$ 所满足的运动规律.

关系式 $\dfrac{\mathrm{d}y}{\mathrm{d}x} = 2x$ 和 $\dfrac{\mathrm{d}x^2}{\mathrm{d}^2 t} = -g$ 都含有未知函数的导数,它们都是

微分方程.

定义 1

一般地,把含有未知函数的导数(或微分)的方程,称为**微分方**

微分方程的概念

程;有时简称方程.

1. 常微分方程和偏微分方程

定义 2

在微分方程中只含有一个自变量的方程称为**常微分方程**;有两个或两个以上自变量的方程称为**偏微分方程**.

微分方程的
判别举例

2. 一阶与高阶微分方程

定义 3

在微分方程中,所含未知函数导数的**最高阶数**,称为该微分方程的阶.当 $n=1$ 时,称为**一阶微分方程**,当 $n>1$ 时,称为**高阶微分方程**.

一阶常微分方程的一般显性形式为:$y'=f(x,y)$.

一阶常微分方程的一般隐性形式为:$F(x,y,y')=0$.

n 阶显性方程的一般形式为:$y^{(n)}=f(x,y,y',y'',\cdots,y^{(n-1)})$.

n 阶隐性方程的一般形式为:$F(x,y,y',y'',\cdots,y^{(n)})=0$.

例如,方程 $\dfrac{dy}{dx}=2x$ 和 $\dfrac{dx^2}{d^2t}=-g$ 分别为一阶、二阶常微分方程.

方程 $y^{(4)}-4y+10y''-5y'=\sin x$ 是四阶微分方程.

3. 线性和非线性微分方程

定义 4

如果微分方程 $F(x,y,y',y'',\cdots,y^{(n)})=0$ 的左端为未知函数及其各阶导数的一次有理整式,则称为**线性微分方程**,否则称为**非线性微分方程**.

n 阶线性微分方程的一般形式为 $a_0(x)y^{(n)}+a_1(x)y^{(n-1)}+\cdots a_n(x)y=g(x)$. 其中 $a_0(x)\neq 0$,$a_0(x)$,$a_1(x)$,$\cdots$,$a_n(x)$,$g(x)$ 均为 x 的已知函数.

4. 方程的解

定义 5

对于微分方程 $F(x,y,y',y'',\cdots,y^{(n)})=0$,若将函数 $y=\varphi(x)$ 代入方程后使其有意义且两端相等,即 $F(x,\varphi(x),\varphi'(x),\cdots,\varphi^{(n)}(x))\equiv 0$,则称函数 $y=\varphi(x)$ 为该方程的一个显式解.若方程的解是某关系式的隐函数,则称这个关系式为**该方程的隐式解**.

方程的**显式解**和**隐式解**统称为微分方程的**解**.

5. 通解、特解、初始条件

定义 6

常微分方程的解的表达式中,可能包含一个或者几个任意常数,若其所包含的独立的任意常数的个数恰好与该方程的阶数相同,称这样的解为该微分方程的**通解**.满足某些条件的解称为微分方程的**特解**.

设微分方程中的未知函数为 $y=y(x)$,如果微分方程是一阶的,通常用来确定任意常数的条件是:

$$x = x_0 \text{ 时}, y = y_0 (\text{或 } y\,|_{x=x_0} = y_0).$$

其中 x_0，y_0 都是给定的值；如果微分方程是二阶的，通常用来确定任意常数的条件是：$x = x_0$ 时，$y = y_0$，$y' = y_0'$（或 $y\,|_{x=x_0} = y_0$，$y'\,|_{x=x_0} = y_0'$）.

其中 x_0，y_0 及 y_0' 都是给定的值.上述这种用于确定通解中任意常数的条件，称为**初始条件**（或**初值条件**）.我们把满足初始条件的方程的解称为**特解**，也就是说，特解中不再包含任意常数.例如，案例 1 中，函数式（8.1.4）是微分方程满足初始条件的特解；案例 2 中，函数式（8.1.9）也是微分方程满足初始条件的特解.

6. 初值问题
定义 7

求微分方程 $y' = f(x, y)$ 满足初始条件 $y\,|_{x=x_0} = y_0$ 解的问题，叫做一阶微分方程的**初值问题**，记作 $y' = f(x, y)$，$y\,|_{x=x_0} = y_0$.

过定点的积分曲线：$\begin{cases} y' = f(x, y), \\ y\,|_{x=x_0} = y_0. \end{cases}$

微分方程是我们解决实际问题的有利工具，现将利用微分方程解决实际问题的基本步骤总结如下：

（1）建立起实际问题的数学模型，也就是建立反映这个实际问题的微分方程；

（2）求解该微分方程的通解；

（3）依据题目中的初始条件确定该微分方程的特解；

（4）用数学结果解释实际问题，从而预测到某些物理过程的特定性质，以便达到能动地改造世界，解决实际问题的目的.

例 1　验证函数 $y = C_1 \cos 2x + C_2 \sin 2x$ 是微分方程 $y'' + 4y = 0$ 的通解.其中 C_1，C_2 是任意常数，并求满足初始条件 $y\,|_{x=0} = 1$，$y'\,|_{x=0} = -1$ 的特解.

解　因为 $y = C_1 \cos 2x + C_2 \sin 2x$，

故 $y' = -2C_1 \sin 2x + 2C_2 \cos 2x$，

$y'' = -4C_1 \cos 2x - 4C_2 \sin 2x$.

将 y，y'，y'' 代入原方程 $y = C_1 \cos 2x + C_2 \sin 2x$ 中，得

$$-4C_1 \cos 2x - 4C_2 \sin 2x + 4C_1 \cos 2x + 4C_2 \sin 2x = 0.$$

故已给函数满足方程 $y'' + 4y = 0$，是它的解.又因为这个解中含有两个独立的任意常数，等于方程 $y'' + 4y = 0$ 的阶数，因此又是它的通解.

将初始条件 $y\,|_{x=0} = 1$，$y'\,|_{x=0} = -1$ 代入 y，y' 两式中，得 $C_1 = 1$，$C_2 = -\dfrac{1}{2}$.得

所求的特解为 $y = \cos 2x - \dfrac{1}{2} \sin 2x$.

MATLAB 解法如下：

在命令窗口输入

≫y = dsolve('D2y + 4 * y = 0','y(0) = 1','Dy(0) = -1','x')

回车,输出结果

≫y = cos(2 * x) - sin(2 * x)/2

特解即为 $y = \cos 2x - \dfrac{1}{2}\sin 2x$.

例 2 验证函数 $y = C_1 e^x + C_2 e^{2x}$(C_1,C_2 为任意常数)为二阶微分方程 $y'' - 3y' + 2y = 0$ 的通解.

解　　$y = C_1 e^x + C_2 e^{2x}$,

$\quad\quad\quad y' = C_1 e^x + 2C_2 e^{2x}$,

$\quad\quad\quad y'' = C_1 e^x + 4C_2 e^{2x}$.

将 y,y',y'' 代入方程 $y'' - 3y' + 2y = 0$ 左端,得

$$C_1 e^x + 4C_2 e^{2x} - 3(C_1 e^x + 2C_2 e^{2x}) + 2(C_1 e^x + C_2 e^{2x})$$

$$= (C_1 - 3C_1 + 2C_1)e^x + (4C_2 - 6C_2 + 2C_2)e^{2x} = 0.$$

所以,函数 $y = C_1 e^x + C_2 e^{2x}$ 是所给微分方程的解.又因为,这个解中有两个独立的任意常数,与方程的阶数相同,所以它是所给微分方程的通解.

课后提升

1. 指出下列方程中,哪些是微分方程? 并说出它们的阶数.

(1) $y^3 - x^4 \sin y = 0$;

(2) $x(y')^2 + 3y^2 = 1$;

(3) $\dfrac{\mathrm{d}^2 y}{\mathrm{d}x^2} - 3y = x$;

(4) $y^{(4)} - e^x = x^2$.

2. 下面几种说法对吗? 为什么?

(1) 自变量个数不只有一个的微分方程称为常微分方程;

(2) 含有两个任意常数的解必是二阶微分方程的通解.

3. 指出下面微分方程的阶数,并回答是否线性的.

(1) $\dfrac{\mathrm{d}y}{\mathrm{d}x} = x^2 - 2y$;

(2) $y\dfrac{\mathrm{d}^2 y}{\mathrm{d}x^2} - 3\dfrac{\mathrm{d}y}{\mathrm{d}x} + 2y = \sin y$.

4. 验证 $y = \dfrac{C - x^2}{2x}$ 是否为微分方程 $(x + y)\mathrm{d}x = -x\mathrm{d}y$ 的相应解? 若是解,说明是通解还是特解(其中 C_1,C_2 是任意常数).

5. 求下列微分方程满足所给初始条件的特解.

(1) $y' = 2\sin x$,$y|_{x=0} = 1$;

(2) $\dfrac{\mathrm{d}^2 y}{\mathrm{d}x^2} = -3$,$y|_{x=0} = 1$,$y'|_{x=0} = 2$.

答　案

1. (1) 不是；(2) 是　一阶；(3) 是　二阶；(4) 是　四阶.
2. (1) 错；(2) 错.
3. (1) 一阶　线性；(2) 二阶　非线性.
4. 是　通解.
5. (1) $y = 3 - 2\cos(x)$；(2) $y = 1 - \dfrac{(x(3x-4))}{2}$.

8.2　可分离变量的微分方程

案例 1　细菌增长问题

细菌的增长率与总数成正比,如果培养的细菌总数在 48 h 内由 100 增长为 900,那么前 24 h 后总数是多少?

解　由题意细菌的增长率与总数成正比有关系式:

$$\frac{\mathrm{d}y}{\mathrm{d}x} = ky \quad (y \neq 0). \tag{8.2.1}$$

源于微分方程
的经典曲线

变量分离微分
方程的求解

分离变量得: $\dfrac{\mathrm{d}y}{y} = k\,\mathrm{d}x$,

两端积分得: $y = Ce^{kt}$(C 为任意常数).

将初始条件 $y\,|_{t=0} = 100$, $y\,|_{t=48} = 900$,

代入上式有: $\begin{cases} 100 = C \cdot e^{0}, \\ 900 = C \cdot e^{48k}, \end{cases}$

求得: $C = 100$, $k = \dfrac{\ln 9}{48} = \dfrac{\ln 3}{24}$,

则细菌数目与时间关系式为: $y(t) = 100 \cdot e^{\frac{\ln 3}{24}t} = 100 \times 3^{\frac{t}{24}}$,

故前 24 h 后细菌总数为: $y(24) = 100 \times 3^{\frac{24}{24}} = 300$.

MATLAB 解法如下:

在命令窗口输入

```
≫ y = dsolve('Dy = k * y', 't')
```

回车,输出结果

```
≫ y = C * exp(k * t)    % 没有初始条件,输出的是通解.
```

通解即为 $y = Ce^{kt}$(C 为任意常数).

案例 2　热力学冷却问题

将室内一支读数为 40 ℃ 的温度计放到温度为 25 ℃ 的室外 5 min 后,温度计读数为 35 ℃;利用牛顿冷却定律,试求(1)温度计温度 T ℃ 与时间 t min 之间的函数关系式.(2) 温度计自 40 ℃ 上升至 30 ℃ 所需经过的时间.

牛顿冷却定律:物体冷却的速度与物体和周围介质的温差成正比.

解

(1) 取 $t=0$ 为温度计放在室外的初始时刻,设经过 t min 后温度计为 T ℃,即 $T=T(t)$,此时温度计变化的速度为 $\dfrac{\mathrm{d}T}{\mathrm{d}t}$.

由牛顿冷却定律有温度计函数 $T(t)$ 应满足的微分方程为

$$\frac{\mathrm{d}T}{\mathrm{d}t} = -k(T-25). \tag{8.2.2}$$

将方程两端分离变量得　　　　　$\dfrac{\mathrm{d}T}{T-25} = -k\,\mathrm{d}t$,

两端积分有　　　　　$\displaystyle\int \frac{\mathrm{d}T}{T-25} = -\int k\,\mathrm{d}t$,

积分后得　　　　　$\ln(T-25) = -kt + \ln C$,

$$\ln(T-25) = \ln \mathrm{e}^{-kt} + \ln C = \ln(C\mathrm{e}^{-kt}),$$

化简后,通解即为 $T=25+C\mathrm{e}^{-kt}$(C 为任意常数).

将初始条件　　　　　$T\,|_{t=0}=40$,

代入上式得　　　　　$C=15$,

所求特解为　　　　　$T=25+15\mathrm{e}^{-kt}$.

接下来确定比例常数 k,由已知条件 $t=5$,$T=35$ ℃,代入特解 $T=25+15\mathrm{e}^{-kt}$ 中,

有　　　　　$35=25+15\mathrm{e}^{-5k}$,

解得　　　　　$k=0.081\,1$.

所以温度计温度 T ℃ 与时间 t min 之间的函数关系式为

$$T=25+15\mathrm{e}^{-0.081\,1t}.$$

(2) 温度计自 40 ℃ 下降至 30 ℃ 所需经过的时间.

令 $T=30$,代入温度计温度 T ℃ 与时间 t min 之间的函数关系式得

$$30=25+15\mathrm{e}^{-0.081\,1t},$$

解得所需经过的时间为 $t=\dfrac{\ln 3}{0.081\,1} \approx 14(\min)$.

MATLAB 解法如下:

在命令窗口输入

$$\gg T = dsolve('DT = -k * (T - 25)', 't')$$

回车,输出结果.

$$\gg T = C * exp(-k * t) + 25 \quad \% \text{ 没有初始条件,输出的是通解.}$$

通解即为 $T = 25 + Ce^{-kt}$(C 为任意常数).

8.2.1 可分离变量微分方程

定义 1

一般形如

$$\frac{dy}{dx} = f(x)g(y). \tag{8.2.3}$$

的方程,称为**变量可分离的微分方程.**

这类微分方程可以将两个不同的变量分离在等式的两端,即等式一端只含有一个自变量和其微分,另一端只含有另一个变量和其微分,接着等式两端同时进行积分运算,即可求出通解.称这种方法叫**分离变量法.**

分离变量法的解法步骤:

(1)分离变量:

$$\frac{dy}{g(y)} = f(x)dx,\text{其中 } g(y) \neq 0;$$

(2)两边同时积分:$\int \frac{dy}{g(y)} = \int f(x)dx$;

(3)求解不定积分,得通解.

例 1 求解微分方程 $\frac{dy}{dx} = \frac{y}{x}$ 的通解.

解 显然 $y = 0$ 是该方程的解.

当 $y \neq 0$ 时,方程可变形为 $\frac{dy}{y} = \frac{dx}{x}$,

两端同时积分,即 $\int \frac{dy}{y} = \int \frac{dx}{x}$,

积分后,求解即 $\ln|y| = \ln|x| + C_1$,

化简得 $|y| = e^{\ln|x| + C_1} = |x| e^{C_1}$.

即 $y = \pm e^{C_1} \cdot x$,由于 $\pm e^{C_1}$ 仍是任意常数,可记作 C,于是,所给方程的通解为 $y = Cx$,其中 C 为任意常数.

用 MATLAB 软件求解如下:

在命令窗口输入

$\gg y = \text{dsolve}('Dy = y/x', 'x')$ % 注意乘号 $*$ 不能省略.

回车,输出结果.

$\gg y = C * x$

通解即为 $y = Cx$ % 没有初始条件,输出的是通解.

例 2   求方程 $xy\mathrm{d}x - \mathrm{d}y = y\mathrm{d}x$ 满足初始条件 $y\mid_{x=0} = 2$ 的特解.

解   整理方程,得 $y(x-1)\mathrm{d}x = \mathrm{d}y.$

分离变量,得 $$\frac{\mathrm{d}y}{y} = (x-1)\mathrm{d}x.$$

两边积分,得 $$\ln|y| = \frac{1}{2}x^2 - x + C.$$

因此,原方程的通解为 $y = C\mathrm{e}^{\frac{1}{2}x^2 - x}$ 将初始条件 $y\mid_{x=0} = 2$ 代入得 $C = 2$.

故所求的特解为 $$y = 2\mathrm{e}^{\frac{1}{2}x^2 - x}.$$

用 MATLAB 软件求解如下:

在命令窗口输入

$\gg y = \text{dsolve}('Dy = y * (x-1)', 'y(0) = 2', 'x')$ % 注意乘号 $*$ 不

能省略.

回车,输出结果.

$\gg y = (2 * \exp((x-1)^2/2))/\exp(1)^{(1/2)}$

通解即为 $y = 2\mathrm{e}^{\frac{1}{2}x^2 - x}$ % 没有初始条件,输出的是通解.

8.2.2　齐次微分方程(可化为分离变量的微分方程)

定义 2

一般形如

$$\frac{\mathrm{d}y}{\mathrm{d}x} = f\left(\frac{y}{x}\right). \tag{8.2.4}$$

的方程,称为**齐次微分方程**.

这类方程每一项变量的次数都相同.可采用"**变量替换**"法进行求解.

变量替换法的求解步骤:

(1) 将原方程 $\dfrac{\mathrm{d}y}{\mathrm{d}x} = g(x, y)$ 变形为 $\dfrac{\mathrm{d}y}{\mathrm{d}x} = f\left(\dfrac{y}{x}\right)$;

（2）变量替换，令 $u = \dfrac{y}{x}$（或 $y = ux$），

对方程 $y = ux$ 两端求导，得 $\dfrac{\mathrm{d}y}{\mathrm{d}x} = u + x\,\dfrac{\mathrm{d}u}{\mathrm{d}x}$，

代入方程 $\dfrac{\mathrm{d}y}{\mathrm{d}x} = f\left(\dfrac{y}{x}\right)$ 中，得 $u + x\,\dfrac{\mathrm{d}u}{\mathrm{d}x} = f(u)$.

（3）分离变量，两端进行不定积分，即

$$\int \frac{\mathrm{d}u}{f(u) - u} = \int \frac{1}{x}\,\mathrm{d}x.$$

（4）还原变量：求出积分后，再用 $\dfrac{y}{x}$ 替换式中的 u，即可得所求齐次微分方程的解.

例 3　求微分方程 $xy\,\mathrm{d}y = (xy + y^2)\,\mathrm{d}x$ 的通解.

解　将原方程变形为 $\qquad \dfrac{\mathrm{d}y}{\mathrm{d}x} = \dfrac{xy + y^2}{xy} = 1 + \dfrac{y}{x} \quad (x \neq 0\ \text{且}\ y \neq 0)$，

令 $u = \dfrac{y}{x}$，则 $\qquad\qquad\qquad y = ux$，

对 $y = ux$ 两端求导，得 $\qquad \dfrac{\mathrm{d}y}{\mathrm{d}x} = u + x\,\dfrac{\mathrm{d}u}{\mathrm{d}x}$.

将其代入原方程中，则 $\qquad u + x\,\dfrac{\mathrm{d}u}{\mathrm{d}x} = 1 + u$，

即 $\qquad\qquad\qquad\qquad x\,\dfrac{\mathrm{d}u}{\mathrm{d}x} = 1$.

分离变量，得 $\qquad\qquad \mathrm{d}u = \dfrac{1}{x}\,\mathrm{d}x$.

两端积分，得 $\qquad\qquad \displaystyle\int \mathrm{d}u = \int \frac{1}{x}\,\mathrm{d}x$，

解得 $\qquad\qquad\qquad\quad u = \ln|x| + C_1$.

将 $u = \dfrac{y}{x}$ 代入上式，得 $\qquad \dfrac{y}{x} = \ln|x| + C_1$，

得所给方程通解为 $\qquad\quad y = x \ln Cx$.

用 MATLAB 软件求解如下：

在命令窗口输入

≫y = dsolve（'Dy = (x * y + y^2)/(x * y)'，'x'）　% 注意乘号 * 不能省略.

回车，输出结果.

≫y = C * x + x * log(x)   % 没有初始条件,输出的是通解.

通解即为:y = xln Cx.

例4   求微分方程 $x\,\mathrm{d}y = y\,\mathrm{d}x + x\,\mathrm{e}^{\frac{-y}{x}}\,\mathrm{d}x$ 满足初始条件 $y\mid_{x=1}=1$ 的特解.

解   将原式变形为
$$\frac{\mathrm{d}y}{\mathrm{d}x}=\frac{y}{x}+\mathrm{e}^{\frac{-y}{x}},$$

令 $u=\dfrac{y}{x}$,即
$$y=ux,$$

对 $y=ux$ 两端求导,得
$$\frac{\mathrm{d}y}{\mathrm{d}x}=u+x\,\frac{\mathrm{d}u}{\mathrm{d}x}.$$

代入原方程中,原方程化为
$$u+x\,\frac{\mathrm{d}u}{\mathrm{d}x}=u+\mathrm{e}^{-u},$$

即
$$x\,\frac{\mathrm{d}u}{\mathrm{d}x}=\mathrm{e}^{-u}.$$

分离变量,得
$$\mathrm{e}^{u}\,\mathrm{d}u=\frac{1}{x}\,\mathrm{d}x.$$

两端积分,得
$$\int \mathrm{e}^{u}\,\mathrm{d}u=\int \frac{1}{x}\,\mathrm{d}x,$$

解得
$$\mathrm{e}^{u}=\ln|x|+C_1.$$

将 $u=\dfrac{y}{x}$ 及初始条件 $y\mid_{x=1}=1$ 代入上式,得 $C_1=\mathrm{e}$,

所给方程特解为
$$\mathrm{e}^{\frac{y}{x}}=\ln|x|+\mathrm{e}.$$

用 MATLAB 软件求解如下:

在命令窗口输入
≫y = dsolve('Dy = y/x + exp(-y/x)','y(1) = 1','x')   % 注意乘号 * 不能省略

回车,输出结果.
≫y = x * log(exp(1) + log(x))   % 没有初始条件,输出的是通解.

通解:即为 $\mathrm{e}^{\frac{y}{x}}=\ln|x|+\mathrm{e}$.

课后提升

1. 求微分方程的通解.

(1) $\dfrac{\mathrm{d}y}{\mathrm{d}x}=2y$;   (2) $y'=3y\ln x$;   (3) $\dfrac{\mathrm{d}y}{\mathrm{d}x}=\mathrm{e}^{3x-y}$.

2. 求微分方程 $(2+\mathrm{e}^x)yy'=2\mathrm{e}^x$ 满足初始条件 $y\mid_{x=0}=4$ 的特解.

3. 已知曲线在任意一点处切线的斜率等于这个点横坐标的 2 倍,并且该曲线过点 $M(0,4)$,求该曲线的方程.

答　案

1. (1) $y = Ce^{2x}$; (2) $y = Ce^{3x(\ln x - 1)}$; (3) $y = \ln\left(C + \dfrac{e^{3x}}{3}\right)$.

2. $y = \sqrt{2}\,\left(2\ln(e^x + 2) - 2\ln 3 + 8\right)^{\frac{1}{2}}$.

3. $y = x^2 + 4$.

8.3　一阶线性微分方程

一阶线性微分
方程的求解

8.3.1　一阶线性微分方程的概念

定义 1

在一阶微分方程中,形如 $\dfrac{\mathrm{d}y}{\mathrm{d}x} + P(x)y = Q(x)$　　　　　(8.3.1)

的方程,未知数和未知数的导数都是一次的,称为**一阶线性微分方程**,其中 $P(x)$,$Q(x)$ 为自变量 x 的已知函数.

如果 $Q(x) \equiv 0$ 时,该方程为 $\dfrac{\mathrm{d}y}{\mathrm{d}x} + P(x)y = 0$.　　　　　(8.3.2)

称其为**一阶线性齐次微分方程**;

如果 $Q(x) \neq 0$ 时,该方程 $\dfrac{\mathrm{d}y}{\mathrm{d}x} + P(x)y = Q(x)$ 为**一阶线性非齐次微分方程**.

8.3.2　一阶线性齐次微分方程解法

一阶线性齐次微分方程就是可分离变量微分方程,故可用**分离变量法**.

将方程 $\dfrac{\mathrm{d}y}{\mathrm{d}x} + P(x)y = 0$ 分离变量,

得

$$\frac{\mathrm{d}y}{y} = -P(x)\mathrm{d}x \quad (y \neq 0),$$

两边积分即

$$\int \frac{\mathrm{d}y}{y} = \int -P(x)\mathrm{d}x,$$

运算得

$$\ln|y| = -\int P(x)\mathrm{d}x + C_1,$$

化简得 $\qquad y = C\mathrm{e}^{-\int P(x)\mathrm{d}x}$ （C 为任意常数且 $C = \pm\mathrm{e}^{C_1}$）. $\qquad$ (8.3.3)

式(8.3.3)即为**一阶线性齐次微分方程的通解**.

8.3.3 一阶线性非齐次微分方程解法

马尔萨斯人口
预测模型

通过上述方法，可求得一阶线性齐次微分方程的通解为 $y = C\mathrm{e}^{-\int P(x)\mathrm{d}x}$（$C$ 为任意常数）.假设一阶线性非齐次微分方程也存在类似的通解，而其中的 C 不是任意的常数，而是一个关于 x 的函数,设这个函数为 $q(x)$.

接下来,我们讨论这样的函数 $q(x)$ 是否存在,使得 $y = q(x)\mathrm{e}^{-\int p(x)\mathrm{d}x}$ 为非齐次微分方程的通解.

假设 $y = q(x)\mathrm{e}^{-\int P(x)\mathrm{d}x}$ 就是非齐次微分方程 $\dfrac{\mathrm{d}y}{\mathrm{d}x} + p(x)y = Q(x)$ 的解.

对 $y = q(x)\mathrm{e}^{-\int P(x)\mathrm{d}x}$ 两端求导得

$$y' = q'(x)\mathrm{e}^{-\int P(x)\mathrm{d}x} + q(x)(\mathrm{e}^{-\int P(x)\mathrm{d}x})'$$
$$= q'(x)\mathrm{e}^{-\int P(x)\mathrm{d}x} - q(x)\cdot p(x)\cdot\mathrm{e}^{-\int P(x)\mathrm{d}x}.$$

将 y 与 y' 代入原方程,得 $\qquad q'(x)\mathrm{e}^{-\int P(x)\mathrm{d}x} = Q(x),$

即 $\qquad q'(x) = Q(x)\mathrm{e}^{\int P(x)\mathrm{d}x}.$

两端同时积分,得 $\qquad q(x) = \int Q(x)\mathrm{e}^{\int P(x)\mathrm{d}x} + C.$

故这样的 $q(x)$ 存在,将上式代入 $y = q(x)\mathrm{e}^{-\int P(x)\mathrm{d}x}$,则非齐次微分方程 $\dfrac{\mathrm{d}y}{\mathrm{d}x} + p(x)y = Q(x)$ 的通解为:

$$y = \mathrm{e}^{-\int P(x)\mathrm{d}x}\left[\int Q(x)\mathrm{e}^{\int P(x)\mathrm{d}x} + C\right]. \qquad (8.3.4)$$

或者 $\qquad y = C\mathrm{e}^{-\int P(x)\mathrm{d}x} + \mathrm{e}^{-\int P(x)\mathrm{d}x}\int Q(x)\mathrm{e}^{\int P(x)\mathrm{d}x}. \qquad (8.3.5)$

式(8.3.5)中的右端第一项是对应的齐次微分方程的通解,第二项是线性非齐次微分方程 $\dfrac{\mathrm{d}y}{\mathrm{d}x} + p(x)y = Q(x)$ 通解公式(8.3.4)和式(8.3.5)中取 $C = 0$ 得到的一个特解.因此,一阶线性非齐次微分方程的通解等于它的一个特解以及与之对应的齐次微分方程的通解之和.

我们将一阶线性齐次微分方程 $\dfrac{dy}{dx}+P(x)y=0$ 的通解 $y=Ce^{-\int P(x)dx}$ 中的任意常数 C 换成待定的函数 $q(x)$,然后求出对应的一阶线性非齐次微分方程通解的方法,称为**常数变易法**.

例 1 求解微分方程 $y'-2xy=e^{x^2}$ 的通解.

解 **解法一(常数变易法)**

(1) 求对应齐次微分方程 $y'-2xy=0$ 的通解.

分离变量 $\quad \dfrac{dy}{dx}=2x\,dx \quad (y\neq 0).$

两端同时积分得 $\quad \ln|y|=x^2+C_1,$

即通解为 $\quad y=Ce^{x^2} \quad (C=\pm e^{C_1}).$

(2) 设 $y=q(x)e^{x^2}$ 为原线性非齐次微分方程的通解.

则 $\quad y'=q'(x)e^{x^2}+2xq(x)e^{x^2},$

将 y 与 y' 代入原方程得:$q'(x)e^{x^2}+2xq(x)e^{x^2}-2xq(x)e^{x^2}=e^{x^2}.$

化简得: $q'(x)=1.$

积分得: $q(x)=\displaystyle\int 1dx=x+C.$

故原方程通解为:$y=(x+C)e^{x^2}.$

解 **解法二(公式法)**

将 $p(x)=-2x$,$Q(x)=e^{x^2}$ 代入一阶线性非齐次微分方程的通解公式得:

$$y=e^{-\int -2x\,dx}\left[\int e^{x^2}\cdot e^{\int -2x\,dx}dx+C\right]$$

$$=e^{x^2}(x+C).$$

MATLAB 解法如下:

在命令窗口输入

```
≫y = dsolve('Dy - 2 * x * y = exp(x^2)','x')
```

回车,输出结果.

```
≫y = x * exp(x^2) + C * exp(x^2)   % 没有初始条件,输出的是通解.
```

通解:即为 y = (x + C)e^{x^2}.

例 2 求微分方程 $\dfrac{dy}{dx}+3y=e^{3x}$ 在 $y\,|_{x=0}=1$ 的特解.

解 用公式法有 $\qquad p(x)=3$,$Q(x)=e^{3x}.$

则有

$$y = e^{-\int 3 \, \mathrm{d}x} \left[\int e^{3x} \cdot e^{\int 3 \, \mathrm{d}x} \, \mathrm{d}x + C \right]$$

$$= e^{-3x} \left[\int e^{3x} \cdot e^{3x} \, \mathrm{d}x + C \right]$$

$$= e^{-3x} \left[\int e^{6x} \, \mathrm{d}x + C \right]$$

$$= e^{-3x} \left[\frac{1}{6} e^{6x} + C \right].$$

将 $y \mid_{x=0} = 1$ 代入上式求得 $C = \dfrac{5}{6}$.

故该微分方程的特解为 $y = \dfrac{1}{6} e^{-3x} \left[e^{6x} + 5 \right]$.

MATLAB 解法如下：

在命令窗口输入

　　$\gg y = \mathrm{dsolve}(\,'\,\mathrm{Dy} + 3 * y = \exp(3 * x)\,'\,,'\,y(0) = 1\,'\,,'\,x\,'\,)$

回车,输出结果.

　　$\gg y = (5 * \exp(-3 * x))/6 + \exp(3 * x)/6$

特解即为 $y = \dfrac{1}{6} e^{-3x} \left[e^{6x} + 5 \right]$.

课后提升

1. 求微分方程通解.

(1) $y' - y = 2$；　　(2) $\dfrac{\mathrm{d}y}{\mathrm{d}x} + 2y = e^{-x}$；　　(3) $y' + 3xy = 2x$.

2. 求微分方程 $y' + y = e^{-2x}$ 满足初始条件 $y \mid_{x=0} = 2$ 的特解.

3. 设一曲线方程过点 $(0, 2)$,且该曲线在任意点的斜率等于 $e^x + 2y$,求该曲线方程.

答　案

1. (1) $y = C e^x - 2$；(2) $y = e^{-x} + C e^{-2x}$；(3) $y = \dfrac{\left(C e^{-\frac{3}{2} x^2} \right)}{3} + \dfrac{2}{3}$；

2. $y = 3 e^{-x} - e^{-2x}$.

3. $y = 3 e^{2x} - e^x$.

8.4　高阶微分方程

上节简单的介绍了二阶微分方程的解法.通常,我们把二阶及二阶以上的微分方程叫做**高阶微分方程**.

本节只介绍几类特殊的微分方程,求解它们通常采用变量代换来降阶的方法:

8.4.1 $y^{(n)} = f(x)$ 型

形如 $y^{(n)} = f(x)$ 型的方程   (8.4.1)

求解方程(8.4.1)可通过逐次积分求得.

例1 求方程 $y''' = 2x - e^x$ 的解.

解 对方程两端逐次积分三次,得

$$y'' = \int (2x - e^x) dx = x^2 - e^x + C,$$

$$y' = \int (x^2 - e^x + C) dx = \frac{1}{3}x^3 - e^x + Cx + C_2,$$

$$y = \int \left(\frac{1}{3}x^3 - e^x + Cx + C_2\right) dx$$

$$= \frac{1}{12}x^4 - e^x + \frac{1}{2}Cx^2 + C_2 x + C_3.$$

记 $\frac{1}{2}C = C_1$,即得所给微分方程的通解 $y = \frac{1}{12}x^4 - e^x + C_1 x^2 + C_2 x + C_3$. 其中,

C_1, C_2, C_3 都是任意常数.

用 MATLAB 软件求解如下:

在命令窗口输入

≫y = dsolve(' D3y = 2 * x − exp(x) ' , ' x ') % 注意乘号 * 不能省略.

回车,输出结果

≫y = C3 − exp(x) + C2 * x + (C1 * x^2)/2 + x^4/12 % 没有初始条件,输出的是通解.

通解:即为 $y = \frac{1}{12}x^4 - e^x + C_1 x^2 + C_2 x + C_3$.

例2 求解微分方程 $y'' = 2x - \cos x$ 在 $y|_{x=0} = 1$, $y'|_{x=0} = 2$ 的特解.

解 对方程两端逐次积分三次,得

$$y' = \int (2x - \cos x) dx = x^2 - \sin x + C_1,$$

$$y = \int (x^2 - \sin x + C_1) dx$$

$$= \frac{1}{3}x^3 + \cos x + C_1 x + C_2.$$

即得所给微分方程的通解为 $y=\dfrac{1}{3}x^3+\cos x+C_1 x+C_2(C_1,C_2$ 为任意常数$)$.

将初始条件 $y\mid_{x=0}=1$，$y'\mid_{x=0}=2$ 代入上式可得 $C_1=2$，$C_2=0$.

因此,该微分方程的特解为 $y=\dfrac{1}{3}x^3+\cos x+2x$.

用 MATLAB 软件求解如下:

在命令窗口输入

≫y = dsolve('D2y = 2 * x − cos(x)', 'y(0) = 1', 'Dy(0) = 2', 'x') % 注意乘号 * 不能省略.

回车,输出结果

≫y = 2 * x + cos(x) + x^3/3   % 没有初始条件,输出的是通解.

特解:即为 y = $\dfrac{1}{3}$x³ + cos x + 2x.

8.4.2 $y''=f(x,y')$ 型

形如 $y''=f(x,y')$ 型的方程   (8.4.2)

作变换 $y'=m(x)$,则 $y''=m'(x)$,则方程(8.4.2)可变形为 $m'(x)=f(x,m)$,式中 $m(x)$ 即代表未知函数的一阶微分方程,求出 $m(x)$ 的解. $m(x)=\varphi(x,c)$,即 $y'=\varphi(x,c)$,则方程(8.4.2)的通解为

$$y=\int\varphi(x,c)\mathrm{d}x+C_1.\tag{8.4.3}$$

例3 求解微分方程 $y''(1+\mathrm{e}^x)=\mathrm{e}^x y'$ 的通解.

解 设 $y'=m(x)$,则 $y''=m'(x)$.

将 y' 与 y'' 代入原方程后可得 $m'(x)(1+\mathrm{e}^x)=\mathrm{e}^x m(x)$,

即 $\dfrac{\mathrm{d}m}{\mathrm{d}x}(1+\mathrm{e}^x)=\mathrm{e}^x m(x)$.

将该方程分离变量得 $\dfrac{\mathrm{d}m}{m(x)}=\dfrac{\mathrm{e}^x}{1+\mathrm{e}^x}\mathrm{d}x$.

两端同时积分得 $\displaystyle\int\dfrac{\mathrm{d}m}{m(x)}=\int\dfrac{\mathrm{e}^x}{1+\mathrm{e}^x}\mathrm{d}x$.

求解得 $\ln m=\ln(1+\mathrm{e}^x)+\ln C$,

即 $m=C(1+\mathrm{e}^x)$.

从而,有 $y'=C(1+\mathrm{e}^x)$,再对其积分可得原方程的通解为 $y=C(x+\mathrm{e}^x)+C_1$.

MATLAB 解法如下:

在命令窗口输入

　　　≫y = dsolve('D2y * (1 + exp(x)) = exp(x) * Dy', 'x')

回车,输出结果.

　　　≫y = C1 + C * (x + exp(x))　　% 没有初始条件,输出的是通解

通解即为　　　$y = C(x + e^x) + C_1$.

例 4　求解微分方程 $y''(1 + \sin x) = y' \cos x$ 在 $y\mid_{x=0} = 1$, $y'\mid_{x=0} = 2$ 的特解.

解　设 $y' = m(x)$,则　　　　　　　　$y'' = m'(x)$.

将 y' 与 y'' 代入原方程后可得　　$m'(x)(1 + \sin x) = m(x) \cos x$,

即　　　　　　　　　　　　　　　$\dfrac{\mathrm{d}m}{m(x)} = \dfrac{\cos x}{1 + \sin x}\mathrm{d}x$.

两端同时积分可得　　　　　　　$\ln m = \ln(1 + \sin x) + \ln C$,

即　　　　　　　　　　　　　　　$m(x) = C(1 + \sin x)$,

即　　　　　　　　　　　　　　　$y' = C(1 + \sin x)$.

两端同时积分可得　　　　　　　$y = C(x - \cos x) + C_1$.

将初始条件 $y\mid_{x=0} = 1$, $y'\mid_{x=0} = 2$ 代入 y' 与 y'' 可得:$C = 2$, $C_1 = 3$,

该方程的特解为　　　　　　　　$y = 2(x - \cos x) + 3$.

MATLAB 解法如下:

　　　在命令窗口输入

　　　≫y = dsolve('D2y * (1 + sin(x)) = Dy * cos(x)', 'y(0) = 1', 'Dy(0) = 2',
'x') 回车,输出结果.

　　　≫y = 2 * x - 2 * cos(x) + 3

特解:即为　　　y = 2(x - cos x) + 3.

课后提升

1. 求解下列微分方程的通解.

(1) $y''' = \sin(-x) - 2x$;　　　　　　　(2) $y''' = e^x + 3$.

2. 求微分方程满足初始条件的特解.

(1) $y'' = x + e^x$, $y\mid_{x=0} = 2$, $y'\mid_{x=0} = 1$;

(2) $y'' = \dfrac{2xy'}{1 + x^2}$, $y\mid_{x=0} = 1$, $y'\mid_{x=0} = 2$.

答　案

1. (1) $y = C_1 - \cos x + C_2 x + \dfrac{C_3}{2}x^2 - \dfrac{x^4}{12}$;　(2) $y = C_1 + e^x + C_2 x + \dfrac{C_3}{2}x^2 + \dfrac{x^3}{2}$.

2. (1) $y = e^x + \dfrac{x^3}{6} + 1$; (2) $y = \dfrac{2x(x^2 + 3)}{3} + 1$.

8.5 二阶常系数线性微分方程

微分方程在化学方面的应用

案例 电容器放电问题

一个电阻 $R=90\ \Omega$，电感 $L=10\ H$，电容 $C=\dfrac{1}{200}\ F$ 组成的串联电路，如图 8-2 所示，当开关 K 闭合后，电容器开始放电，如果电容器上原有电量为 1 C，试分析电容器放电规律.

解 设任意时刻电容器电量为 $Q=Q(t)$.

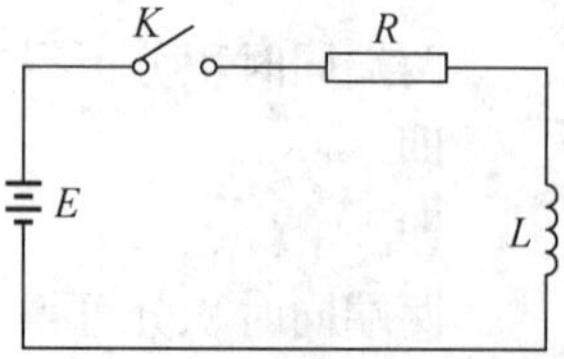

电流即为 $\qquad\qquad i=Q'(t).$

由闭合回路上电压的代数和等于零得

$$U_c+U_L+U_R=0,$$

其中， $\qquad\qquad U_c=\dfrac{Q}{C}=200\ \Omega,$

图 8-2

$$U_L=L\cdot\frac{\mathrm{d}i}{\mathrm{d}t}=10\cdot Q''(t),$$

$$U_R=R\cdot i=90\cdot Q'(t),$$

则 $\qquad\qquad 200\cdot Q+10\cdot Q''(t)+90\cdot Q'(t)=0,$

即 $\qquad\qquad 20\cdot Q+Q''(t)+9\cdot Q'(t)=0.$

对应的特征方程为 $r^2+9\cdot r+20=0.$

特征根为 $\qquad\qquad r_1=-4, r_2=-5.$

故通解为 $\qquad\qquad Q=C_1\mathrm{e}^{-4t}+C_2\mathrm{e}^{-5t}.$

求导得 $\qquad\qquad Q'=-4\cdot C_1\mathrm{e}^{-4t}-5\cdot C_2\mathrm{e}^{-5t}.$

将初始条件 $\qquad Q\mid_{t=0}=1,\ Q'\mid_{t=0}=0,$

代入上式有 $\qquad\begin{cases}C_1+C_2=1,\\4C_1+5C_2=0,\end{cases}$

即 $\qquad\qquad\begin{cases}C_1=5,\\C_2=-4,\end{cases}$

解为 $\qquad\qquad Q=5\cdot\mathrm{e}^{-4t}-4\cdot\mathrm{e}^{-5t},$

因此，电容器放电规律为 $Q=5\cdot\mathrm{e}^{-4t}-4\cdot\mathrm{e}^{-5t}.$

MATLAB 解法如下：

在命令窗口输入

≫Q = dsolve('200 * Q + 10 * D2Q + 90 * DQ','Q(0) = 1','DQ(0) = 0','t')

回车,输出结果.

≫Q = 5 * exp(-4 * t) - 4 * exp(-5 * t)   % 没有初始条件,输出的是通解

特解即为 $Q = 5 \cdot e^{-4t} - 4 \cdot e^{-5t}$.

8.5.1　二阶常系数微分方程形式

在物理工程问题中,通常我们会遇到很多二阶常系数微分方程.在一个微分方程中,形如

$$y'' + py' + qy = 0 \tag{8.5.1}$$

此方程称为**二阶常系数线性微分方程**.其中 p 与 q 均为常数.

8.5.2　解的结构定理

1. 设 y_1,y_2 是线性齐次方程(8.5.1)的特解,则 $y = C_1 y_1 + C_2 y_2$ 也是方程(8.5.1)的解,其中 C_1 与 C_2 为任意常数.

2. 如果 $\dfrac{y_1}{y_2} \neq C$,则 $C_1 y_1 + C_2 y_2$ 是方程(8.5.1)的通解.

8.5.3　二阶常系数线性微分方程的解法

观察式(8.5.1)左端结构特点,发现其为同类型函数,而只有指数函数求导后是同类型函数,故设想函数 $y = e^{rx}$ 的形式为方程(8.5.1)的解,求出 $y' = r e^{rx}$,$y'' = r^2 e^{rx}$.将其同时代入方程(8.5.1)有

$$r^2 e^{rx} + pr e^{rx} + q e^{rx} = 0. \tag{8.5.2}$$

因 $e^{rx} \neq 0$.故有

$$r^2 + pr + q = 0. \tag{8.5.3}$$

由此知,当 r 是方程 $r^2 + pr + q = 0$ 的根时,$y = e^{rx}$ 即为方程 $y'' + py' + qy = 0$ 的解.因此称方程(8.5.3)为方程(8.5.2)的特征方程,该特征方程的根即为特征根.

(1) 当 $p^2 - 4q > 0$,方程(8.5.3)有两个实根 r_1,r_2.则 $y_1 = e^{r_1 x}$ 与 $y_2 = e^{r_2 x}$ 为方程(8.5.2)的解.并且 $\dfrac{y_1}{y_2}$ 不为常数.故方程(8.5.2)的通解为 $y = C_1 e^{r_1 x} + C_2 e^{r_2 x}$($C_1$,$C_2$ 为任意常数).

(2) 当 $p^2 - 4q = 0$,方程的根为 $r_1 = r_2 = r$,则 $y = e^{rx}$ 是方程(8.5.2)的解,其通解

为 $y=(C_1+C_2x)\mathrm{e}^{rx}$.

(3) 当 $p^2-4q<0$ 时,方程的根为 $r=\alpha+\beta i$.则 $y=\mathrm{e}^{(\alpha+\beta i)x}$ 是方程(8.5.2)的解,其通解为 $y=\mathrm{e}^{\alpha x}(C_1\cos\beta x+C_2\sin\beta x)$.

综上所述,求解二阶常系数线性齐次微分方程解的步骤:

① 写出对应的特征方程:$r^2+pr+q=0$.

② 求特征根 r_1 与 r_2.

③ 依据特征根情况写出方程通解.

例 1　求下列微分方程的通解.

(1) $y''-4y'+3y=0$;　(2) $y''-4y'+4y=0$;　(3) $y''+3y=0$.

解　(1) 对应特征方程为 $\qquad r^2-4r+3=0$;

特征根为 $\qquad\qquad\qquad\qquad r_1=3,r_2=1$,

故通解为 $\qquad\qquad\qquad\qquad y=C_1\mathrm{e}^{3x}+C_2\mathrm{e}^x$;

(2) 对应特征方程为 $\qquad\qquad r^2-4r+4=0$;

特征根为 $\qquad\qquad\qquad\qquad r=2$,

故通解为 $\qquad\qquad\qquad\qquad y=(C_1+C_2x)\mathrm{e}^{2x}$;

(3) 对应特征方程为 $\qquad\qquad r^2+3=0$,

特征根为 $\qquad\qquad\qquad\qquad r=\pm\sqrt{3}\,i$,

故通解为 $\qquad\qquad\qquad\qquad y=C_1\cos\sqrt{3}\,x+C_2\sin\sqrt{3}\,x$.

用 MATLAB 软件求解如下:

(1) 在命令窗口输入

≫y = dsolve('D2y − 4 * Dy + 3 * y','x')　% 注意乘号*不能省略

回车,输出结果.

≫y = C1 * exp(x) + C2 * exp(3 * x)　% 没有初始条件,输出的是通解.

通解即为 $y=C_1\mathrm{e}^{3x}+C_2\mathrm{e}^x$

(2) 在命令窗口输入

≫y = dsolve('D2y − 4 * Dy + 4 * y','x')　% 注意乘号*不能省略.

回车,输出结果.

≫y = C1 * exp(2 * x) + C2 * x * exp(2 * x)　% 没有初始条件,输出的是通解.

通解即为 $y=(C_1+C_2x)\mathrm{e}^{2x}$

(3) 在命令窗口输入

≫y = dsolve('D2y + 3 * y','x')　% 注意乘号*不能省略.

回车,输出结果.

≫y = C1 * cos($\sqrt{3}$ * x) + C2 * sin($\sqrt{3}$ * x)　% 没有初始条件,输出的是通解.

通解即为　$y=C_1\cos\sqrt{3}\,x+C_2\sin\sqrt{3}\,x$.

例2 设一小汽车以 v_0 速度行驶,任意时刻的加速度与速度的 3 倍之和等于路程的 4 倍,试确定该汽车的运动方程.

解 建立微分方程 $\qquad S''+3S'=4S,$

对应的特征方程 $\qquad r^2+3r-4=0,$

通解为 $\qquad S=C_1\mathrm{e}^t+C_2\mathrm{e}^{-4t}.$

故 $\qquad S'=-4C_2\mathrm{e}^{-4t}+C_1\mathrm{e}^t,$

$\qquad\qquad\qquad\qquad S''=16C_2\mathrm{e}^{-4t}+C_1\mathrm{e}^t,$

由题意知,初始条件为: $\qquad \begin{cases} t_0=0 \text{ 时},S=0, \\ t=0 \text{ 时},S''+3S'=4S, \end{cases}$

将其代入通解,有 $\qquad \begin{cases} C_1+C_2=0, \\ 16C_2+C_1+3v_0=4(C_1+C_2), \end{cases}$

解得 $\qquad C_1=\dfrac{v_0}{5},C_2=-\dfrac{v_0}{5}.$

因此,该质点的运动规律为 $\qquad S=\dfrac{v_0}{5}\mathrm{e}^t-\dfrac{v_0}{5}\mathrm{e}^{-4t}.$

用 MATLAB 软件求解如下:

在命令窗口输入
 ≫y = dsolve('D2s + 3 * Ds = 4 * s','t')　% 注意乘号*不能省略.
回车,输出结果.
 ≫y = C1 * exp(t) + C2 * exp(- 4 * t)　% 通解.
通解:即为 $Y=C_1\mathrm{e}^t+C_2\mathrm{e}^{-4t}.$

课后提升

常微分方程
发展简史

1. 求微分方程的通解.

(1) $y''-3y'+2y=0$;

(2) $y''+2y'+y=0$;

(3) $y''-2y'+4y=0$.

2. 求微分方程满足初始条件的一个特解.

(1) $y''-5y'+4y=0,y\,|_{x=0}=1,y'\,|_{x=0}=2$;

(2) $y''-6y'+9y=0,y\,|_{x=0}=1,y'\,|_{x=0}=1$.

答　案

1. (1) $y=C_1\mathrm{e}^x+C_2\mathrm{e}^{2x}$; (2) $y=C_1\mathrm{e}^{-x}+C_2x\mathrm{e}^{-x}$;

(3) $y = C_1 \mathrm{e}^x \cos(\sqrt{3}\,x) - C_2 \mathrm{e}^x \sin(\sqrt{3}\,x)$.

2. (1) $y = \dfrac{1}{3}\mathrm{e}^{4x} + \dfrac{2}{3}\mathrm{e}^x$；(2) $y = \mathrm{e}^{3x} - 2x\,\mathrm{e}^{3x}$.

知识小结

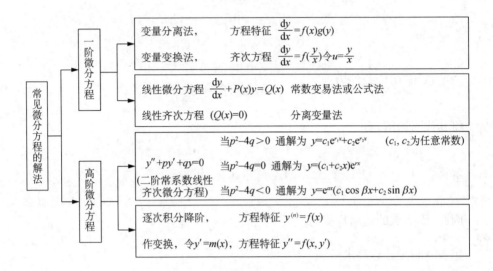

能力提升

1. 指出下列微分方程的阶数,并说明是线性还是非线性的.

(1) $y'' - x^4 \sin y = 0$；　　　　　　　　(2) $2x(y')^2 - y^2 = 3$；

(3) $\dfrac{\mathrm{d}^2 y}{\mathrm{d}x^2} + y = 1$；　　　　　　　　　(4) $y^{(4)} - y'' + \mathrm{e}^x = x^2$.

2. 求微分方程的通解.

(1) $xy' + y = 2$；　　　　(2) $\dfrac{\mathrm{d}y}{\mathrm{d}x} + xy = x^3$；　　　　(3) $y'' - 3y' - y = 0$；

(4) $y'' + 2y' + 2y = 0$；　　(5) $y'' + 6y' + 9y = 0$；　　(6) $y''(1 - \mathrm{e}^{-x}) = \mathrm{e}^{-x}y'$.

3. 求微分方程的特解.

(1) 方程 $\mathrm{e}^x y' + 1 = 0$ 满足初始条件 $y(0) = 1$ 的特解;

(2) 方程 $y'' + 2y' + y = \cos x$,$x = 0$ 时,$y = 0,y' = \dfrac{3}{2}$.

4. 已知曲线过点 $(0,1)$,且曲线上任一点 $P(x,y)$ 处的切线斜率等于 $2x^3$,求该曲线方程.

5. 2007 年我国的国民生产总值(GDP)为 270 230 亿元,如果每年的增长率保持当年的 8%,问 2020 年我国的 GDP 是多少?

6. 一个电阻 $R = 120\ \Omega$,电感 $L = 15\ \mathrm{H}$,电容 $E = \dfrac{1}{240}$F 组成的串联电路,如图 8-3 所示,当开

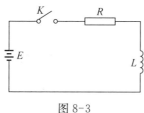

图 8-3

关 K 闭合后,电容器开始放电,如果电容器上原有电量为 0.02 C,试分析电容器放电规律.

答　案

1. (1) 二阶　非线性;(2) 一阶　非线性;(3) 二阶　线性;(4) 四阶　非线性.

2. (1) $y = \dfrac{C}{x} + 2$; (2) $y = C\mathrm{e}^{\frac{x^2}{2}} + x^2 - 2$; (3) $y = C_1\mathrm{e}^{\frac{-(\sqrt{13}-3)x}{2}} + C_2\mathrm{e}^{\frac{(\sqrt{13}+3)x}{2}}$;

   (4) $y = C_1\mathrm{e}^{-x}\cos(x) + C_2\mathrm{e}^{-x}\sin(x)$; (5) $y = C_1\mathrm{e}^{-3x} + C_2 x\mathrm{e}^{-3x}$;

   (6) $y = C_1 - C_2(x + \mathrm{e}^{-x})$.

3. (1) $y = \mathrm{e}^{-x}$; (2) $y = \dfrac{\sin x}{2} + x\mathrm{e}^{-x} - \dfrac{x\cos x}{2} - \dfrac{x\sin x}{2} + \dfrac{x(\cos x + \sin x)}{2}$.

4. $y = \dfrac{x^4}{2} + 1$.

5. $764\ 539.314$ 亿元.

6. $Q = 0.02\mathrm{e}^{-4t} + 0.08x\mathrm{e}^{-4t}$.

第9章 概率与统计

9.1 事件与概率

9.1.1 随机事件与样本空间

9.1.1.1 必然现象与随机现象

在自然界和人的实践活动中经常遇到各种各样的现象,这些现象大体可分为两类:一类是确定的,例如"在一个标准大气压下,纯水加热到 100 ℃时必然沸腾"."向上抛一块石头必然下落","同性电荷相斥,异性电荷相吸"等等,这种在一定条件下有确定结果的现象称为**必然现象(确定性现象)**;另一类现象是随机的,例如:在相同的条件下,向上抛一枚质地均匀的硬币,其结果可能是正面朝上,也可能是反面朝上,不论如何控制抛掷条件,在每次抛掷之前无法肯定抛掷的结果是什么,这个试验多于一种可能结果,但是在试验之前不能肯定试验会出现哪一种结果.同样地同一门大炮对同一目标进行多次射击(同一型号的炮弹),各次弹着点可能不尽相同,并且每次射击之前无法肯定弹着点的确切位置,以上所举的现象都具有随机性,即在一定条件下进行试验或观察会出现不同的结果(也就是说,多于一种可能的试验结果),而且在每次试验之前都无法预言会出现哪一种结果(不能肯定试验会出现哪一个结果),这种现象称为**随机现象**.

9.1.1.2 随机试验

我们来看两个试验:

试验 1 一盒中有 2 个完全相同的白球,搅匀后从中摸出一球;

试验 2 一盒中有 2 个相同的球,其中 1 个白球,1 个黑球,搅匀后从中任意摸取一球.

对于试验 1 而言,在球没有取出之前,我们就能确定取出的球必是白球,也就是说在试验之前就能判定它只有一个确定的结果这种现象就是必然现象(必然现象).

对于试验 2 来说,在球没有取出之前,不能确定试验的结果(取出的球)是白球还是黑球,也就是说一次试验的结果(取出的球)出现白球还是黑球,在试验之前无法肯定.

试验 2 所代表的类型,它有多于一种可能的结果,但在试验之前不能确定试验会出现哪一种结果,这类试验所代表的现象成为随机现象.下面我们给出随机试验的定义.

定义 1

一个试验如果满足下述条件:

(1) 试验可以在相同的条件下重复进行;

(2) 试验的所有可能结果是明确的,可知道的(在试验之前就可以知道的)并且不止一个;

(3) 每次试验总是恰好出现这些可能结果中的一个,但在一次试验之前却不能肯定这次试验出现哪一个结果.

称这样的试验是一个**随机试验**,为方便起见,也简称为**试验**,今后讨论的试验都是指随机试验.

9.1.1.3 基本事件与样本空间

对于随机试验来说,我们感兴趣的往往是随机试验的所有可能结果.例如掷一枚硬币,我们关心的是出现正面还是出现反面这两个可能结果.若我们观察的是掷两枚硬币的试验,则可能出现的结果有(正、正),(正、反),(反、正),(反、反)四种,如果掷三枚硬币,其结果还要复杂,但还是可以将它们描述出来的,总之为了研究随机试验,必须知道随机试验的所有可能结果.

1. 基本事件

通常,据我们研究的目的,将随机试验的每一个可能的结果,称为**基本事件**.因为随机事件的所有可能结果是明确的,从而所有的基本事件也是明确的,例如:在抛掷硬币的试验中"出现反面","出现正面"是两个基本事件,又如在掷骰子试验中"出现一点","出现两点","出现三点",……,"出现六点"这些都是基本事件.

2. 样本空间

基本事件的全体,称为**样本空间**.也就是试验所有可能结果的全体是样本空间,样本空间通常用大写的希腊字母 Ω 表示,Ω 中的点即是基本事件,也称为样本点,常用 ω 表示,有时也用 A,B,C 等表示.

在具体问题中,给定样本空间是研究随机现象的第一步.

例 1 一盒中有十个完全相同的球,分别有号码 1,2,3,…,10,从中任取一球,观察其标号.

解 令 $i=\{$取得球的标号为 $i\}$,$i=1,2,3,\cdots,10$ 则,$\Omega=\{1,2,3,4,5,6,7,8,9,10\}$,$\omega_i=\{$标号为 $i\}$,$i=1,2,3,\cdots,10$,ω_1,ω_2,ω_3,…,ω_{10} 为基本事件(样本点)

例 2 掷骰子这个随机试验,求样本空间.

解 若考虑出现的点数,则样本空间 $\Omega=\{1,2,3,4,5,6\}$;若考虑的是出现奇数点还是出现偶数点,则样本空间 $\Omega=\{$奇数,偶数$\}$.

由此说明,同一个随机试验可以有不同的样本空间.在实际问题中,选择恰当的样本空间来研究随机现象是概率中值得研究的问题.

9.1.1.4 随机事件

我们将样本空间 Ω 的子集称为**随机事件**或简称为**事件**.习惯上用大写英文字母 A,B,C 等表示.

比如在例 2 中样本空间 $\Omega=\{1,2,3,4,5,6\}$,我们取子集合 $A=\{2,4,6\}$ 其对应的事件我们可以理解为投出的点数为偶数,当我们投掷一枚骰子后出现了 2 点时,我们称**事件 A 发生**,当我们投掷一枚骰子后出现了 3 点时,我们称**事件 A 没有发生**.

由于 Ω 是所有基本事件所组成,因而在一次试验中,必然要出现 Ω 中的某一基本事件,也就是在试验中 Ω 必然要发生,所以今后用 Ω 表示一个**必然事件**.

相应地,在任意一次试验中不会出现某一个基本事件出现在空集中,也就是说 $\varnothing$ 永远不可能发生,所以我们用空集 $\varnothing$ 表示**不可能事件**.

实质上必然事件就是在每次试验中都发生的事件,不可能事件就是在每次试验中都不发生的事件,必然事件与不可能事件的发生与否,已经失去了"不确定性"即随机性,因而本质上不是随机事件,但为了讨论问题的方便,还是将它看作随机事件.

9.1.1.5 事件的关系与运算

对于随机试验而言,它的样本空间 Ω 可以包含很多随机事件,我们需要研究随机事件的规律,通过对较简单事件规律的研究在掌握更复杂事件的规律,为此需要研究事件之间和事件之间的关系与运算.

若没有特殊说明,认为样本空间 Ω 是给定的,且还定义了 Ω 中的一些事件,A,B,$A_i(i=1,2,\cdots)$ 等,由于随机事件是样本空间的子集,从而事件的关系与运算和集合的关系与运算完全相类似.

1. 事件的包含关系

定义 2

若事件 A 发生必然导致事件 B 发生,则称事件 B 包含了 A,或称 A 是 B 的特款,记作 $A\subset B$ 或 $B\supset A$.

比如前面提到过的 $A=\{$球的标号为 6$\}$,这一事件就导致了事件 $B=\{$球的标号为偶数$\}$ 的发生,因为摸到标号为 6 的球意味着偶数的球出现了,所以 A,$B\subset\Omega$ 可以给上述含义一个几何解释,设样本空间是一个正方体,A,B 是两个事件,也就是说,它们是 Ω 的子集,"A 发生必然导致 B 发生"意味着属于 A 的样本点在 B 中由此可见,事件 $A\subset B$ 的含义与集合论是一致的.

特别地,对任何事件 A,有 $A\subset\Omega$ $A\subset\Omega$ $\varnothing\subset A$

2. 事件的相等

设 A，$B \subset \Omega$，若 $A \subset B$，同时有 $B \subset A$，称 A 与 B 相等，记为 $A = B$，易知相等的两个事件 A，B 总是同时发生或同时不发生，在同一样本空间中两个事件想等意味着它们含有相同的样本点.

3. 并(和) 事件与积(交) 事件

定义 3

设 A，$B \subset \Omega$，称事件"A 与 B 中至少有一个发生"为 A 和 B 的和事件或并事件，记作 $A \cup B$.

实质上 $A \cup B$ "A 或 B 发生".

若 $A \subset B$，则 $A \cup B = B$，$A \subset A \cup B$，$B \subset A \cup B$.

例 3 设某种圆柱形产品，若底面直径和高都合格，用事件表示则该产品不合格.

解 令 $A = \{直径不合格\}$，$B = \{高度不合格\}$，则 $A \cup B = \{产品不合格\}$.

定义 4

设 A，$B \subset \Omega$，称"A 与 B 同时发生"这一事件为 A 和 B 的积事件或交事件.

记作 $A \cdot B$ 或 $A \cap B$.

显然 $A \cap \varnothing = \varnothing$，$A \cap \Omega = A$，$A \cap A = A$，$A \cap B \subset A$，$A \cap B \subset B$.

若 $A \subset B$，则 $A \cap B = A$.

如例 3 中，若 $C = \{直径合格\}$，$D = \{高度合格\}$，则 $C \cdot D = \{产品合格\}$.

4. 差事件

定义 5

设 A，$B \subset \Omega$，称"A 发生 B 不发生"这一事件为 A 与 B 的差事件，记作 $A - B$.

如例 3 中 $A - B = \{该产品的直径不合格，高度合格\}$，明显地有 $A - B = A - AB$，$A = \varnothing = A$

5. 对立事件

定义 6

称"$\Omega - A$"为 A 的对立事件或称为 A 的逆事件，记作 $\bar{A}$. $A \cup \bar{A} = A$，$A\bar{A} = \varnothing$.

由此说明，在一次试验中 A 与 $\bar{A}$ 有且仅有一个发生.

即不是 A 发生就是 $\bar{A}$ 发生.

例 4 设有 100 件产品，其中 5 件产品为次品，从中任取 50 件产品. 若 $A = \{50$ 件产品中至少有一件次品$\}$，问 $\bar{A}$ 表示什么?

解 记 $A = \{50$ 件产品中至少有一件次品$\}$，

则 $\bar{A} = \{50$ 件产品中没有次品$\} = \{50$ 件产品全是正品$\}$.

由此说明，若事件 A 比较复杂，往往它的对立事件比较简单，因此我们在求解复杂事件的概率时，往往可能转化为求它的对立事件的概率.

6. 互不相容事件(互斥事件)

定义 7

若两个事件 A 与 B 不能同时发生,即 $AB = \varnothing$,称 A 与 B 为互不相容事件(或互斥事件).

注意 任意两个基本事件都是互斥的.

7. 事件的运算法则

(1) 交换律 $A \cup B = B \cup A$,$AB = BA$;

(2) 结合律 $(A \cup B) \cup C = A \cup (B \cup C)$,$(AB)C = A(BC)$;

(3) 分配律 $(A \cup B) \cap C = (A \cap C) \cup (B \cap C)$

$\qquad\qquad (A \cap B) \cup C = (A \cup C) \cap (B \cup C)$;

(4) 对偶原则 $\overline{\bigcup\limits_{i=1}^{n} A_i} = \bigcap\limits_{i=1}^{n} \overline{A_i}$ $\quad \overline{\bigcap\limits_{i=1}^{n} A_i} = \bigcup\limits_{i=1}^{n} \overline{A_i}$.

不难发现,概率中事件的运算和集合的运算具有相互对关系见表 9-1.

表 9-1 事件的运算和集合的运算的关系

记号	概率论	集合论
Ω	样本空间,必然事件	全集
$\varnothing$	不可能事件	空集
ω	基本事件	元素
A	事件	子集
$\overline{A}$	A 的对立事件	A 的补集
$A \subset B$	事件 A 发生导致 B 发生	A 是 B 的子集
$A = B$	事件 A 与事件 B 相同	A 与 B 相等
$A \cup B$	事件 A 与事件 B 至少有一个发生	A 与 B 的合集
AB	事件 A 与事件 B 同时发生	A 与 B 的合集
$A - B$	事件 A 发生而事件 B 不发生	A 与 B 的合集
$AB = \varnothing$	事件 A 与事件 B 互不相容	A 与 B 无公共元素

例 5 设 A,B,C 为 Ω 中的随机事件,试用 A,B,C 表示下列事件.

(1) A 与 B 发生而 C 不发生;   (2) A 发生,B 与 C 不发生;

(3) 恰有一个事件发生;   (4) 恰有两个事件发生;

(5) 三个事件都发生;   (6) 至少有一个事件发生;

(7) A,B,C 都不发生;   (8) A,B,C 不都发生;

(9) A,B,C 不多于一个发生;   (10) A,B,C 不多于两个发生.

解 (1) $AB - C$ 或 $AB\overline{C}$;   (2) $A - B - C$ 或 $A\overline{B}\overline{C}$;

(3) $A\overline{B}\overline{C} \cup \overline{A}B\overline{C} \cup \overline{A}\overline{B}C$;   (4) $AB\overline{C} \cup A\overline{B}C \cup \overline{A}BC$;

(5) ABC;   (6) $A \cup B \cup C$;

(7) $\overline{A}B\overline{C}$;   (8) $\overline{ABC}$;

(9) $\overline{A}B\overline{C} \cup AB\overline{C} \cup \overline{A}\overline{B}C \cup \overline{A}BC$ 或 $\overline{AB} \cup \overline{BC} \cup \overline{CA}$;

(10) $\overline{ABC}$.

课后提升

1. 从 1，2，3 这三个数中，每次取一个，一共取两次，分为有放回、无放回，分别写出随机试验的样本空间.

2. 设 A，B，C 分别表示三个事件，用 A，B，C 以及 $\overline{A}$，$\overline{B}$，$\overline{C}$ 表示下列事件.

(1) 只有事件 B 发生；

(2) A，B，C 中不多于一个发生.

答　案

1. 有放回：$\Omega = \{(1,1),(1,2),(1,3),(2,1),(2,2),(2,3),(3,1),(3,2),(3,3)\}$.

无放回：$\Omega = \{(1,2),(1,3),(2,1),(2,3),(3,1),(3,2)\}$.

2. (1) $\overline{A}B\overline{C}$；(2) $A\overline{B}\overline{C} + \overline{A}B\overline{C} + \overline{A}\overline{B}C + \overline{A}\overline{B}\overline{C}$.

9.1.2　随机事件的概率

9.1.2.1　概率与频率的概念

对于随机试验中的随机事件，在一次试验中是否发生，虽然不能预先知道，但是它们在一次试验中发生的可能性是有大小之分的.比如掷一枚均匀的硬币，那么随机事件 A（正面朝上）和随机事件 B（正面朝下）发生的可能性是一样的（都为 $\frac{1}{2}$）.又如袋中有 8 个白球，2 个黑球，从中任取一球.当然取到白球的可能性要大于取道黑球的可能性.一般地，对于任何一个随机事件都可以找到一个数值与之对应，该数值作为发生的可能性大小的度量.

定义 1

随机事件 A 发生的可能性大小的度量（数值），称为 A 发生的**概率**，记为 $P(A)$.

对于一个随机试验来说，它发生可能性大小的度量是自身决定的，并且是客观存在的.概率是随机事件发生可能性大小的度量是自身的属性.一个根本问题是，对于一个给定的随机事件发生可能性大小的度量 —— 概率，究竟有多大呢？

再来看，掷硬币的试验，做一次试验，事件 A（正面朝上）是否发生是不确定的，然而这是问题的一个方面，当试验大量重复做的时候，事件 A 发生的次数，也称为频数，体现出一定的规律性，约占总试验次数的一半，也可写成

$$f^{n}(A) = \frac{A \text{ 发生的频率} = \text{频数}}{\text{试验总次数}}, \text{接近与} \frac{1}{2}.$$

一般的,设随机事件 A 在 n 次试验中出现 n^A 次,比值 $f^n(A) = \dfrac{n^A}{n}$ 称为**事件 A 在这 n 次试验中出现的频率**.历史上有人做过掷硬币的试验.见表 9-2.

表 9-2 掷硬币的试验

实验者	n	n^A	$f^n(A)$
蒲丰	4 040	2 048	0.507 0
$K.$皮尔逊	12 000	6 019	0.501 6
$K.$皮尔逊	24 000	12 012	0.500 5

从表 9-2 可以看到,不管什么人去抛,当试验次数逐渐增多时,$f^n(A)$ 总是在 0.5 附近摆动而逐渐稳定于 0.5.从这个例子可以看出,一个随机试验的随机事件 A,在 n 次试验中出现的频率 $f^n(A)$,当试验的次数 n 逐渐增多时,它在一个常数附近摆动,而逐渐稳定与这个常数.这个常数是客观存在的,"频率稳定性"的性质,不断地为人类的实践活动所证实,它揭示了隐藏在随机现象中的规律性.

9.1.2.2 概率的性质

由于概率是频率的稳定值,因此频率具有的性质,概率也应有相应的性质:

(1) 非负性:$P(A) \geqslant 0$;

(2) 规范性:$P(\Omega) = 1$;

注意 性质 2 反过来不一定成立.就是说概率为 1 的事件不一定为必然事件.同样,概率为 0 的事件不一定为不可能事件,这方面的例子在下一章再举.

(3) 有限可加性:若 $A_i \in F$,$i = 1, 2, 3, \cdots, n$ 且 $A_i A_j = \varnothing (i \neq j)$,则

$$P(\bigcup_{i=1}^{n} A_i) = \sum_{i=1}^{n} P(A_i),$$

即有限个互不相容的事件的和事件的概率等于这些事件的概率之和.

因 $A \bigcup \bar{A} = \Omega$,$A \bigcap \bar{A} = \varnothing$,从而有 $P(A) + P(\bar{A}) = 1$.

9.1.2.3 古典概型

本章我们讨论一类最简单的随机试验,它具有下述特征:

(1) 样本空间的元素(基本事件)只有有限个,不妨设为 n 个,记为

$$\omega_1, \omega_2, \cdots, \omega_n;$$

(2) 每个基本事件出现的可能性是相等的,即有

$$P(\omega_1) = P(\omega_2) = \cdots = P(\omega_n).$$

称这种数学模型为**古典概型**.

它在概率论中具有非常重要的地位,一方面它比较简单,既直观,又容易理解,另

一方面它概括了许多实际内容,有很广泛的应用.

通过研究发现,在古典概型中,事件 A 的概率是一个分数,其分母是样本点(基本事件)总数 n,而分子是事件 A 包含的基本事件数 k.

$$P(A) = \frac{k}{n} = \frac{A \text{ 包含的基本事件个数}}{\text{基本事件总数}}$$

例如:将一枚硬币连续掷两次就是这样的试验,也是古典概型,它有四个基本事件,(正、正),(正、反),(反、正),(反、反),每个基本事件出现的可能结果都是 $\frac{1}{4}$.

但将两枚硬币一起掷,这时试验的可能结果为(正、反),(反、反),(正、正)但它们出现的可能性却是不相同的,(正、反)出现的可能性为 $\frac{2}{4}$,而其他的两个事件的可能性为 $\frac{1}{4}$.

它不是古典概型,对此历史上曾经有过争论,达朗贝尔曾误为这三种结果的出现是等可能的.

判别一个概率模型是否为古典概型,关键是看"等可能性"条件满不满足.而对此又通常根椐实际问题的某种对称性进行理论分析,而不是通过实验来判断.

由古典概型的计算公式可知,在古典概型中,若 $P(A)=1$,则 $A=\Omega$.同样,若 $P(A)=0$,则 $A=\varnothing$.

不难验证,古典概型具有非负性、规范性和有限可加性.

利用古典概型的公式计算事件的概率关键是要求基本事件总数和 A 的有利事件数,则需要利用数列和组合的有关知识,且有一定的技巧性.

例 1　在盒子中有五个球(三个白球、二个黑球)从中任取两个.问取出的两个球都是白球的概率? 一白、一黑的概率?

分析　说明它属于古典概型,从 5 个球中任取 2 个,共有 C_5^2 种不同取法,可以将每一种取法作为一个样点.则样本点总数 C_5^2 是有限的.由于摸球是随机的,因此样本点出现的可能性是相等的,因此这个问题是古典概型.

解　设 $A=\{$取到的两个球都是白球$\}$,$B=\{$取到的两个球一白一黑$\}$
基本事件总数为 C_5^2.

A 的有利事件数为 C_3^3,$P(A) = \dfrac{C_3^2}{C_5^2}$.

B 的有利事件数为 $C_3^1 C_2^1$,$P(A) = \dfrac{C_3^1 C_2^1}{C_5^2}$.

例 2　一套五册的选集,随机地放到书架上,求各册书自左至右恰好成 $1,2,3,4,5$ 的顺序的概率.

解 将五本书看成五个球,这就是一个摸球模型,基本事件总数 $5!$

令 $A=$ {各册自左向右或成自右向左恰好构成 $1,2,3,4,5$ 顺序}

A 包含的基本事件数为 2,

$$\therefore P(A)=\frac{2}{5!}=\frac{1}{60}.$$

例 3 从 52 张扑克牌中取出 13 张牌来,问有 5 张黑桃、三张红心、3 张方块、2 张草花的概率是多少?

解 基本事件数为:C_{52}^{13}.

令 A 表示 13 张牌中有 5 张黑桃、3 张红心、3 张方块、2 张草花.

A 包含的基本事件数为:$C_{13}^5 C_{13}^3 C_{13}^3 C_{13}^2$.

$$\therefore P(A)=\frac{C_{13}^5 C_{13}^3 C_{13}^3 C_{13}^2}{C_{52}^{13}}\approx 0.012\ 93.$$

课后提升

1. 设汽车号牌由 7 位数组成,任取一个号码,求下列两个事件的概率:

(1) 后三位数是 123;(2) 后三位各不相同.

2. 现在有 7 名乒乓球队员,3 名足球队员,从中任意抽出 3 个队员,求至少有一名足球队员的概率.

答　案

1. (1) 0.001;(2) 0.72.

2. $\dfrac{17}{24}$.

9.1.3　条件概率、全概率公式

9.1.3.1　条件概率

前面讨论了事件和概率这两个概念,对于给定的一个随机试验,要求出一个指定的随机事件 A 的概率 $P(A)$,需要花很大的力气,现在将讨论继续引入深入,设两个事件 A,B,则有公式 $P(A\bigcup B)=P(A)+P(B)-P(AB)$.

特别地,当 A,B 为互不相容的两个事件时,有 $P(A\bigcup B)=P(A)+P(B)$ 此时有 $P(A)$ 及 $P(B)$ 即可求得 $P(A\bigcup B)$,但在一般情形下,为求得 $P(A\bigcup B)$ 还应该知道 $P(AB)$.因而很自然要问,能不能通过 $P(A)$ 及 $P(B)$ 求得 $P(AB)$,先看一个简单的例子.

例 1 考虑有两个孩子的家庭,假定男女出生率一样,则两个孩子(依大小排列)

的性别分别为(男,男),(男,女),(女,男),(女,女)的可能性是一样的.

解 若记 $A=\{$"随机抽取一个这样的家庭中有一男一女"$\}$.

则 $P(A)=\dfrac{1}{2}$ 但如果我们事先知道这个家庭至少有一个女孩,则上述事件的概率为 $\dfrac{2}{3}$.

这两种情况下算出的概率不同,这也很容易理解,因为在第二种情况下我们多知道了一个条件.记 $B=\{$"这个家庭中至少有一个女孩"$\}$,因此我们算得的概率是"在已知事件 B 发生的条件下,事件 A 发生"的概率,这个概率称为条件概率,记为 $P(A\mid B)$.

$$P(A\mid B)=\frac{2}{3}=\frac{\dfrac{2}{4}}{\dfrac{3}{4}}=\frac{P(AB)}{P(B)}.$$

这虽然是一个特殊的例子,但是容易验证对一般的古典概型,只要 $P(B)>0$ 上述等式总是成立的,同样对几何概率上述关系式也成立.

9.1.3.2 乘法公式

由条件概率的定义可知,当 $P(A)>0$ 时,

$$P(AB)=P(A)P(B\mid A).$$

同理当 $P(B)>0$ 时, $P(AB)=P(B)P(A\mid B)$,

这个公式称为乘法公式

乘法公式可以推广到 n 个事件的情形,

$$P(A_1A_1\cdots A_n)=P(A_1)P(A_2\mid A_1)P(A_3\mid A_1A_2)\cdots P(A_n\mid A_1A_2\cdots A_{n-1})$$
$$(P(A_n\mid A_1A_2\cdots A_{n-1})>0).$$

例2 甲、乙两市都位于长江下游,据一百多年来的气象记录,知道在一年中的雨天的比例甲市占 20%,乙市占 18%,两地同时下雨占 12%.

记 $A=\{$甲市出现雨天$\}$ $B\{$乙市出现雨天$\}$

求:(1) 两市至少有一市是雨天的概率;

(2) 乙市出现雨天的条件下,甲市也出现雨天的概率;

(3) 甲市出现雨天的条件下,乙市也出现雨天的概率.

解 (1) 两市至少有一市是雨天的概率为:

$$P(A\bigcup B)=0.26;$$

(2) 乙市出现雨天的条件下,甲市也出现雨天的概率为:
$$P(A \mid B) = 0.67;$$

(3) 甲市出现雨天的条件下,乙市也出现雨天的概率为:
$$P(B \mid A) = 0.60.$$

例3 (抽签问题) 有一张电影票,7个人抓阄决定谁得到它,问第 i 个人抓到票的概率是多少 $(i = 1, 2, \cdots, 7)$?

解 设 $A_i =$ "第 i 个人抓到票" $(i = 1, 2, \cdots, 7)$

显然 $P(A_1) = \dfrac{1}{7}$,$P(\bar{A}_1) = \dfrac{6}{7}$.

如果第二个人抓到票的话,必须第一个人没有抓到票.

这就是说 $A_2 = \bar{A}_1$,所以 $A_2 = A_2 \bar{A}_1$.

于是可以利用概率的乘法公式,因为在第一个人没有抓到票的情况下,第二个人有希望在剩下的 6 个阄中抓到电影票,

所以 $P(A_2 \mid \bar{A}_1) = \dfrac{1}{6}$,

$$P(A_2) = P(A_2 \bar{A}_1) = P(\bar{A}_1) P(A_1 \mid \bar{A}_1) = \frac{6}{7} \times \frac{1}{6} = \frac{1}{7},$$

类似可得:

$$P(A_3) = P(\bar{A}_1 \bar{A}_2 A_3) = P(\bar{A}_1) P(\bar{A}_2 \mid \bar{A}_1) P(A_3 \mid \bar{A}_1 \bar{A}_2) = \frac{6}{7} \times \frac{5}{6} \times \frac{1}{5} = \frac{1}{7},$$

$$\cdots\cdots$$

$$P(A_7) = \frac{1}{7}.$$

9.1.3.3 全概率公式

为了求得比较复杂事件的概率,我们往往需要先把一个事件分解为两个(或若干个)互不相容的较简单的事件的并,求出这些较简单事件的概率,再利用加法公式,便可以求得复杂事件的概率,将这种方法一般化便得到下述定理:

定理1 设 $B_1, B_2, \cdots, B_n$. 是一列互不相容的事件,且有 $= \Omega$, $\bigcup\limits_{i=1}^{n} B_i = \Omega$ 对任何事件 A,有 $P(A) = \sum\limits_{i=1}^{n} P(B_i) P(A \mid B_i)$.

证明 略.

例4 某工厂有四条生产线生产同一种产品,该四条流水线的产量分别占总产量的 15%,20%,30%,35%,又这四条流水线的不合格品率分别为 5%,4%,3%,

及 2%，现在从出厂的产品中任取一件，问恰好抽到不合格品的概率为多少？

解 $A=\{$抽到的是不合格品$\}$，$B=\{$抽到的是 i 号生产线的产品$\}$，$i=1$，2，3，4，显然 $P(B_1)=0.15$，$P(B_2)=0.2$，$P(B_3)=0.3$，$P(B_4)=0.35$；

$P(A\mid B_1)=0.05$，$P(A\mid B_2)=0.04$，$P(A\mid B_3)=0.03$，$P(A\mid B_4)=0.02$；

所以根据全概率公式：

$$P(A)=\sum_{i=1}^{4}P(B_i)P(A\mid B_i)$$
$$=0.007\,5+0.008+0.009+0.007=0.031\,5.$$

即：恰好抽到不合格品的概率为 0.031 5.

课后提升

1. 从衣服扑克的 52 张牌中，每一次无放回的抽取 1 张，一共抽 3 次，求下列两个事件的概率：(1)3 张全是红桃；(2)第三次才抽到红桃.

2. 某电器商场销售甲、乙、丙三种电器，已知甲、乙、丙这三种电器的数量各占总量的 70%，20%，10%，它们的次品率分别为 0.02，0.03，0.04，求任取一台电器它是正品的概率.

答　案

1. (1) 0.012 9；(2) 0.145 3.

2. 0.6.

9.1.4 独立性与贝努里概型

9.1.4.1 独立性概念

1. 两个事件的独立性

定义 1

设 A，B 为两个事件，若 $P(AB)=P(A)P(B)$ 则称事件 A，B 是相互独立的，简称为独立的.

例 1 一个家庭中有男孩，又有女孩，假定生男孩和生女孩是等可能的，令 $A=\{$一个家庭中有男孩，又有女孩$\}$，$B=\{$一个家庭中最多有一个女孩$\}$对下述两种情形，讨论 A，B 的独立性.

(1) 家庭中有两个小孩；(2) 家庭中有三个小孩.

解 (1) 有两个小孩的家庭，这时样本空间为：

$\Omega=\{($男、男$)$，$($男、女$)$，$($女、男$)$，$($女、女$)\}$，

$A=\{($男、女$)$，$($女、男$)\}$，

$A = \{(男、男),(男、女),(女、男)\}$ $AB = \{(男、女),(女、男)\}$,

于是 $P(A) = \dfrac{1}{2}$, $P(B) = \dfrac{3}{4}$, $P(AB) = \dfrac{1}{2}$.

由此可知 $P(AB) \neq P(A)P(B)$,

所以 A,B 不独立.

(2) 有三个小孩的家庭,样本空间 $\Omega = \{(男、男、男),(男、男、女),(男、女、男),$
$(女、男、男)(男、女、女),(女、女、男),(女、男、女),(女、女、女)\}$.

由等可能性可知,这 8 个基本事件的概率都是 $\dfrac{1}{8}$,这时 A 包含了 6 个基本事件,
B 包含了 4 个基本事件,AB 包含了 3 个基本事件

$$P(AB) = \dfrac{3}{8}, \quad P(A) = \dfrac{3}{4},$$

显然 $P(AB) = P(A)P(B)$,从而 A 与 B 相互独立.

2. 多个事件的独立性

定义 2

设三个事件 A,B,C 满足

$$P(AB) = P(A)P(B),$$
$$P(AC) = P(A)P(C),$$
$$P(CB) = P(C)P(B),$$

称 A,B,C 两两相互独立.

定义 3

设三个事件 A,B,C 满足

$$P(AB) = P(A)P(B),$$
$$P(AC) = P(A)P(C),$$
$$P(CB) = P(C)P(B),$$

且 $P(ABC) = P(A)P(B)P(C)$ 称 A,B,C 相互独立.

由三个事件的独立性可知,若 A,B,C 两两相互独立,不能得出 A,B,C 一定相互独立,反之也不成立.

例 2 一个均匀的正四面体,其第一面染成红色,第二面染成白色,第三面染成黑色第四面上同时染上红、黑、白三色,以 A,B,C 分别记投一次四面体,出现红、白、黑颜色的事件,则 $P(A) = P(B) = P(C) = \dfrac{1}{2}$.

解 $P(AB)=P(CB)=P(AC)=\dfrac{1}{4}$，

$P(ABC)=\dfrac{1}{4}$，

故 A，B，C 两两相互独立，

但不能推出 $P(ABC)=P(A)P(B)P(C)$，故 A，B，C 不是相互独立的.

3. 独立性的性质

性质1 四对事件 $\{A，B\}$，$\{\bar{A}，B\}$，$\{A，\bar{B}\}$，$\{\bar{A}，\bar{B}\}$ 中有一对相互独立，则其他三对也相互独立.

性质2 设 A_1，A_2，$\cdots$，A_n 相互独立，则将其中任意 m 个($1\leqslant m\leqslant n$)换成其对立事件，则所得 n 个事件也相互独立. 特别地，若 A_1，A_2，$\cdots$，A_n 相互独立，则 $\bar{A}_1$，$\bar{A}_2$，$\cdots$，$\bar{A}_n$ 也相互独立.

例3 假若每个人血清中含有肝炎病的概率为 0.4%，混合 100 个人的血清，求此血清中含有肝炎病毒的概率?

解 设 $A_i=\{$第 I 个人血清中含有肝炎病毒$\}$ $i=1，2，\cdots，100$

可以认为 A_1，A_2，$\cdots$，A_{100} 相互独立，所求的概率为

$$P(A_1\bigcup A_2\bigcup\cdots\bigcup A_{100})=1-P(\overline{A_1})P(\overline{A_2})\cdots P(\overline{A_{100}})=0.33.$$

虽然每个人有病毒的概率都是很小，但是混合后，则有很大的概率，在实际工作中，这类效应值得充分重视.

4. 独立与互斥之间的关系

互斥和独立是两个完全不同的概念；

A，B 相互独立不能推出 A，B 互斥，反之也不成立.

9.1.4.2 贝努里概型

1. 试验的独立性

如果两次试验的结果是相互独立的，称两次试验是相互独立的. 当然，两次试验是相互独立的，由此产生的事件也是相互独立.

若试验只有两个可能的结果：A 及 $\bar{A}$，称这个试验为贝努里试验.

2. 贝努里概型

设随机试验具有如下特征：

(1) 每次试验是相互独立的；

(2) 每次试验有且仅有两种结果：事件 A 和事件 $\bar{A}$；

(3) 每次试验的结果发生的概率相同即 $P(A)=p$，$P(\bar{A})=1-p=q$.

称试验 E 表示的数学模型为**贝努里概型**. 若将试验做了 n 次，则这个试验也称为 n **重贝努里试验**.

由此可知"一次抛掷 n 枚相同的硬币"的试验可以看作是一个 n 重贝努里试验. 一个贝努里试验的结果可以记作

$$\omega = (\omega_1, \omega_2, \cdots, \omega_n).$$

其中 $\omega_i (1 \leqslant i \leqslant n)$ 或者为 A 或者为 $\bar{A}$,因而这样的 ω 共有 2^n 个,它们的全体就是贝努里试验的样本空间 Ω.

$$\omega = (\omega_1, \omega_2, \cdots, \omega_n) \in \Omega.$$

如果 $\omega_i (1 \leqslant i \leqslant n)$ 中有 k 个 A,则必有 $n-k$ 个 $\bar{A}$.于是由独立性即得 $P(\omega) = p^k q^{n-k}$.

如果要求"n 重贝努里试验中事件 A 出现 k 次"这一事件的概率

记 $B_k = \{n$ 重贝努里试验中事件 A 出现 k 次 $\}$.

由概率的可加性 $P(B_k) = C_n^k p^k q^{n-k} \quad k = 0, 1, 2, \cdots, n$

在 n 次贝努里试验.事件 A 至少发生一次的概率为 $1 - q^n$.

例4 金工车间有 10 台同类型的机床,每台机床配备的电功率为 $10\,kW$,已知每台机床工作时,平均每小时实际开动 $12\,min$,且开动与否是相互独立的.现因当地电力供紧张,供电部门只提供 $50\,kW$ 的电力给这 10 台机床.问这 10 台机床能够正常工作的概率为多大?

解 $50\,kW$ 电力可用时供给 5 台机床开动,因而 10 台机床中同时开动的台数为不超过 5 台时都可以正常工作,而每台机床只有"开动"与"不开动"的两种情况,且开动的概率为 $\dfrac{12}{60} = \dfrac{1}{5}$.不开动的概率为 $\dfrac{4}{5}$.设 10 台机床中正在开动着的机床台数为 ξ,则 $P(\xi = K) = C_{10}^k \left(\dfrac{1}{5}\right)^k \left(\dfrac{4}{5}\right)^{10-k} \quad 0 \leqslant k \leqslant 10$ 于是同时开动着的机床台数不超过 5 台的概率为

$$P(\xi \leqslant 5) = \sum_{K=0}^{5} p(\xi = k) \sum_{=k=0}^{5} C_{10}^k \left(\frac{1}{5}\right)^k \left(\frac{4}{5}\right)^{10-k} = 0.994.$$

由此可知,这 10 台机床能正常工作的概率为 0.994,也就是说这 10 台机床的工作基本上不受电力供应紧张的影响.

例5 某人有一串 m 把外形相同的钥匙其中只有一把能打开家门.有一天该人酒醉后回家,下意识地每次从 m 把钥匙中随便拿一把去开门,问该人第 k 次才把门打开的概率为多少?

解 因为该人每次从 m 把钥匙中任取一把(试用后不做记号又放回)所以能打开门的一把钥匙在每次试用中恰被选种的概率为 $\dfrac{1}{m}$,易知,这是一个贝努里试验,在

第 k 次才把门打开,意味着前面 $k-1$ 次都没有打开,于是由独立性即得

$$P(\text{第 } k \text{ 次才把门打开}) = \left(1 - \frac{1}{m}\right)\left(1 - \frac{1}{m}\right)\cdots\left(1 - \frac{1}{m}\right)\left(\frac{1}{m}\right)$$

$$= \frac{1}{m}\left(1 - \frac{1}{m}\right)^{k-1}.$$

例 6 (巴拿赫火柴问题)某数学家常带有两盒火柴(左、右袋中各放一盒)每次使用时,他在两盒中任抓一盒,问他首次发现一盒空时另一盒有 r 根的概率是多少?($r = 0, 1, 2, \cdots, N, N$ 为最初盒子中的火柴数)

解 设选取左边衣袋为"成功",于是相继选取衣袋,就构成了 $P = \frac{1}{2}$ 的贝努里试验.当某一时刻为先发现左袋中没有火柴而右袋中恰有 r 根火柴的事件相当于恰有 $N-r$ 次失败发生在第 $2N-r$ 根火柴,其中从左袋中取了 N 根,并且在 $2N-r+1$ 次取火柴还要从左袋中取,才能发现左袋已经取完,因此

$$P(\text{发现左袋空右袋还有 } r \text{ 根}) = C_{2N-r}^{N}\left(\frac{1}{2}\right)^{2N-r+1}.$$

由对称性可知,首次发现右袋中没有火柴而左袋中恰有 r 根的概率为 $C_{2N-r}^{N}\left(\frac{1}{2}\right)^{2N-r+1}$ 故所求的概率为 $2C_{2N-r}^{N}\left(\frac{1}{2}\right)^{2N-r+1}$.

课后提升

1. 三人独立的想同一飞盘射击,他们各自的命中率分别为 0.36,0.45,0.65,求分盘被击中的概率.

2. 某人投篮的成功率是 0.7,连续投 5 次,求至少有一次成功的概率.

答　案

1. 0.876 8.

2. 0.991 9.

9.1.5　离散型随机变量及其概率分布

9.1.5.1　随机变量及其分类

在前面的章节里,我们研究了随机事件及其概率,细心的同学可能会注意到在某些例子中,随机事件与实数之间存在某种客观的联系.例如袋中有五个球(三白两黑)

从中任取三球,则取到的黑球数可能为 0,1,2 本身就是数量且随着随机试验结果的变化而变化的,通常称这种量为随机变量.

定义 1

若随机试验 E 的结果可以用一个变量来表示,则称这个变量为随机变量,通常用 X 表示.

例 1 一射手对一射击目标连续射击,则他命中目标的次数.

解 命中目标的次数 X 为随机变量,X 的可能取值为 $0,1,2,\cdots$.

例 2 某一公交车站每隔 5 min 有一辆汽车停靠,一位乘客不知道汽车到达的时间,则候车时间.

解 候车时间为随机变量 X,X 的可能取值为 $[0,5]$.

从随机变量的取值情况来看,若随机变量的可能取值只要有限个或可列个则该随机变量为离散型随机变量,不是离散型随机变量统称为非离散型随机变量,若随机变量的取值是连续的,称为连续型随机变量,它是非离散型随机变量的特殊情形,本章我们主要研究离散型随机变量.

9.1.5.2　离散型随机变量的概率分布

定义 2

设离散型随机变量 X 的所有可能取值为 $x_i(i=1,2,\cdots)$,称 $P\{X=x_i\}=p_i$,$i=1,2,3,\cdots,n$ 为 X 的**概率分布**或**分布律**.

常用见表 9-3 的表格形式来表示 X 的概率分布.

表 9-3　　　　　　　　离散型随机变量的概率分布

X	x_1	x_2	$\cdots$	x_n
P	p_1	p_2	$\cdots$	p_n

由概率的基本性质可知,离散型随机变量的概率分布列具有下面两个性质:

(1) $p_i \geqslant 0, i=1,2,\cdots$;

(2) $p_1 + p_2 + \cdots = \sum_{i=1}^{\infty} p_i = 1$.

例 3 设 10 张 CD 中有 8 张是中文版,2 张是英文版,从中任取 3 张,求(1)取得的 CD 中英文版数目的概率分布;(2)取得的 CD 中英文版张数不多于 1 张的概率.

解 (1) 设 $X=\{$取得的 CD 中英文版的数目$\}$,则 $X=0,1,2$;

$$P(X=0)=\frac{C_8^3}{C_{10}^3}=\frac{7}{15},\ P(X=1)=\frac{C_8^2C_2^1}{C_{10}^3}=\frac{7}{15},\ P(X=2)=\frac{C_8^1C_2^2}{C_{10}^3}=\frac{1}{15};$$

即表 9-4.

表 9-4

X	0	1	2
P	$\dfrac{7}{15}$	$\dfrac{7}{15}$	$\dfrac{1}{15}$

(2) $P(X \leqslant 1) = P(X=0) + P(X=1) = \dfrac{14}{15}$.

要描述一个随机变量时,不仅要说明它能够取哪些值,而且还要指出它取这些值的概率.

只有这样,才能真正完整地刻画一个随机变量,为此,我们引入随机变量的分布函数的概念.

9.1.5.3 离散型随机变量的分布函数

定义 3

设 X 是一个随机变量,称 $F(x) = P(X \leqslant x)(-\infty < x < +\infty)$ 为 X 的**分布函数**.有时记作 $X \sim F(x)$ 或 $F_X(x)$.设离散型随机变量 X 的概率分布见表 9-5.

表 9-5　　　　　　　　　离散型随机变量 X 的概率分布

X	x_1	x_2	$\cdots$	x_n	$\cdots$
P	p_1	p_2	$\cdots$	p_n	$\cdots$

则 X 的分布函数为 $F(x) = P(X \leqslant x) = \sum\limits_{x_i \leqslant x} P(X = x_i) = \sum\limits_{x_i \leqslant x} p_i$.

例 4　设离散型随机变量的分布为见表 9-6.

表 9-6　　　　　　　　　离散型随机变量的分布

X	0	1	2
P	$\dfrac{1}{3}$	$\dfrac{1}{6}$	$\dfrac{1}{2}$

求 $F(x)$.

解　随机变量 X 的分布函数为:$F(x) = \begin{cases} 0, & x < 0, \\ \dfrac{1}{3}, & 0 \leqslant x < 1, \\ \dfrac{1}{2}, & 1 \leqslant x < 2, \\ 1, & x \geqslant 2. \end{cases}$

例 5   设随机变量 X 的分布函数为 $F(x) = \begin{cases} 0, & x < 1, \\ \dfrac{9}{19}, & 1 \leqslant x < 2, \\ \dfrac{15}{19}, & 2 \leqslant x < 3, \\ 1, & x \geqslant 3. \end{cases}$ 求 X 的概率分布.

解   随机变量 X 的概率分布见表 9-7.

表 9-7 　　　　　　　　　　随机变量 X 的概率分布

X	1	2	3
P	$\dfrac{9}{19}$	$\dfrac{6}{19}$	$\dfrac{4}{19}$

9.1.5.4　常见的离散型随机变量概率分布类型

1. 两点分布

定义 4

若随机变量 X 的概率分布见表9-8的形式. 其中,$0 < p < 1$,则称 X 服从两点分布或 $0 \sim 1$ 分布,记作 $X \sim (0, 1)$.

表 9-8 　　　　　　　　　　随机变量 X 的 $0 \sim 1$ 分布

X	0	1
P	p	$1-p$

两点分布在实际问题中经常遇到,是最基本的分布类型之一,任何随机试验仅有两个可能的结果时,就可以确定一个服从两点分布的随机变量,例如投掷一枚硬币,就是一个常见的两点分布.

2. 二项分布

定义 5

若随机变量 X 的分布为:$P(X=k)=C_n^k p^k (1-p)^{n-k}$, $k=0, 1, 2, \cdots, n$ 其中 n, p 是参数,且 $0 < p < 1$,则称 X 服从参数为 n, p 的二项分布,记作 $X \sim B(n, p)$. 见表 9-9.

表 9-9 　　　　　　　　　　随机变量 X 的二项分布

X	0	1	2	$\cdots$	p
P	$C_n^0 p^0 (1-p)^n$	$C_n^1 p^1 (1-p)^{n-1}$	$C_n^2 p^2 (1-p)^{n-2}$	$\cdots$	$C_n^n p^n (1-p)^0$

二项分布的背景是重复独立实验,设在一次试验中,事件 A 发生的概率为 P,则事件 A 不发生的概率为 $1-P$,那么,在 n 次试验中,事件 A 恰好发生 k 次的概率服从二项分布,特别地,当实验次数 $n=1$ 时,二项分布就是两点分布.

　　例 6　商场销售的某种商品,其次品率为 0.01,假设各件商品之间是否为次品相互独立,这家商场讲每十件商品装成一箱,并保证若发现某箱内多于一个次品,则可退货,求卖出的各箱商品中,被退回的概率.

　　解　设 $X=\{$某箱商品的次品数$\}$,则 $X \sim B(10,0.01)$,这箱商品被退回的概率为:$1-P(X=0)-P(X=1)=1-C_{10}^{0}0.01^{0}0.99^{10}-C_{10}^{1}0.01^{1}0.99^{9} \approx 0.004$.

概率论的起源、发展和应用

课后提升

　　1. 一批零件中有9个正品和3个次品,安装机器时,从这批零件中任取一个,取到后不放会,直到取得正品为止,求在取得正品前已经取出的次品数 X 的概率分布.

　　2. 已知随机变量 X 的概率分布见表 9-10.

表 9-10　　　　　　　　　　　随机变量 X 的概率分布

X	-2	-1	0	1
P	0.2	0.1	0.3	0.4

　　求:(1) 分布函数 $F(x)$;(2) $P\left(-1 \leqslant X \leqslant \dfrac{3}{2}\right)$.

　　3. 一栋大厦装有 5 个同型号的水表,调查表明在任意一个时间段内,每个设备被使用的概率均为 0.1,求在同一时刻至少有 2 个设备被使用的概率.

答　案

　　1. 随机变量 X 的概率分布表见表 9-11

表 9-11　　　　　　　　　　　随机变量 X 的概率分布

X	0	1	2	3
P	$\dfrac{3}{4}$	$\dfrac{9}{44}$	$\dfrac{9}{220}$	$\dfrac{1}{220}$

　　2. (1) $F(x)=\begin{cases} 0, & x<-2, \\ 0.2, & -2 \leqslant x<-1, \\ 0.3, & -1 \leqslant x<0, \\ 0.6, & 0 \leqslant x<1, \\ 1, & x \geqslant 1; \end{cases}$

　　(2) 0.8.

　　3. $1-(0.9)^{5}$.

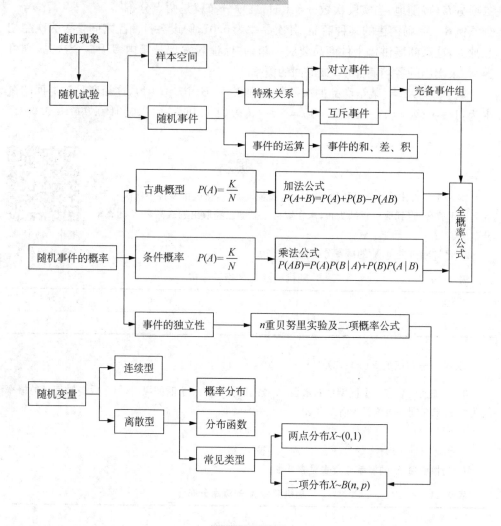

能力提升

1. 填空题

(1) 已知 $P(A) = 0.6$，$P(B) = 0.7$，$P(AB) = 0.4$，则 $P(\bar{A} \mid B) = $ _____.

(2) 设每次实验的成功率为 $p(0 < p < 1)$，进行独立重复试验7次恰好取得3次成功的概率为

_____.

2. 解答题

(1) 箱子中装有7平红葡萄酒，5平白葡萄酒，从中一次拿出1瓶，不放回，求第三次才拿到白葡萄酒的概率.

(2) 某种过滤设备合格的概率为 0.7，现有三台这种设备，求至少有两台合格的概率 $P(AB)$.

(3) 设 $P(A) = 0.7$, $P(B) = 0.5$, $P(AB) = 0.3$ 求 $P(A+B)$, $P(A \mid B)$.

(4) 从标有 $1,2,3,4,5$ 这五个号码的小球中随即连续抽取 4 个,则号码排列为 1234 的概率.

答　案

1. 填空题

(1) $\dfrac{3}{7}$; (2) $C_7^3 p^3 (1-p)^4$.

2. 解答题

(1) $\dfrac{7}{44}$; (2) 0.784; (3) 0.9　$\dfrac{2}{5}$; (4) $\dfrac{1}{120}$.

9.2　数据的统计描述和分析

现在步入大数据时代,我们要学会如何和数据打交道,读懂数据的语言.成千上万的数据,人们希望能用少数几个包含其最多相关信息的数值来体现数据样本总体的规律.

数理统计研究的对象是受随机因素影响的数据,以下数理统计就简称统计,统计是以概率论为基础的一门应用学科.描述性统计就是搜集、整理、加工和分析统计数据,使之系统化、条理化,以显示出数据资料的趋势、特征和数量关系.它是统计推断的基础,实用性较强,在统计工作中经常使用.

面对一批数据如何进行描述与分析,需要掌握参数估计和假设检验这两个数理统计的最基本方法.

我们将用 SPSS(Statistical Package for Social Science) 和 MATLAB 来实现数据的统计描述和分析.

9.2.1　统计的基本概念

1. 总体和样本

总体是人们研究对象的全体,又称母体,如工厂一天生产的全部产品(按合格品及废品分类),学校全体学生的身高总体中的每一个基本单位称为个体,个体的特征用一个变量(如 x) 来表示,如一件产品是合格品记 $x = 0$,是废品记 $x = 1$;一个身高 170 cm 的学生记 $x = 170$ cm.

从总体中随机产生的若干个个体的集合称为样本,或子样,如 n 件产品,100 名学生的身高,或者一根轴直径的 10 次测量.实际上这就是从总体中随机取得的一批数据,不妨记作 $x_1, x_2, \cdots, x_n$,n 称为样本容量.简单地说,统计的任务是由样本推断总体.

2. 频数表和直方图

一组数据(样本)往往是杂乱无章的,做出它的频数表和直方图,可以看作是对这组数据的一个初步整理和直观描述.

将数据的取值范围划分为若干个区间,然后统计这组数据在每个区间中出现的次数,称为频数,由此得到一个频数表.以数据的取值为横坐标,频数为纵坐标,画出一个阶梯形的图,称为直方图,或频数分布图.

若样本容量不大,能够手工做出频数表和直方图,当样本容量较大时则可以借助SPSS这样的软件了.让我们以下面的例子为例,介绍频数表和直方图的作法.

例1 某车间30名工人按每天加工某种零件数见表9-12.请对加工零件数进行频数分析.

频数分析

表 9-12　　　　　　　某车间工人每天加工某种零件件数

工人编号	加工零件数	工人编号	加工零件数
1	106	16	97
2	84	17	103
3	110	18	106
4	91	19	95
5	109	20	106
6	91	21	85
7	111	22	106
8	107	23	101
9	121	24	105
10	105	25	96
11	99	26	105
12	94	27	107
13	119	28	128
14	88	29	111
15	118	30	101

解 (1) 定义工人编号和加工零件数的变量名分布为 NO 和 X,然后输入变量 NO 和 X 的原始数据.

(2) SPSS 在未特别指定的情形下,直方图或频数分布表是按照原始数值逐一作频数分布的,这与日常需要的等距分组、且组数保持在一定数目的要求不符.因此,在调用频数统计过程命令之前,可先对原始数据进行预处理:已知最小值为 84,最大值为 128,故可要求分成 5 组,起点为 80,组距为 10,根据 SPSS 转换中重新编码为不同变量进行分组,定义变量名为 X_2,第一组为 80 ～ 90,第二组为 90 ～ 100,第三组为 100 ～ 110,第四组为 110 ～ 120,第五组为 120 ～ 130.

(3)选择分析 → 描述统计 → 频率,弹出频率主对话框.现欲对 X_2 进行频数分析,在对话框左侧的变量列表中选 X_2,勾选左下方的显示频率表格,单击图标按钮,选择条形图.单击继续,选择确定.

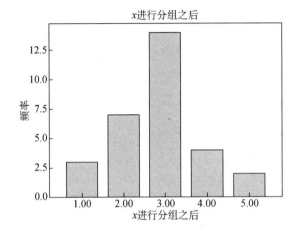

图 9-1　加工零件数直方图

表 9-13　加工零件数频率

		频率	百分比
有效	1.00	3	10.0
	2.00	7	23.3
	3.00	14	46.7
	4.00	4	13.3
	5.00	2	6.7
	合计	30	100.0

表 9-13 给出看了每组的频率和百分比,第三组的频率和百分比最高,其次是第二组.从直方图 9-1 上可以看出,加工零件数大致呈中间高、两端低的钟形;要想从数值上给出更确切的描述,需要进一步研究反映数据特征的所谓"统计量".直方图所展示的加工零件数的分布形状可看作正态分布,当然也可以用这组数据对分布作假设检验.

3. 统计量

假设有一个容量为 n 的样本(即一组数据),记作 $x = (x_1, x_2, \cdots, x_n)$,需要对它进行一定的加工,才能提出有用的信息,用作对总体(分布)参数的估计和检验.统计量就是加工出来的、反映样本数量特征的函数,它不含任何未知量.

下面我们介绍几种常用的统计量.

(1)表示位置的统计量 —— 算术平均值和中位数.

算术平均值(简称均值)描述数据取值的平均位置,记作 $\bar{x}$,

$$\bar{x} = \frac{1}{n}\sum_{i=1}^{n} x_i. \tag{9.2.1}$$

中位数是将数据由小到大排序后位于中间位置的那个数值.

(2)表示变异程度的统计量 —— 标准差、方差和极差.

标准差 s 定义为

$$s = \sqrt{\frac{1}{n-1}\sum_{i=1}^{n}(x_i - \bar{x})^2}. \qquad (9.2.2)$$

标准差是各个数据与均值偏离程度的度量,这种偏离不妨称为变异.

方差是标准差的平方 s^2.

极差是 $x = (x_1, x_2, \cdots, x_n)$ 的最大值与最小值之差.

(3) 表示分布形状的统计量——中心矩、偏度和峰度.

随机变量 x 的 r 阶**中心矩**为 $E(x - Ex)^r$.

随机变量 x 的偏度和峰度指的是 x 的标准化变量 $\dfrac{(x - Ex)}{\sqrt{Dx}}$ 的三阶中心矩和四阶中心矩:

$$v_1 = E\left[\left(\frac{x-Ex}{\sqrt{Dx}}\right)^3\right] = \frac{E\left[(x-Ex)^3\right]}{(Dx)^{\frac{3}{2}}}.$$

$$v_2 = E\left[\left(\frac{x-Ex}{\sqrt{Dx}}\right)^4\right] = \frac{E\left[(x-Ex)^4\right]}{(Dx)^2}. \qquad (9.2.3)$$

偏度反映分布的对称性,$v_1 > 0$ 称为右偏态,此时数据位于均值右边的比位于左边的多;$v_1 < 0$ 称为左偏态,情况相反;而 v_1 接近 0 则可认为分布是对称的.

峰度是分布形状的另一种度量,正态分布的峰度为 3,若 v_2 比 3 大得多,表示分布有沉重的尾巴,说明样本中含有较多远离均值的数据,因而峰度可以用作衡量偏离正态分布的尺度之一.

例 2 学生的身高和体重.

学校随机抽取 100 名学生,测量他们的身高 cm 和体重 kg,所得数据见表 9-14,用 SPSS 计算这些数据的统计量.

表 9-14　　　　　　　　　　身高体重数据

身高(cm)	体重(kg)	身高(cm)	体重(kg)	身高(cm)	体重(kg)	身高(cm)	体重(kg)	身高(cm)	体重(kg)
172	75	169	55	169	64	171	65	167	47
171	62	168	67	165	52	169	62	168	65
166	62	168	65	164	59	170	58	165	64
160	55	175	67	173	74	172	64	168	57
155	57	176	64	172	69	169	58	176	57
173	58	168	50	169	52	167	72	170	57
166	55	161	49	173	57	175	76	158	51
170	63	169	63	173	61	164	59	165	62

身高(cm)	体重(kg)	身高(cm)	体重(kg)	身高(cm)	体重(kg)	身高(cm)	体重(kg)	身高(cm)	体重(kg)
167	53	171	61	166	70	166	63	172	53
173	60	178	64	163	57	169	54	169	66
178	60	177	66	170	56	167	54	169	58
173	73	170	58	160	65	179	62	172	50
163	47	173	67	165	58	176	63	162	52
165	66	172	59	177	66	182	69	175	75
170	60	170	62	169	63	186	77	174	66
163	50	172	59	176	60	166	76	167	63
172	57	177	58	177	67	169	72	166	50
182	63	176	68	172	56	173	59	174	64
171	59	175	68	165	56	169	65	168	62
177	64	184	70	166	49	171	71	170	59

解   把数据输入到 SPSS 中,选择分析 → 描述统计 → 频率,把身高 cm 和体重 kg 选入变量中,单击统计量,选择均值,中位数,标准差,方差,范围(极差),偏度,峰度计算出数据的统计量,所得结果见表 9-15.

表 9-15   统计量

		身高(cm)	体重(kg)
N	有效	100	100
	缺失	0	0
均值		170.250 0	61.270 0
中值		170.000 0	62.000 0
标准差		5.401 79	6.892 91
方差		29.179	47.512
偏度		0.157	0.140
峰度		0.649	−0.290
全距		31.00	30.00

统计量中最重要、最常用的是均值和标准差,由于样本是随机变量,它们作为样本的函数自然也是随机变量,当用它们去推断总体时,有多大的可靠性就与统计量的概率分布有关,因此我们需要知道几个重要分布的简单性质.

4. 统计中几个重要的概率分布

(1) 分布函数、密度函数.

随机变量的特性完全由它的(概率)分布函数或(概率)密度函数来描述. 设有随机变量 X, 其分布函数定义为 $X \leqslant x$ 的概率, 即 $F(x) = P\{X \leqslant x\}$. 若 X 是连续型随机变量, 则其密度函数 $p(x)$ 与 $F(x)$ 的关系为

$$F(x) = \int_{-\infty}^{x} p(x) \mathrm{d}x. \tag{9.2.4}$$

上 a 分位数是下面常用的一个概念, 其定义为: 对于 $0 < a < 1$, 使某分布函数 $F(x) = 1 - a$ 的 x, 称为这个分布的上 a 分位数, 记作 x_a.

前面画过的直方图是频数分布图, 频数除以样本容量 n, 称为频率, n 充分大时频率是概率的近似, 因此直方图可以看作密度函数图形的(离散化)近似.

(2) 统计中几个重要的概率

① 正态分布

正态分布随机变量 X 的密度函数曲线呈中间高两边低、对称的钟形, 期望(均值) $EX = \mu$, 方差 $DX = \sigma^2$, 记作 $X \sim N(\mu, \sigma)$, σ 称均方差或标准差, 当 $\mu = 0$, $\sigma = 1$ 时称为标准正态分布, 记作 $X \sim N(0, 1)$. 正态分布完全由均值 μ 和方差 σ^2 决定, 它的偏度为 0, 峰度为 3.

正态分布可以说是最常见的(连续型)概率分布, 成批生产时零件的尺寸, 射击中弹着点的位置, 仪器反复量测的结果, 自然界中一种生物的数量特征等, 多数情况下都服从正态分布, 这不仅是观察和经验的总结, 而且有着深刻的理论依据, 即在大量相互独立的、作用差不多大的随机因素影响下形成的随机变量, 其极限分布为正态分布.

鉴于正态分布的随机变量在实际生活中如此地常见, 记住下面 3 个数字是有用的:

68% 的数值落在距均值左右 1 个标准差的范围内, 即

$$P\{\mu - \sigma \leqslant X \leqslant \mu + \sigma\} = 0.68;$$

95% 的数值落在距均值左右 2 个标准差的范围内, 即

$$P\{\mu - \sigma \leqslant X \leqslant \mu + \sigma\} = 0.95;$$

99.7% 的数值落在距均值左右 3 个标准差的范围内, 即

$$P\{\mu - \sigma \leqslant X \leqslant \mu + \sigma\} = 0.997.$$

② χ^2 分布

若 $X_1, X_2, \cdots, X_n$ 为相互独立的, 服从标准正态分布 $N(0, 1)$ 的随机变量, 则它们的平方和 $Y = \sum_{i=1}^{n} X_i^2$ 服从 χ^2 分布, 记作 $Y \sim \chi^2(n)$, n 称自由度, 它的期望 $EY =$

n,方差 $DY=2n$.

③ t 分布

若 $Y \sim \chi^2(n)$,且相互独立,则 $T = \dfrac{X}{\sqrt{\dfrac{Y}{n}}}$ 服从 t 分布,记作 $T \sim t(n)$,n 称自由度.

t 分布又称学生氏(Student)分布.

t 分布的密度函数曲线和 $N(0,1)$ 曲线形状相似.理论上 $n \to \infty$ 时,$T \sim t(n) \to N(0,1)$,实际上当 $n > 30$ 时他与 $N(0,1)$ 就相差无几了.

④ F 分布

若 $X \sim \chi^2(n)$,$Y \sim \chi^2(n)$,且互相独立,则 $F = \dfrac{\dfrac{X}{n_1}}{\dfrac{Y}{n_2}}$ 服从 F 分布,记作 $F \sim$

$F(n_1, n_2)$,(n_1, n_2) 为自由度.

9.2.2　参数估计

用样本来推断总体,需要知道样本统计量的分布,而样本又是一组与总体同分布的随机变量,所以样本统计量的分布依赖于总体的分布.当总体服从一般的分布时,求某个样本统计量的分布是很困难的,只有在总体服从正态分布时,一些重要的样本统计量(均值、标准差)的分布才有便于使用的结果.另一方面,现实生活中需要进行统计推断的总体,多数统计中人们在正态总体的假定下研究统计量的分布,是必要的与合理的.

利用样本对总体进行统计推断的一类问题是参数估计,即假定已知总体的分布,通常是 $X \sim N(\mu, \sigma^2)$,估计有关的参数,如 μ,σ^2.参数估计分点估计和区间估计两种.点估计是用样本统计量确定总体参数的一个数值.点估计虽然给出了待估参数的一个数值,却没有告诉我们这个估计值的精度和可信程度.区间估计给出总体未知参数所在的可能区间即置信区间,它会随样本的不同而不同,可以解决参数估计的精确度与可靠性问题,它能够以一定的置信度保证估计的正确性.一般情况下,置信度越高,允许误差越大,精确度越低.

SPSS 参数估计,选择分析 → 比较均值,有单个样本 T 检验,独立样本 T 检验,配对样本 T 检验,根据数据选择相应检验.运行检验过程可得到两个总体均值之差在一定把握程度下的区间估计.利用配对样本可使两个样本中许多其他因素保持完全相同.因此估计误差会比独立样本小.

1. 若是 1 个样本则运行单个样本 T 检验.

2. 若是两个独立样本($n_1 \neq n_2$)则运行两个独立样本之差 T 验

Independent-Samples T Test 过程.

3. 若是两个独立样本($n_1 = n_2$),则运行两个配对样本均值之差的 T 检验 Paired-Samples T Test 过程.

例 3 某电视台广告部想要估计一下,各企业在该电台的黄金时间播放电视广告后的一个月内的平均受益量.为此他们抽取了 33 家播放广告的同类企业的随机样本,资料见表 9-16,x 表示企业序号,y 表示利润增量(万元).

表 9-16 平均收益量

x	1	2	3	4	5	6	7	8	9	10	11
y	7.3	8.6	7.7	6.5	9.4	8.3	7.1	10.2	5.4	9.2	8.8
x	12	13	14	15	16	17	18	19	20	21	22
y	9.7	6.9	4.3	11.2	8.2	8.7	7.6	9.1	6.6	8.5	8.9
x	23	24	25	26	27	28	29	30	31	32	33
y	10.4	12.8	14.6	7.5	11.7	6.0	13.2	13.6	9.0	5.9	9.6

解 该电视台宣布的平均收益量应该是最小收益量,故构造 95% 置信下限.

(1) 把利润增量(万元)输入到 SPSS 数据视图;

(2) 选择分析 → 比较均值 → 单个样本 T 检验;

(3) 把利润增量(万元)选入检验变量中;

(4) 单击确定按钮执行.所得结果见表 9-17 和表 9-18.

表 9-17 单个样本统计量

	N	均值	标准差	均值的标准误
利润增长量(万元)	33	8.864	2.402 7	0.418 3

表 9-18 单个样本检验

			检验值 = 0		差分的 95% 置信区间	
	t	df	$Sig.$(双侧)	均值差值	下限	上限
利润增长量(万元)	21.192	32	0.000	8.863 6	8.012	9.716

结果表明:表 9-17 所示 33 家平均受益量为 8.864 万元,标准差为 2.402 7 万元.表 9-18 所示该项电视台可以 95% 的置信度宣布在该电台黄金时间做广告给企业带来的平均受益量至少在 8.012 万元以上.

例 4 某一个新的制造过程可以增加电池的使用寿命,假设电池使用寿命服从正态分布.在新电池中随机抽取 15 个,而在旧电中随机抽取 12 个同时测试其使用寿命,资料如下:新电池(日):18.2/ 10.4/ 12.6/ 18.0/ 11.7/ 15.0/ 24.0/ 17.6/ 23.6/ 24.8/ 19.3/ 20.5/ 19.8/ 17.1/ 16.3.

旧电池（日）：12.1/ 17.5/ 8.6/ 13.9/ 7.8/ 15.1/ 17.9/ 10.6/ 13.8/ 14.2/ 15.3/ 11.6.

电池寿命
参数估计

求新、旧两种电池平均使用寿命之差 95% 的置信区间.

解 （1）定义变量 x 和 g，输入数据资料，新旧电池寿命数据全部输入 x 同一列中，g 分别取 1 和 2，新电池组号为 1，旧电池组号为 2；

（2）由于是样本量不相等的两组数据，所以选择分析 → 比较均值 → 独立样本 T 检验；

（3）将变量 x 放入检验变量栏中；

（4）激活 Define Groups 按钮，打开该对话框 Groups1 中输入 1 Groups2 中输入 2，单击 Continue 返回主对话框；

（5）单击 OK 按钮执行，所得结果见表 9-19 和表 9-20.

表 9-19   组统计量

	分组	N	均值	标准差	均值的标准误
寿命（日）	新电池寿命	15	17.926 7	4.344 20	1.121 67
	旧电池寿命	12	13.200 0	3.180 91	0.918 25

表 9-20   独立样本检验

		方差方程的 Levene 检验		均值方程的 t 检验					差分的 95% 置信区间	
		F	$Sig.$	t	df	$Sig.$（双侧）	均值差值	标准误差值	下限	上限
寿命（日）	假设方差相等	0.711	0.407	3.149	25	0.004	4.726 6	1.501 02	1.635 2	7.818 0
	假设方差不相等			3.261	24.849	0.003	4.726 6	1.449 59	1.740 2	7.713 0

结果表明：表 9-19 得出新电池和旧电池寿命的均值，标准差.新电池的平均使用寿命明显长于旧电池.表 9-20 得出新旧电池平均使用寿命之差的 95% 的置信区间为：若两个样本方差相等则为（1.635 2，7.818 0）；若两个样本方差不等则为（1.740 2，7.713 0）.

注意 方差齐性检验，即要求所有处理随机误差的方差都要相等，换句话说不同处理不能影响随机误差的方差.由于随机误差的期望一定为 0，这实际是要求随机误差有共同的分布.

9.2.3 假设检验

统计推断的另一类重要问题是假设检验问题.在总体的分布函数完全未知或只

知其形式但不知其参数的情况,为了推断总体的某些性质,提出某些关于总体的假设.例如,提出总体服从泊松分布的假设,对于正态总体提出数学期望等于 μ_0 的假设等.假设检验就是根据样本对所提出的假设做出判断:是接受还是拒绝.这就是所谓的假设检验问题.

原假设 H_0:在统计学中,把需要通过样本去推断正确与否的命题,称为原假设,又称零假设.它常常是根据已有资料或经过周密考虑后确定的.

备择假设 H_1:与原假设对立的假设.

显著水平(significant level)α:确定一个事件为小概率事件的标准,称为检验水平,亦称为显著性水平.通常取 $\alpha = 0.05$,0.01.

1. **单个总体** $N(\mu,\sigma^2)$ 均值 μ 的检验,假设检验有三种:

双边检验:$H_0:\mu=\mu_0$,$H_1:\mu\neq\mu_0$;

右边检验:$H_0:\mu\leqslant\mu_0$,$H_1:\mu>\mu_0$;

左边检验:$H_0:\mu\geqslant\mu_0$,$H_1:\mu<\mu_0$.

假设检验的基本步骤:

(1) 提出假设:原假设 H_0 及备择假设 H_1;

(2) 选择适当的检验统计量,并指出 H_0 成立时,该检验统计量服从的抽样分布;

(3) 根据给定的显著水平,确定相应的临界值,并确定拒绝域;

(4) 根据样本观察值计算检验统计量 H_0.当检验统计量的值落入拒绝域时拒绝 H_0 而接受 H_1,否则可接受 H_0;

(5) 利用 P 值进行检验的准则,见表 9-21.

若 P 值 $<\alpha$,拒绝 H_0 成立,若 P 值 $>\alpha$,接受 H_0 成立.

表 9-21 P 值说明

P 值	说明($\alpha = 0.05$)
小于 0.01	具有高度统计显著性,非常强的证据拒绝原假设
0.01 ~ 0.05	具有统计显著性,适当的证据可拒绝原假设
大于 0.05	较不充分的证据拒绝原假设

例 5 某车间用一台包装机包装糖果.包得的袋装糖重是一个随机变量,它服从正态分布.当机器正常时,其均值为 0.5 kg,标准差为 0.015 kg.某日开工后为检验包装机是否正常,随机地抽取它所包装的糖 9 袋,称得净重为(kg):0.497/0.506/0.518/0.524/0.498/0.511/0.520/0.515/0.512($\alpha=0.05$),问机器是否正常?

解 总体 σ 已知,$x \sim N(\mu,0.015^2)$,μ 未知.提出假设:$H_0:\mu=\mu_0=0.5$ 和 $H_1:\mu\neq0.5$.

① 定义变量 x,输入数据;正态性检验:P-P 图(图 9-2);

② 选择分析 → 比较均值 → 单个样本 t 检验;

③ 将变量 x 放置检验变量栏中,并在检验值输入数据 0.5;

④ 单击确定按钮执行,所得结果见表 9-22 和表 9-23.

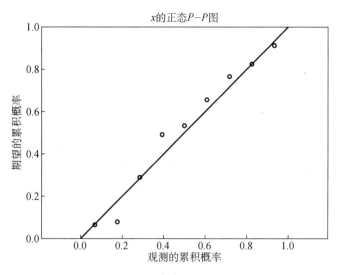

图 9-2　正态检验 $P\text{-}P$ 图

表 9-22　　　　　　　　　　　　单个样本统计量

	N	均值	标准差	均值的标准误
x	9	0.511 222	0.009 391 2	0.003 130 4

表 9-23　　　　　　　　　　　　单个样本 t 检验

	检验值 $=0.5$					
	t	df	$Sig.$(双侧)	均值差值	差分的 95% 置信区间	
					下限	上限
x	3.585	8	0.007	0.011 222 2	0.004 004	0.018 441

结果表明,图 9-2 中的 $P\text{-}P$ 图成一条直线是正态分布. 根据表 9-22 可看出样本的均值和标准差,根据表 9-23 所示双边 P 值$=0.007<\alpha=0.05$,所以拒绝原假设,即认为这天包装机工作不正常.

例 6　某种电子元件的寿命 x(以 h 计)服从正态分布,μ,σ^2 均未知.现得 16 只元件的寿命如下:159/ 280/ 101/ 212/ 224/ 379/ 179/ 264/ 222/ 362/ 168/ 250/ 149/ 260/ 485/170($\alpha=0.05$),问是否有理由认为元件的平均寿命大于 225(h)?

解　提出假设:$H_0:\mu\leqslant\mu_0=225$ 和 $H_1:\mu>225$.

操作步骤同上,检验值输入 225.

					差分的 95% 置信区间	
	t	df	$Sig.$(双侧)	均值差值	下限	上限
				检验值 = 225		
x	0.669	15	0.514	16.500 000 0	− 36.107 310	69.107 310

根据表 9-24 表明,单尾概率 $=\dfrac{\text{双尾概率}}{2}$.该题是单尾概率,所以单尾 $P=\dfrac{0.514}{2}=$ 0.257,说明在显著水平为 0.05 的情况下,不能拒绝原假设,认为元件的平均寿命不大于 225 h.

例 7   在平炉上进行一项试验以确定改变操作方法的建议是否会增加钢的得率,试验是在同一平炉上进行的.每炼一炉钢时,除操作方法外其他条件都尽可能做到相同.先用标准方法炼一炉,然后用建议的新方法炼一炉,以后交换进行,各炼了 10 炉,其得率分别为

1° 标准方法	78.1	72.4	76.2	74.3	77.4	78.4	76.0	75.6	76.7	77.3
2° 新方法	79.1	81.0	77.3	79.1	80.0	79.1	79.1	77.3	80.2	82.1

设这两个样本相互独立分别来自正态总体 $N(\mu_1, \sigma^2)$, $N(\mu_2, \sigma^2)$, μ_1, μ_2, σ^2 均未知,问建议的新方法能否提高得率($\alpha = 0.05$)?

解   总体 σ 已知, $x \sim N(\mu, 0.015^2)$, μ 未知.提出假设: $H_0: \mu_1 - \mu_2 \geqslant 0$ 和 $H_1: \mu_1 - \mu_2 < 0$.

(1) 定义变量 x, g,输入数据;

(2) 选择分析 → 比较均值 → 独立样本 t 检验;

(3) 将变量 x 放置检验变量栏中,将 g 放入分组变量,定义 g 的取值并在检验值;

(4) 单击确定按钮执行,所得结果见表 9-25 和表 9-26.

表 9-25   组统计量

	g	N	均值	标准差	均值的标准误
x	标准方法	10	76.240 000	1.819 157 3	0.575 268 1
	新方法	10	79.430 000	1.491 494 4	0.471 651 9

表 9-26   独立样本检验

		方差方程的 Levene 检验		均值方程的 t 检验					差分的 95% 置信区间	
		F	$Sig.$	t	df	$Sig.$(双侧)	均值差值	标准误差值	下限	上限
x	假设方差相等	0.233	0.635	− 4.288	18	0.000	− 3.190 00	0.743 901	− 4.752 87	− 1.627 1
	假设方差不相等			− 4.288	17.334	0.000	− 3.190 00	0.743 901	− 4.757 19	− 1.622 8

根据表9-25和9-26假设方差相等和不相等的情况下,双尾 P 值＝0.000＜α＝0.05表明在 α＝0.05的显著水平下,可以拒绝原假设,即认为建议的新操作方法较原方法优.

知识小结

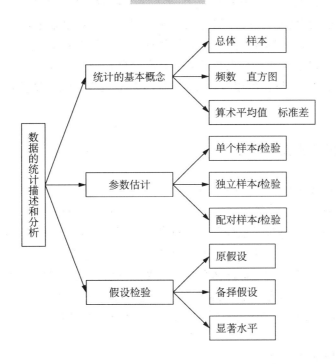

能力提升

1. 下面列出的是某工厂随机选取的 20 只部件的装配时间如下:9.8/ 10.4/ 10.6/ 9.6/9.7/9.9/10.9/11.1/9.6/10.2/10.3/9.6/9.9/11.2/10.6/9.8/10.5/10.1/ 10.5/ 9.7. 设装配时间的总体服从正态分布,是否可以认为装配时间的均值显著地大于10(取 $\alpha = 0.05$)?

2. 下表分别给出两个文学家马克·吐温的8篇小品文及斯诺特格拉斯的10篇小品文中由3个字母组成的词的比例.

| 马克·吐温 | 0.225 | 0.262 | 0.217 | 0.24 | 0.23 | 0.229 | 0.235 | 0.217 | | |
| 斯诺特格拉斯 | 0.209 | 0.205 | 0.196 | 0.21 | 0.202 | 0.207 | 0.224 | 0.223 | 0.22 | 0.201 |

设两组数据分别来自正态总体,且两总体方差相等.两样本相互独立,问两个作家所写的小品文中包含由 3 个字母组成的词的比例是否有显著的差异(取 $\alpha = 0.05$).

答 案

1. 是显著大于10. 2. 有显著差异.

9.3　方差分析

现我们已经做过两个总体均值的假设检验,如两台机床生产的零件尺寸是否相等,病人和正常人的某个生理指标是否一样.如果把这类问题推广一下,要检验两个以上总体的均值彼此是否相等,仍然用以前介绍的方法是很难做到的.而你在实际生产和生活中可以举出许多这样的问题:从几种不同工艺制成的灯泡中,各抽取了若干个测量其寿命,要推断这几种工艺制成的灯泡寿命是否有显著差异;用几种化肥和几个小麦品种在若干块试验田里种植小麦,要推断不同的化肥和品种对产量有无显著影响.

9.3.1　方差分析相关概念

可以看到,为了使生产过程稳定,达到优质、高产,需要对影响产品质量的因素进行分析,找出有显著影响的那些因素,除了从机理方面进行研究外,常常要做许多试验,对结果作分析、比较,寻求规律.用数理统计分析试验结果、鉴别各因素对结果影响程度的方法称为**方差分析**(Analysis Of Variance),记作 ANOVA.

人们关心的试验结果称为指标,试验中需要考察、可以控制的条件称为**因素或因子**,因素所处的状态称为**水平**.上面提到的灯泡寿命问题是单因素试验,小麦产量问题是双因素试验.处理这些试验结果的统计方法就称为单因素方差分析和双因素方差分析.

1. 影响因素的分类
在所有的影响因素中根据是否可以人为控制可以分为两类,一类是人为可以控制的因素,称为**控制因素或控制变量**,如种子品种的选定,施肥量的多少;另一类因素是认为很难控制的因素,称为**随机因素或随机变量**,如气候和地域等影响因素.在很多情况下随机因素指的是实验过程中的抽样误差.

2. 控制变量的不同水平
控制变量的不同取值或水平,称为控制变量的不同水平.如甲品种、乙品种;10 kg 化肥、20 kg 化肥、30 kg 化肥等.

3. 观测变量
受控制变量和随机变量影响的变量称为观测变量,如农作物的产量等.

方差分析就是从观测变量的方差入手,研究诸多控制变量中哪些变量是对观测变量有显著影响的变量以及对观测变量有显著影响的各个控制变量其不同水平以及各水平的交互搭配是如何影响观测变量的一种分析方法.

9.3.2 单因素方差分析

只考虑一个因素 A 对所关心的指标的影响,A 取几个水平,在每个水平上作若干个试验,试验过程中除 A 外其他影响指标的因素都保持不变(只有随机因素存在),我们的任务是从试验结果推断,因素 A 对指标有无显著影响,即当 A 取不同水平时指标有无显著差别.

A 取某个水平下的指标视为随机变量,判断 A 取不同水平时指标有无显著差别,相当于检验若干总体的均值是否相等.

1. 数学模型

设 A 取 r 个水平 A_1,A_2,$\cdots$,A_r,在水平 A_i 下总体 x_i 服从正态分布 $N(\mu_i,\sigma^2)$,$i=1,\cdots,r$ 这里 μ_i,σ^2 未知,μ_i 可以互不相同,但假定 x_i 有相同的方差. 又设在每个水平 A_i 下作了 n_i 次独立试验,即从中抽取容量为 n_i 的样本,记作 x_{ij}, $j=1,\cdots,n_i$,x_{ij} 服从 $N(\mu_i,\sigma^2)$,$i=1,\cdots,r$,$j=1,\cdots,n_i$ 且相互独立.将这些数据列成表 9-27(单因素试验数据表)的形式.

表 9-27 　　　　　　　　　　　　单因素试验数据

A_1	x_{11}	x_{12}	$\cdots$	x_{1n}
A_2	x_{21}	x_{22}	$\cdots$	x_{2n}
$\cdots$	$\cdots$	$\cdots$	$\cdots$	$\cdots$
A_r	x_{r1}	x_{r2}	$\cdots$	x_{rn}

单因素方差分析的基本步骤:

(1) 将第 i 行称为第 i 组数据.判断 A 的 r 个水平对指标有无显著影响,提出假设:$H_0:\mu_1=\mu_2=\cdots=\mu_r$;$H_1:\mu_1,\mu_2,\cdots,\mu_r$ 不全相等;

(2) 计算检验统计量和概率 P 值;

(3) 给定显著水平与 P 值做比较:如果 P 值小于显著水平,则应该拒绝原假设,反之就不能拒绝原假设.

2. 单因素方差分析 SPSS 基本步骤

在利用 SPSS 进行单因素方差分析时,应注意数据的组织形式.SPSS 要求定义两个变量分别存放观测变量值和控制变量的水平值.基本操作步骤如下:

(1) 选择菜单分析 → 比较均值 → 单因素方差分析;

(2) 将观测变量选择到因变量列表;

(3) 将控制变量选择到因子.控制变量有几个不同的取值表示控制变量有几个水平.

(4) 方差齐性检验. 由于方差分析的前提是各水平下的总体服从正态分布并

且方差相等,因此有必要对方差齐性进行检验,即对控制变量不同水平下各观测变量不同总体方差是否相等进行分析.SPSS 单因素方差分析中,方差齐性检验采用了方差同质性(Homogeneity of Variance)的检验方法,其零假设是各水平下观测变量总体方差无显著性差异,实现思路同 SPSS 两独立样本 t 检验中的方差齐性检验;

(5) 多重比较检验. 多重比较检验就是分别对每个水平下的观测变量均值进行逐对比较,判断两均值之间是否存在显著差异.其零假设是相应组的均值之间无显著差异.

上面的基本分析可以判断控制变量是否对观测变量产生了显著影响.如果控制变量确实对观测变量产生了显著影响,进一步还应确定,控制变量的不同水平对观测变量的影响程度如何,其中哪个水平的作用明显大于其他水平,哪些水平的作用是不显著的.例如已经确定不同施肥量会对农作物的产量产生显著影响,便希望进一步了解究竟是 10 kg、20 kg 还是 30 kg 施肥量最有利于提高产量,哪种施肥量对农作物产量没有显著影响.掌握了这些信息,我们就能够制定合理的施肥方案.

SPSS 提供的多重比较检验的方法比较多,有些方法适用在各总体方差相等的条件下,有些适用在方差不相等的条件下.其中 LSD 方法适用于各总体方差相等的情况,特点是比较灵敏;Tukey 方法和 S-N-K 方法适用于各水平下观测变量个数相等的情况;Scheffe 方法比 Tukey 方法不灵敏.

至此,SPSS 便自动分解观测变量的方差,计算组间方差、组内方差、F 统计量以及对应的概率 P 值,完成单因素方差分析的相关计算,并将结果显示到输出窗口中.

例 1 为考察 5 名工人的劳动生产率是否相同,记录了每人 4 d 的产量,并算出其平均值,见表 9-28.你能从这些数据推断出他们的生产率有无显著差别吗?

表 9-28 劳动产量数据

d \ 工人	A_1	A_2	A_3	A_4	A_5
1	256	254	250	248	236
2	242	330	277	280	252
3	280	290	230	305	220
4	298	295	302	289	252

解 ① 选择菜单分析 → 比较均值 → 单因素方差分析;

② 将工人的产量选到因变量列表,将工人序号选择到因子.

③ 方差齐性检验.选择选项里的方差同质性检验.

④ 多重比较检验.若方差分析有显著差异,根据方差齐性检验选择相对应的方法,见表 9-29.

表 9-29 方差齐性检验

Levene 统计量	df_1	df_2	显著性
0.484	4	15	0.747

表 9-30 ANOVA

	平方和	df	均方	F	显著性
组间	6 125.700	4	1 531.425	2.262	0.111
组内	10 156.500	15	677.100		
总数	16 282.200	19			

结果表明:由表 9-29 得, $P=0.747>\alpha=0.05$,故接受 H_0,表明方差齐.由表 9-30 得, $P=0.111>\alpha=0.05$,故接受 H_0,即 5 名工人的生产率没有显著差异.

灯泡寿命单因素方差分析

例 2 用 4 种工艺生产灯泡,从各种工艺制成的灯泡中各抽出了若干个测量其寿命,结果见表 9-31,试推断这几种工艺制成的灯泡寿命是否有显著差异.

表 9-31 灯泡寿命数据

序号 \ 工艺	A_1	A_2	A_3	A_4
1	1 620	1 580	1 460	1 500
2	1 670	1 600	1 540	1 550
3	1 700	1 640	1 620	1 610
4	1 750	1 720		1 680
5	1 800			

解 解的过程同上.

表 9-32 方差齐性检验

Levene 统计量	df_1	df_2	显著性
0.110	3	12	0.952

表 9-33 ANOVA

	平方和	df	均方	F	显著性
组间	62 820.000	3	20 940.000	4.061	0.033
组内	61 880.000	12	5 156.667		
总数	124 700.000	15			

(I) 工艺序号		(J) 工艺序号		均值差(I−J)	标准误	显著性	95% 置信区间	
							下限	上限
dimension2	1.00	dimension3	2.00	73.000 00	48.171 57	0.156	−31.956 8	177.956 8
			3.00	168.000 00*	52.442 56	0.008	53.737 5	282.262 5
			4.00	123.000 00*	48.171 57	0.025	18.043 2	227.956 8
	2.00	dimension3	1.00	−73.000 00	48.171 57	0.156	−177.956 8	31.956 8
			3.00	95.000 00	54.845 74	0.109	−24.498 6	214.498 6
			4.00	50.000 00	50.777 29	0.344	−60.634 2	160.634 2
	3.00	dimension3	1.00	−168.000 00*	52.442 56	0.008	−282.262 5	−53.737 5
			2.00	−95.000 00	54.845 74	0.109	−214.498 6	24.498 6
			4.00	−45.000 00	54.845 74	0.428	−164.498 6	74.498 6

注：*. 均值差的显著性水平为 0.05.

结果表明：表 9-32 的方差齐性检验中 P 值 $=0.952>\alpha=0.05$，接受原假设表明方差齐，表 9-33 的单因素方差分析中 P 值 $=0.033<\alpha=0.05$，拒绝原假设表明 4 中工艺存在显著性差异.从表 9-34 的多重比较可看出,只有工艺 1 和工艺 3,4 存在显著性差异,工艺 1 要显著优于工艺 3,4.

知识小结

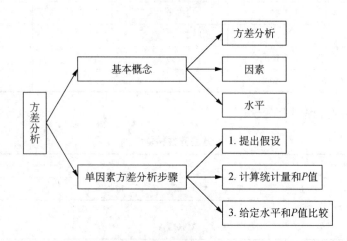

能力提升

将抗生素注入人体会产生抗生素与血浆蛋白质结合的现象,以致减少了药效.表 9-35 列出 5 种常用的抗生素注入到牛的体内时,抗生素与血浆蛋白质结合的百分比.试在水平 $\alpha=0.05$ 下检验这些百分比的均值有无显著的差异.设各总体服从正态分布,且方差相同.

表 9-35 百分比数据

青霉素	四环素	链霉素	红霉素	氯霉素
29.6	27.3	5.8	21.6	29.2
24.3	32.6	6.2	17.4	32.8
28.5	30.8	11.0	18.3	25.0
32.0	34.8	8.3	19.0	24.2

答　案

有显著差异.

9.4　回归分析

"回归"一词是英国生物学家、统计学家高尔顿,在研究父亲身高和其成年儿子身高关系时提出的.

从大量父亲身高和其成年儿子身高数据的散点图中,如图 9-3 所示,从图 9-3 高尔顿发现了一条贯穿其中的直线,它能描述父亲身高和其成年儿子身高的关系,并可

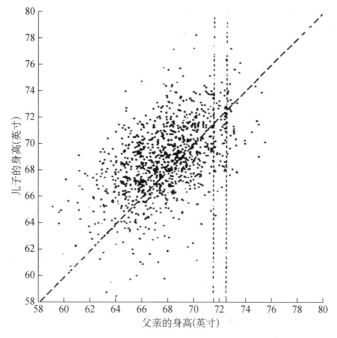

图 9-3　父亲身高和儿子身高数据散点图

以用于根据父亲身高预测其成年儿子身高.高尔顿通过上述研究发现儿子的平均身高一般总是介于其父亲与其种族的平均高度之间,即儿子的身高在总体上有一种"回归"到其所属种族高度的趋势,这种现象称为**回归现象**,贯穿数据的直线称为**回归线**.回归概念产生以后,被广泛应用于各个领域之中,并成为研究随机变量与一个或多个自变量之间变动关系的一种统计分析技术.

前面我们讲过曲线拟合问题.曲线拟合问题的特点是,根据得到的若干有关变量的一组数据,寻找因变量与(一个或几个)自变量之间的一个函数,使这个函数对那组数据拟合得最好.通常函数的形式可以由经验、先验知识或对数据的直观观察决定,要作的工作是由数据用最小二乘法计算函数中的待定系数.从计算的角度看,问题似乎已经完全解决了,还有进一步研究的必要吗?

从数理统计的观点看,这里涉及的都是随机变量,我们根据一个样本计算出的那些系数,只是它们的一个(点)估计,应该对它们作区间估计或假设检验,如果置信区间太大,甚至包含了零点,那么系数的估计值是没有多大意义的.另外也可以用方差分析方法对模型的误差进行分析,对拟合的优劣给出评价.简单地说,回归分析就是对拟合问题作的统计分析.具体地说,回归分析在一组数据的基础上研究这样几个问题:

(1) 建立因变量 y 与自变量 x_1, x_2, $\cdots$, x_m 之间的回归模型(经验公式);

(2) 对回归模型的可信度进行检验;

(3) 判断每个自变量 $x_i (i = 1, 2, \cdots, m)$ 对 y 的影响是否显著;

(4) 诊断回归模型是否适合这组数据;

(5) 利用回归模型对 y 进行预报或控制.

9.4.1 回归分析基本概念

1. 回归分析

回归分析就是研究一个或多个变量的变动对另一个变量的变动的影响程度的方法.

相关分析是根据统计数据,通过计算分析变量之间关系的方向和紧密程度,而不能说明变量之间相互关系的具体形式,无法从一个变量的变化来推测另一个变量的变化情况.

回归分析能够确切说明变量之间相互关系的具体形式,可以通过一个相关的数学表达式,从一个变量的变化来推测另一个变量的变化情况,使估计和预测成为可能.相关分析是回归分析的基础和前提,回归分析是相关分析的深入和继续.

根据变量之间相关关系的表现形式分为:线性回归分析,变量之间的相关关系是线性关系;非线性回归分析,变量之间的相关关系是非线性关系.

根据影响因变量的自变量的多少分为:一元回归分析,多元回归分析.

2. 回归分析的基本过程

(1) 确定自变量、因变量(相关性分析,散点图).

(2) 确定回归模型(线性,非线性,一元,多元).

(3) 估计模型中的参数(建立回归方程).

(4) 对回归模型进行各种检验(拟合优度检验,残差分析等).

(5) 模型应用(利用回归方程预测).

9.4.2 回归分析

1. 多元线性回归

回归分析中最简单的形式是 $y=\beta_0+\beta_1 x$,x,y 均为标量,β_0,β_1 为回归系数,称一元线性回归.它的一个自然推广是 x 为多元变量,形如

$$y=\beta_0+\beta_1 x_1+\cdots+\beta_m x_m. \tag{9.4.1}$$

$m \geqslant 2$,或者更一般地

$$y=\beta_0+\beta_1 f_1(x)+\cdots+\beta_m f_m(x). \tag{9.4.2}$$

其中 $x=(x_1,\cdots,x_m)$,$f_j(j=1,\cdots,m)$ 是已知函数.这里 y 对回归系数 $\beta=(\beta_0,\beta_1,\cdots,\beta_m)$ 是线性的,称为多元线性回归.不难看出,对自变量 x 作变量代换,就可将式(9.4.2)化为式(9.4.1)的形式,所以下面式(9.4.1)为多元线性回归的标准型.

2. 模型

在回归分析中自变量 $x=(x_1,x_2,\cdots,x_m)$ 是影响因变量 y 的主要因素,是人们能控制或能观察的,而 y 还受到随机因素的干扰,可以合理地假设这种干扰服从零均值的正态分布,于是模型记作

$$\begin{cases} y=\beta_0+\beta_1 x_1+\cdots+\beta_m x_m+\varepsilon, \\ \varepsilon \sim N(0,\sigma^2). \end{cases} \tag{9.4.3}$$

其中 σ 未知.现得到 n 个独立观测数据$(y_i,x_{i1},\cdots,x_{im})$,$i=1,\cdots,n,n>m$,由式(9.4.3)得

$$\begin{cases} y_i=\beta_0+\beta_1 x_{i1}+\cdots+\beta_m x_{im}+\varepsilon_i, \\ \varepsilon_i \sim N(0,\sigma^2), \quad i=1,\cdots,n. \end{cases} \tag{9.4.4}$$

记

$$\boldsymbol{X}=\begin{bmatrix} 1 & x_{11} & \cdots & x_{1m} \\ M & M & \cdots & M \\ 1 & x_{n1} & \cdots & x_{nm} \end{bmatrix},\ \boldsymbol{Y}=\begin{bmatrix} y_1 \\ M \\ y_n \end{bmatrix}. \tag{9.4.5}$$

$$\varepsilon = [\varepsilon_1 \quad \cdots \quad \varepsilon_n]^T, \quad \beta = [\beta_0 \quad \beta_1 \quad \cdots \quad \beta_m]^T,$$

式(9.4.4) 表示为

$$\begin{cases} Y = X\beta + \varepsilon, \\ \varepsilon \sim N(0, \sigma^2). \end{cases} \tag{9.4.6}$$

3. 参数估计

用最小二乘法估计模型式(9.4.3)中的参数 β. 由式(9.4.4) 这组数据的误差平方和为

$$Q(\beta) = \sum_{i=1}^{n} \varepsilon_i^2 = (Y - X\beta)^T (Y - X\beta). \tag{9.4.7}$$

求 β 使 $Q(\beta)$ 最小, 得到 β 的最小二乘估计, 记作 $\hat{\beta}$, 可以推出

$$\hat{\beta} = (X^T X)^{-1} X^T Y. \tag{9.4.8}$$

将 $\hat{\beta}$ 代回原模型得到 y 的估计值

$$\hat{y} = \hat{\beta}_0 + \hat{\beta}_1 x_1 + \cdots + \hat{\beta}_m x_m. \tag{9.4.9}$$

而这组数据的拟合值为 $\hat{Y} = X\hat{\beta}$, 拟合误差 $e = Y - \hat{Y}$ 称为残差, 可作为随机误差 ε 的估计, 而

$$Q = \sum_{i=1}^{n} e_i^2 = \sum_{i=1}^{n} (y_i - \hat{y}_i)^2. \tag{9.4.10}$$

为残差平方和(或剩余平方和), 即 $Q(\hat{\beta})$.

4. 统计分析

不加证明地给出以下结果:

(1) $\hat{\beta}$ 是 β 的线性无偏最小方差估计. 指的是 $\hat{\beta}$ 是 Y 的线性函数; $\hat{\beta}$ 的期望等于 β; 在 β 的线性无偏估计中, $\hat{\beta}$ 的方差最小.

(2) $\hat{\beta}$ 服从正态分布

$$\hat{\beta} \sim N(\beta, \sigma^2 (X^T X)^{-1}). \tag{9.4.11}$$

(3) 对残差平方和 $Q, EQ = (n - m - 1)\sigma^2$, 且

$$\frac{Q}{\sigma^2} \sim \chi^2(n - m - 1). \tag{9.4.12}$$

由此得到 σ^2 的无偏估计

$$s^2 = \frac{Q}{n - m - 1} = \hat{\sigma}^2. \tag{9.4.13}$$

s^2 是剩余方差(残差的方差), s 称为剩余标准差.

（4）对 Y 的样本方差 $S=\sum\limits_{i=1}^{n}(y_i-\bar{y})^2$ 进行分解，有

$$S=Q+U,F=\frac{\dfrac{U}{m}}{\dfrac{Q}{n-m-1}}\sim F(m,n-m-1). \qquad (9.4.14)$$

其中 Q 是由式（9.4.10）定义的残差平方和，反映随机误差对 y 的影响，U 称为回归平方和，反映自变量对 y 的影响.

5. 回归模型的假设检验

因变量 y 与自变量 $x_1,\cdots,x_m$ 之间是否存在如模型式（9.4.1）所示的线性关系是需要检验的，显然，如果所有的 $|\hat{\beta}_j|(j=1,\cdots,m)$ 都很小，y 与 $x_1,\cdots,x_m$ 的线性关系就不明显，所以可令原假设为

$H_0:\beta_j=0(j=1,\cdots,m)$ 当 H_0 成立时由分解式（9.4.14）定义的 U,Q 满足

$$F=\frac{\dfrac{U}{m}}{\dfrac{Q}{n-m-1}}\sim F(m,n-m-1). \qquad (9.4.15)$$

在显著性水平 α 下有 $1-\alpha$ 分位数 $F_{1-\alpha}(m,n-m-1)$，若 $F<F_{1-\alpha}(m,n-m-1)$，接受 H_0；否则，拒绝.

注意　拒绝 H_0 只说明 y 与 $x_1,\cdots,x_m$ 的线性关系不明显，可能存在非线性关系，如平方关系.

还有一些衡量 y 与 $x_1,\cdots,x_m$ 相关程度的指标，如用回归平方和在样本方差中的比值定义

$$R^2=\frac{U}{S}. \qquad (9.4.16)$$

$R\in[0,1]$ 称为相关系数，R 越大，y 与 $x_1,\cdots,x_m$ 相关关系越密切，通常，R 大于 0.8（或 0.9）才认为相关关系成立.

6. 回归系数的假设检验和区间估计

当上面的 H_0 被拒绝时，β_j 不全为零，但是不排除其中若干个等于零.所以应进一步作如下 m 个检验$(j=1,\cdots,m)$：$H_0^{(j)}:\beta_j=0$.

由式（9.4.11），$\hat{\beta}_j\sim N(\beta_j,\sigma^2 c_{jj})$，$c_{jj}$ 是 $(X^{\mathrm{T}}X)^{-1}$ 对角线上的元素，用 s^2 代替 σ^2，由式（9.4.11）～式（9.4.13），当 $H_0^{(j)}$ 成立时

$$t_j = \frac{\dfrac{\hat{\beta}_j}{\sqrt{c_{jj}}}}{\sqrt{\dfrac{Q}{n-m-1}}} \sim t(n-m-1). \qquad (9.4.17)$$

对给定的 α，若 $|t_j| < t_{1-\frac{\alpha}{2}}(n-m-1)$，接受 $H_0^{(j)}$；否则，拒绝.

式(9.4.17)也可用于对 β_j 作区间估计($j=0, 1, \cdots, m$)，在置信水平 $1-\alpha$ 下，β_j 的置信区间为

$$[\hat{\beta}_j - t_{1-\frac{\alpha}{2}}(n-m-1)s\sqrt{c_{jj}}, \ \hat{\beta}_j + t_{1-\frac{\alpha}{2}}(n-m-1)s\sqrt{c_{jj}}]. \quad (9.4.18)$$

其中 $s = \sqrt{\dfrac{Q}{n-m-1}}$.

7. 利用回归模型进行预测

当回归模型和系数通过检验后，可由给定的 $x_0=(x_{01}, \cdots, x_{0m})$ 预测 y_0，y_0 是随机的，显然其预测值(点估计)为

$$\hat{y}_0 = \hat{\beta}_0 + \hat{\beta}_1 x_{01} + \cdots + \hat{\beta}_m x_{0m}. \qquad (9.4.19)$$

给定 α 可以算出 y_0 的预测区间(区间估计)，结果较复杂，但当 n 较大且 x_{0i} 接近平均值 $\bar{x}_i$ 时，y_0 的预测区间可简化为

$$[\hat{y}_0 - u_{1-\frac{\alpha}{2}}s, \ \hat{y}_0 + u_{1-\frac{\alpha}{2}}s]. \qquad (9.4.20)$$

其中 $u_{1-\frac{\alpha}{2}}$ 是标准正态分布的 $1-\dfrac{\alpha}{2}$ 分位数.

对 y_0 的区间估计方法可用于给出已知数据残差 $e_i=y_i-\hat{y}_i(i=1, \cdots, n)$ 的置信区间，e_i 服从均值为零的正态分布，所以若某个 e_i 的置信区间不包含零点，则认为这个数据是异常的，可予以剔除.

8. MATLAB 实现

MATLAB 统计工具箱用命令 regress 实现多元线性回归，用的方法是最小二乘法，用法是：

$$b = \text{regress}(Y, X)$$

其中 Y, X 为按式(9.4.5)排列的数据，b 为回归系数估计值 $\hat{\beta}_0, \hat{\beta}_1, \cdots, \hat{\beta}_m$.

$$[b, \text{bint}, r, \text{rint}, \text{stats}] = \text{regress}(Y, X, \text{alpha})$$

这里 Y, X 同上，alpha 为显著性水平(缺省时设定为 0.05)，b，bint 为回归系数估计值和它们的置信区间，r，rint 为残差(向量)及其置信区间，stats 是用于检验回归模型的统计量，有三个数值，第一个是 R^2 见式(9.4.16)，第二个是 F 见式

(9.4.15)，第 3 个是与 F 对应的概率 P，$P < \alpha$ 拒绝 H_0，回归模型成立.

残差及其置信区间可以用 rcoplot$(r, rint)$ 画图.

例1 合金的强度 y 与其中的碳含量 x 有比较密切的关系，今从生产中收集了一批数据见表 9-36.

表 9-36 数据

x	0.10	0.11	0.12	0.13	0.14	0.15	0.16	0.17	0.18
y	42.0	41.5	45	45.5	45	47.5	49	55	50

试先拟合一个函数 $y(x)$，再用回归分析对它进行检验.

解 先画出散点图：

```
x = 0.1:0.01:0.18;
y = [42, 41.5, 45.0, 45.5, 45.0, 47.5, 49.0, 55.0, 50.0];
plot(x, y, '+')
```

可知 y 与 x 大致上为线性关系.

设回归模型为

$$y = \beta_0 + \beta_1 x. \tag{9.4.21}$$

用 regress 和 rcoplot 编程如下：

```
clc, clear
x1 = [0.1:0.01:0.18]';
y = [42, 41.5, 45.0, 45.5, 45.0, 47.5, 49.0, 55.0, 50.0]';
x = [ones(9, 1), x1];
[b, bint, r, rint, stats] = regress(y, x);
b, bint, stats, rcoplot(r, rint).
```

得到

```
b = 27.472 2    137.500 0
bint = 18.685 1    36.259 4
        75.775 5    199.224 5
stats = 0.798 5    27.746 9    0.001 2
```

即 $\hat{\beta}_0 = 27.472\,2$，$\hat{\beta}_1 = 140.619\,4$，$\hat{\beta}_0$ 的置信区间是 $[18.685\,1, 36.259\,4]$，$\hat{\beta}_1$ 的置信区间是 $[75.775\,5, 199.224\,5]$；$R^2 = 0.798\,5$，$F = 27.746\,9$，$P = 0.001\,2$.

可知模型式 (9.4.21) 成立.

观察命令 rcoplot$(r, rint)$ 所画的残差分布，除第 8 个数据外其余残差的置信区间均包含零点，第 8 个点应视为异常点，将其剔除后重新计算，可得

b = 30.782 0 109.398 5

bint = 26.280 5 35.283 4

76.901 4 141.895 5

stats = 0.918 8 67.853 4 0.000 2

应该用修改后的这个结果.

例2 某厂生产的一种电器的销售量 y 与竞争对手的价格 x_1 和本厂的价格 x_2 有关.表 9-37 是该商品在 10 个城市的销售记录.

表 9-37   销售记录

x_1(元)	120	140	190	130	155	175	125	145	180	150
x_2(元)	100	110	90	150	210	150	250	270	300	250
Y(个)	102	100	120	77	46	93	26	69	65	85

试根据这些数据建立 y 与 x_1 和 x_2 的关系式,对得到的模型和系数进行检验.若某市本厂产品售价 160(元),竞争对手售价 170(元),预测商品在该市的销售量.

解 分别画出 y 关于 x_1 和 y 关于 x_2 的散点图,可以看出 y 与 x_2 有较明显的线性关系,而 y 与 x_1 之间的关系则难以确定,我们将作几种尝试,用统计分析决定优劣.

设回归模型为

$$y = \beta_0 + \beta_1 x_1 + \beta_2 x_2. \tag{9.4.22}$$

编写如下程序:

```
x1 = [120  140  190  130  155  175  125  145  180  150]';
x2 = [100  110  90  150  210  150  250  270  300  250]';
y = [102  100  120  77  46  93  26  69  65  85]';
x = [ones(10, 1), x1, x2];
[b, bint, r, rint, stats] = regress(y, x);
b, bint, stats
```

得到

b = 66.517 6 0.413 9 − 0.269 8

bint = − 32.506 0 165.541 1

− 0.201 8 1.029 6

− 0.461 1 − 0.078 5

stats = 0.652 7 6.578 6 0.024 7

可以看出结果不是太好:$P = 0.024\ 7$,取 $\alpha = 0.05$ 时回归模型式(9.4.22)可用,但取 $\alpha = 0.01$ 则模型不能用;$R^2 = 0.652\ 7$ 较小;$\hat{\beta}_0$,$\hat{\beta}_1$ 的置信区间包含了零点.下面

将试图用 x_1，x_2 的二次函数改进它.

9. 多项式回归

如果从数据的散点图上发现 y 与 x 呈较明显的二次（或高次）函数关系，或者用线性模型式(9.4.1)的效果不太好，就可以选用多项式回归.

(1) 一元多项式回归，一元多项式回归可用命令 polyfit 实现.

例3 将 17 至 29 岁的运动员每两岁一组分为 7 组，每组两人测量其旋转定向能力，以考察年龄对这种运动能力的影响.现得到一组数据见表 9-38.

表 9-38　　　　　　　　　　　　　　运动能力

年　　龄	17	19	21	23	25	27	29
第一人	20.48	25.13	26.15	30	26.1	20.3	19.35
第二人	24.35	28.11	26.3	31.4	26.92	25.7	21.3

试建立二者之间的关系.

解　数据的散点图明显地呈现两端低中间高的形状，所以应拟合一条二次曲线.

选用二次模型

$$y = a_2 x^2 + a_1 x + a_0. \tag{9.4.23}$$

编写如下程序：

```
x0 = 17:2:29; x0 = [x0, x0];
y0 = [20.48  25.13  26.15  30.0  26.1  20.3  19.35…24.35  28.11  26.3
31.4  26.92  25.7  21.3];
[p, s] = polyfit(x0, y0, 2); p
```

得到

p = − 0.200 3　8.978 2　− 72.215 0

即 $a_2 = -0.200\,3$，$a_1 = 8.978\,2$，$a_0 = -72.215\,0$.

上面的 s 是一个数据结构，用于计算其他函数的计算，如

```
[y, delta] = polyconf(p, x0, s); y
```

得到 y 的拟合值，及预测值 y 的置信区间半径 delta.

用 polytool(x0, y0, 2)，可以得到一个如图 9-4 的交互式画面，在画面中绿色曲线为拟合曲线，它两侧的红线是 y 的置信区间.你可以用鼠标移动图中的十字线来改变图下方的 x 值，也可以在窗口内输入，左边就给出 y 的预测值及其置信区间.通过左下方的 Export 下拉式菜单，可以输出回归系数等.这个命令的用法与下面将介绍的 rstool 相似.

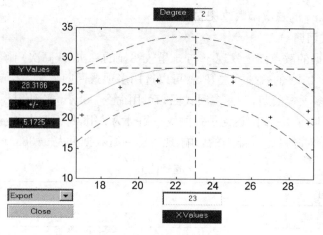

图 9-4　交互式拟合

（2）多元二项式回归，统计工具箱提供了一个作多元二项式回归的命令 rstool，它也产生一个交互式画面，并输出有关信息，用法是

```
rstool(x, y, model, alpha)
```

其中输入数据 x，y 分别为 $n \times m$ 矩阵和 n 维向量，alpha 为显著性水平 α（缺省时设定为 0.05），model 由下列 4 个模型中选择 1 个（用字符串输入，缺省时设定为线性模型）：

linear（线性）：$y = \beta_0 + \beta_1 x_1 + \cdots + \beta_m x_m$

purequadratic（纯二次）：$y = \beta_0 + \beta_1 x_1 + \cdots + \beta_m x_m + \sum_{j=1}^{m} \beta_{jj} x_j^2$

interaction（交叉）：$y = \beta_0 + \beta_1 x_1 + \cdots + \beta_m x_m + \sum_{1 \leqslant j \neq k \leqslant m} \beta_{jk} x_j x_k$

quadratic（完全二次）：$y = \beta_0 + \beta_1 x_1 + \cdots + \beta_m x_m + \sum_{1 \leqslant j, k \leqslant m} \beta_{jk} x_j x_k$

我们再作一遍例 2 商品销售量与价格问题，选择纯二次模型，即

$$y = \beta_0 + \beta_1 x_1 + \beta_2 x_2 + \beta_{11} x_1^2 + \beta_{22} x_2^2. \tag{9.4.24}$$

编程如下：

```
x1 = [120  140  190  130  155  175  125  145  180  150]';
x2 = [100  110  90  150  210  150  250  270  300  250]';
y = [102  100  120  77  46  93  26  69  65  85]';
x = [x1 x2];
rstool(x, y, 'purequadratic')
```

得到一个如图 9-5 所示的交互式画面，左边是 $x_1 (=151)$ 固定时的曲线 $y(x_1)$ 及其置信区间，右边是 $x_2 (=188)$ 固定时的曲线 $y(x_2)$ 及其置信区间。用鼠标移动图中

的十字线,或在图下方窗口内输入,可改变 x_1,x_2 图左边给出 y 的预测值及其置信区间,就用这种画面可以回答例2提出的"若某市本厂产品售价160(元),竞争对手售价170(元),预测该市的销售量"问题.

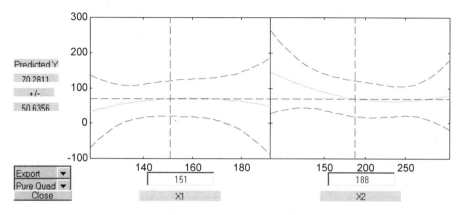

图 9-5   vstool 交互式拟合

图的左下方有两个下拉式菜单,一个菜单 Export 用以向 MATLAB 工作区传送数据,包括 beta(回归系数),rmse(剩余标准差),residuals(残差).模型式(9.4.24)的回归系数和剩余标准差为

beta = – 312.587 1   7.270 1   – 1.733 7   – 0.022 8   0.003 7

rmse = 16.643 6

另一个菜单 model 用以在上述 4 个模型中选择,你可以比较以下它们的剩余标准差,会发现以模型式(9.4.24)的 rmse = 16.643 6 最小.

10. 非线性回归和逐步回归

本节介绍怎样用 MATLAB 统计工具箱实现非线性回归和逐步回归.

(1)非线性回归,非线性回归是指因变量 y 对回归系数 β_1,$\cdots$,β_m(而不是自变量)是非线性的.MATLAB 统计工具箱中的 nlinfit, nlparci, nlpredci, nlintool,不仅给出拟合的回归系数,而且可以给出它的置信区间,及预测值和置信区间等.下面通过例题说明这些命令的用法.

例 4   在研究化学动力学反应过程中,建立了一个反应速度和反应物含量的数学模型,形式为

$$y = \frac{\beta_4 x_2 - \dfrac{x_3}{\beta_5}}{1 + \beta_1 x_1 + \beta_2 x_2 + \beta_3 x_3}$$

其中 β_1,$\cdots$,β_5 是未知的参数,x_1,x_2,x_3 是三种反应物(氢,n 戊烷,异构戊

烷)的含量，y 是反应速度.今测得一组数据见表9-39，试由此确定参数 $\beta_1,\cdots,\beta_5$，并给出其置信区间.$\beta_1,\cdots,\beta_5$ 的参考值为 $(0.1, 0.05, 0.02, 1, 2)$.

表 9-39   数据

序号	反应速度 y	氢 x_1	n 戊烷 x_2	异构戊烷 x_3
1	8.55	470	300	10
2	3.79	285	80	10
3	4.82	470	300	120
4	0.02	470	80	120
5	2.75	470	80	10
6	14.39	100	190	10
7	2.54	100	80	65
8	4.35	470	190	65
9	13	100	300	54
10	8.5	100	300	120
11	0.05	100	80	120
12	11.32	285	300	10
13	3.13	285	190	120

解   首先，以回归系数和自变量为输入变量，将要拟合的模型写成函数文件
huaxue.m：

```
function yhat = huaxue(beta,x);
yhat = (beta(4) * x(2) - x(3)/beta(5))./(1 + beta(1) * x(1) +
beta(2) * x(2) + beta(3) * x(3));
```

然后，用 nlinfit 计算回归系数，用 nlparci 计算回归系数的置信区间，用 nlpredci 计算预测值及其置信区间，编程如下：

```
clc, clear
x0 = [1    8.55    470    300    10
      2    3.79    285    80     10
      3    4.82    470    300    120
      4    0.02    470    80     120
      5    2.75    470    80     10
      6    14.39   100    190    10
      7    2.54    100    80     65
      8    4.35    470    190    65
      9    13.00   100    300    54
```

10	8.50	100	300	120
11	0.05	100	80	120
12	11.32	285	300	10
13	3.13	285	190	120];

```
x = x0(:,3:5);
y = x0(:,2);
beta = [0.1, 0.05,0.02,1, 2]; % 回归系数的初值
[betahat,f,j] = nlinfit(x, y,'huaxue',beta); % f,j是下面命令用的信息
betaci = nlparci(betahat,f,j);
betaa = [betahat,betaci]; % 回归系数及其置信区间
[yhat,delta] = nlpredci('huaxue',x,betahat,f,j)
% y的预测值及其置信区间的半径,置信区间为 yhat ± delta.
```

用 nlintool 得到一个交互式画面,左下方的 Export 可向工作区传送数据,如剩余标准差等.使用命令

```
nlintool(x, y,'huaxue',beta)
```

可看到画面,并传出剩余标准差 rmse = 0.193 3.

(2) 逐步回归,实际问题中影响因变量的因素可能很多,我们希望从中挑选出影响显著的自变量来建立回归模型,这就涉及到变量选择的问题,逐步回归是一种从众多变量中有效地选择重要变量的方法.以下只讨论线性回归模型式(9.4.1)的情况.

变量选择的标准,简单地说就是所有对因变量影响显著的变量都应选入模型,而影响不显著的变量都不应选入模型,从便于应用的角度应使模型中变量个数尽可能少.

若候选的自变量集合为 $S = \{x_1, \cdots, x_m\}$,从中选出一个子集 $S_1 \subset S$,设 S_1 中有 l 个自变量($l = 1, \cdots, m$),由 S_1 和因变量 y 构造的回归模型的误差平方和为 Q,则模型的剩余标准差的平方 $s^2 = \dfrac{Q}{n-l-1}$,n 为数据样本容量.所选子集 S_1 应使 s 尽量小,通常回归模型中包含的自变量越多,误差平方和 Q 越小,但若模型中包含有对 y 影响很小的变量,那么 Q 不会由于包含这些变量在内而减少多少,却因 l 的增加可能使 s 反而增大,同时这些对 y 影响不显著的变量也会影响模型的稳定性,因此可将剩余标准差 s 最小作为衡量变量选择的一个数量标准.

逐步回归是实现变量选择的一种方法,基本思路为,先确定一初始子集,然后每次从子集外影响显著的变量中引入一个对 y 影响最大的,再对原来子集中的变量进行检验,从变得不显著的变量中剔除一个影响最小的,直到不能引入和剔除为止.使用逐步回归有两点值得注意,一是要适当地选定引入变量的显著性水平 α_{in} 和剔除变量的显著性水平 α_{out},显然,α_{in} 越大,引入的变量越多;α_{out} 越大,剔除的变量越少.二是由于各个变量之间的相关性,一个新的变量引入后,会使原来认为显著的某个变量

变得不显著,从而被剔除,所以在最初选择变量时应尽量选择相互独立性强的那些.

在 MATLAB 统计工具箱中用作逐步回归的是命令 stepwise,它提供了一个交互式画面,通过这个工具你可以自由地选择变量,进行统计分析,其通常用法是:

stepwise(x, y, inmodel, alpha)

其中 x 是自变量数据,y 是因变量数据,分别为 $n×m$ 和 $n×1$ 矩阵,inmodel 是矩阵 x 的列数的指标,给出初始模型中包括的子集(缺省时设定为全部自变量),alpha 为显著性水平.

stepwise 命令产生三个图形窗口:Stepwise Table,Stepwise History, StepwisePlot.

Stepwise Table 窗口中列出了一个统计表,包括回归系数及其置信区间,模型的统计量(RMSE R-square,F,p 等,其含义与 regress,rstool 相同).你可以通过这些统计量的变化来确定模型.

Stepwise History 窗口显示 RMSE 的值及其置信区间.

StepwisePlot 窗口,显示回归系数及其置信区间,绿色表明在模型中的变量,红色表明从模型中移去的变量,两边有虚线或实线,虚线表示该变量的拟合系数与零无显著差异,实线则表明有显著差异.在这个窗口中还有 Scale Inputs 和 Export 按钮.

按下 Scale Inputs 表明对于输入数据的每列进行正态化处理,使其标准差为 1.点击 Export 产生一个菜单,表明了要传送给 MATLAB 工作区的参数,它们给出了统计计算的一些结果.

下面通过一个例子说明 stepwise 的用法.

例 5 水泥凝固时放出的热量 y 与水泥中 4 种化学成分 x_1, x_2, x_3, x_4 有关,今测得一组数据如下,试用逐步回归来确定一个线性模型

序号	x_1	x_2	x_3	x_4	y
1	7	26	6	60	78.5
2	1	29	15	52	74.3
3	11	56	8	20	104.3
4	11	31	8	47	87.6
5	7	52	6	33	95.9
6	11	55	9	22	109.2
7	3	71	17	6	102.7
8	1	31	22	44	72.5
9	2	54	18	22	93.1
10	21	47	4	26	115.9
11	1	40	23	34	83.8
12	11	66	9	12	113.3
13	10	68	8	12	109.4

编写程序如下：

```
clc, clear
x0 =[1    7    26    6    60    78.5
     2    1    29   15    52    74.3
     3   11    56    8    20   104.3
     4   11    31    8    47    87.6
     5    7    52    6    33    95.9
     6   11    55    9    22   109.2
     7    3    71   17     6   102.7
     8    1    31   22    44    72.5
     9    2    54   18    22    93.1
    10   21    47    4    26   115.9
    11    1    40   23    34    83.8
    12   11    66    9    12   113.3
    13   10    68    8    12   109.4];
x = x0(:,2:5);
y = x0(:,6);
stepwise(x, y)
```

得到 Stepwise Table 如下：

Column #	Parameter	Confidence Intervals Lower	Upper
1	1.551	-0.8319	3.934
2	0.5102	-1.806	2.826
3	0.1019	-2.313	2.517
4	-0.1441	-2.413	2.125

RM SE	R-square	F	P
2.446	0.9824	111.5	4.756e-007

Close   Help

可以看出，x_3，x_4 不显著，移去这两个变量(程序为 stepwise(x，y，[1，2]))后的统计结果如下：

Column #	Parameter	Confidence Intervals Lower	Upper
1	1.468	1.1	1.836
2	0.6623	0.5232	0.8013
3	0.25	-0.3235	0.8236
4	-0.2365	-0.7746	0.3015

RM SE	R-square	F	P
2.406	0.9787	229.5	4.407e-009

Close   Help

这个表中的 x_3，x_4 两行用红色显示，表明它们已移去.

从新的统计结果可以看出，虽然剩余标准差 s（RMSE）没有太大的变化，但是统计量 F 的值明显增大，因此新的回归模型更好一些.使用前面的回归分析方法可以求出最终的模型为

$$y = 52.577\ 3 + 1.468\ 3x_1 + 0.662\ 3x_2.$$

用事件概率
预测未来

知识小结

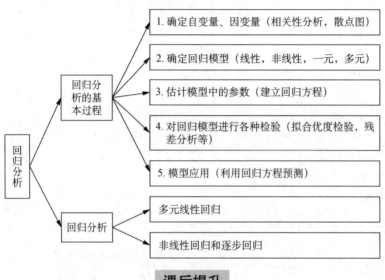

课后提升

1. 某人记录了 21 d 每天使用空调器的时间和使用烘干器的次数，并监视电表以计算出每天的耗电量，数据见表 9-40，试研究耗电量（KWH）与空调器使用的小时数（AC）和烘干器使用次数（$DRYER$）之间的关系，建立并检验回归模型，诊断是否有异常点.

表 9-40 数据

序号	1	2	3	4	5	6	7	8	9	10	11
KWH	35	63	66	17	94	79	93	66	94	82	78
AC	1.5	4.5	5.0	2.0	8.5	6.0	13.5	8.0	12.5	7.5	6.5
$DRYER$	1	2	2	0	3	3	1	1	1	2	3
序号	12	13	14	15	16	17	18	19	20	21	
KWH	65	77	75	62	85	43	57	33	65	33	
AC	8.0	7.5	8.0	7.5	12.0	6.0	2.5	5.0	7.5	6.0	
$DRYER$	1	2	2	1	1	0	3	0	1	0	

2. 在一丘陵地带测量高程，x 和 y 方向每隔100 m测一个点，得高程见表9-41，试拟合一曲面，确定合适的模型，并由此找出最高点和该点的高程.

表 9-41 数据

y \ x	100	200	300	400
100	636	697	624	478
200	698	712	630	478
300	680	674	598	412
400	662	626	552	334

3. 一矿脉有13个相邻样本点，人为地设定一原点，现测得各样本点对原点的距离 x，与该样本点处某种金属含量 y 的一组数据见表9-42，画出散点图观测二者的关系，试建立合适的回归模型，如二次曲线、双曲线、对数曲线等.

表 9-42 数据

x	2	3	4	5	7	8	10
y	106.42	109.20	109.58	109.50	110.00	109.93	110.49

答　案

略.

能力提升

脑卒中发病环境因素分析及干预

脑卒中（俗称脑中风）是目前威胁人类生命的严重疾病之一，它的发生是一个漫长的过程，一旦得病就很难逆转.这种疾病的诱发已经被证实与环境因素，包括气温和湿度之间存在密切的关系.对脑卒中的发病环境因素进行分析，其目的是为了进行疾病的风险评估，对脑卒中高危人群能够及时采取干预措施，也让尚未得病的健康人，或者亚健康人了解自己得脑卒中风险程度，进行自我保护.同时，通过数据模型的建立，掌握疾病发病率的规律，对于卫生行政部门和医疗机构合理调配医务力量、改善就诊治疗环境、配置床位和医疗药物等都具有实际的指导意义.

此题的数据来源于全国大学生数学建模竞赛2012年c题. 请你们自行在网上下载数据，回答以下问题：

1. 根据病人基本信息，对发病人群进行统计描述.

2. 建立数学模型研究脑卒中发病率与气温、气压、相对湿度间的关系.

3. 查阅和搜集文献中有关脑卒中高危人群的重要特征和关键指标，结合1，2中所得结论，对高危人群提出预警和干预的建议方案.

答　案

略.

中国数字科技馆

参 考 文 献

［1］同济大学数学系.高等数学上下册[M].北京:高等教育出版社,2014.

［2］刘坤起.集合论基础[M].北京:电子工业出版社,2014.

［3］白水周.高等数学(经济类)[M].上海:同济大学出版社,2015.

［4］吉耀武,曹西林.高等数学[M].上海:上海交通大学出版社,2016..

［5］吴赣昌.微积分[M].北京:中国人民大学出版社,2017.

［6］刘严.新编高等数学[M].辽宁:大连理工大学出版社,2016.

［7］张太雷,刘俊利,王凯.常微分方程教程[M].西安:西北工业大学出版社,2016.

［8］张帼奋,张奕.概率论与数理统计[M].北京:高等教育出版社,2017.

［9］同济大学数学系.概率论与数理统计[M].北京:人民邮电出版社,2017.

［10］郝兆宽,杨跃.集合论:对无穷概念的探索[M].上海:复旦大学出版社,2014.

［11］孙良,闫桂峰.线性代数[M].北京:高等教育出版社.2016.

［12］韦宁,王恩亮.新编高等数学[M].北京:机械工业出版社,2017.

［13］高胜哲,张丽梅.大学数学[M].北京:清华大学出版社,2017.

［14］章纪民.高等微积分教程下册[M].北京:清华大学出版社,2015.